pagine di scienza
iblu

Leonardo Castellani
Giulia Alice Fornaro

Teletrasporto

Dalla fantascienza alla realtà

 Springer

LEONARDO CASTELLANI
GIULIA ALICE FORNARO
Dipartimento di Scienze e Tecnologie avanzate
Università del Piemonte Orientale, Alessandria

Collana *i blu - pagine di scienza* ideata e curata da Marina Forlizzi

ISBN 978-88-470-1613-2   e-ISBN 978-88-470-1614-9
DOI 10.1007/978-88-470-1614-9

Questo libro è stampato su carta FSC amica delle foreste. Il logo FSC identifica prodotti che contengono carta proveniente da foreste gestite secondo i rigorosi standard ambientali, economici e sociali definiti dal Forest Stewardship Council

Coordinamento editoriale: Pierpaolo Riva
Layout copertina: Valentina Greco, Milano
Progetto grafico e impaginazione: Valentina Greco, Milano
Stampa: GECA Industrie Grafiche, Cesano Boscone (MI)

Springer-Verlag Italia S.r.l., via Decembrio 28, I-20137 Milano
Springer-Verlag fa parte di Springer Science+Business Media (www.springer.com)

Prefazione

Dopo i grandi libri di testimonianza sullo sterminio degli ebrei ad opera dei nazisti (*Se questo è un uomo*, *La Tregua*), nel 1966 Primo Levi esordì come narratore "puro" con una raccolta di racconti intitolata *Storie naturali* e firmata con lo pseudonimo di Damiano Malabaila. In prima approssimazione potremmo classificarlo come un libro di fantascienza. In realtà si tratta di ben altro. Il pretesto dei quindici racconti è di solito una trovata tecnologica avveniristica. Ma Primo Levi dà il pretesto per scontato e la fantascienza si ferma lì. Ciò che gli interessa è creare situazioni paradossali, costruire storie filosofiche e mostrare l'ambiguità di certi progressi tecnologici quando vengono adottati in modo acritico. Il tutto esercitando il suo speciale umorismo, tanto più efficace quanto più dissimulato.

Alcune applicazioni del Mimete è una di queste "storie naturali" che naturali non sono per niente. Che cosa sia il "Mimete" Primo Levi lo spiega nel racconto precedente: è una macchina per duplicare oggetti, una specie di fotocopiatrice tridimensionale. La duplicazione avviene dentro una scatola sigillata attingendo i materiali necessari da un "pabulum", letteralmente "pascolo", "cibo", "nutrimento", una sostanza informe che contiene, per così dire, tutte le sostanze esistenti o anche solo possibili.

Bene. Gilberto si procura un Mimete di grandi dimensioni e lo usa per duplicare sua moglie Emma. L'operazione riesce perfettamente. Le due donne sono indistinguibili, al punto che Gilberto per non sbagliarsi deve contrassegnare Emma II con un nastro bianco tra i capelli "che le conferiva un aspetto vagamente monacale". Ma, benché identiche, con il passare dei giorni, originale e fotocopia un po' per volta incominciano a differenziarsi, a divergere. Per esempio Emma II si prende un raffreddore. La cosa grave è che Gilberto impercettibilmente si allontana da Emma I per affezionarsi a Emma II. Come è facile capire, la questione si fa seria. Gilberto però ne esce con un colpo di genio: duplica se stesso, dà come compagno a Emma I la propria fotocopia e lui si unisce felicemente a Emma II.

Quasi mezzo secolo fa questo racconto di Primo Levi sollevava uno dei problemi del teletrasporto: non basta riprodurre a distanza un oggetto (o se volete una persona: tanto fantasticare è gratuito!). Perché non si tratti di semplice (semplice?) duplicazione ma di teletrasporto autentico, non deve rimanere traccia dell'originale. Il nuovo originale – paradossalmente – sarà la copia, perché le particelle elementari sono tutte identiche e il teletrasporto non presuppone lo spostamento a distanza di materia, ma soltanto delle informazioni necessarie per assemblare altra materia nel luogo di arrivo. Materia che sarà un insieme di particelle corrispondente al "pabulum" informe immaginato dallo scrittore torinese.

La cosa straordinaria è che il teletrasporto – anticipato in modo sottile da Primo Levi e più grossolano da altri scrittori, incluso Gene Roddenberry, ideatore della serie di *Star Trek* – è davvero scientificamente possibile. Anzi è già realtà. Il segreto sta nel fenomeno quantistico dell'*entanglement*, che possiamo tradurre come "intreccio" o correlazione tra particelle, anche lontane tra loro. Senza entrare in particolari che questo libro spiega molto bene grazie alla collaborazione tra Leonardo Castellani, fisico teorico, e Giulia Alice Fornaro, una sua allieva interessata alla divulgazione scientifica, succede che in determinate condizioni diventi possibile generare particelle (fotoni, elettroni, protoni o anche nuclei atomici) che condividono una stessa proprietà (per esempio la polarizzazione o lo spin) in modo correlato. È questa proprietà l'"informazione" che caratterizza la particella, e che viene teletrasportata sulla "rotaia" della correlazione.

Nel Capitolo 1 gli autori provano a calcolare quante informazioni bisognerebbe trasferire per riprodurre una persona un po' come fa il "Mimete" immaginato da Primo Levi. L'esito è desolante. Poiché siamo costituiti da circa 10^{28} atomi, ognuno dei quali per essere descritto richiede un centinaio di bit, bisognerebbe rilevare, memorizzare e riprodurre 10^{30} bit. Per processarli, il più potente calcolatore attuale impiegherebbe un tempo 200 volte più lungo di quello trascorso dal Big Bang ad oggi. No, non c'è speranza per il teletrasporto su scala macroscopica alla Primo Levi o alla *Star Trek*, e quindi non dobbiamo preoccuparci di eventuali duplicazioni nel caso che qualcosa vada storto.

Tuttavia su scala microscopica, il teletrasporto è stato realizzato in laboratorio e anche fuori: nel 2004, leggerete in questo libro, il gruppo del fisico austriaco Anton Zeilinger è riuscito a teletrasportare lo stato di alcuni fotoni a 600 metri scavalcando il Danubio. E nel 2010 un gruppo di fisici cinesi ha raggiunto la distanza di 16 chilometri aprendo un canale quantistico attraverso l'atmosfera: il che fa pensare che si potrebbe teletrasportare anche dalla superficie del pianeta Terra verso altri pianeti.

Sono esperimenti affascinanti, ma ancora una volta la loro importanza non consiste nel vederli come primi passi di un traguardo macroscopico che probabilmente non sarà mai raggiungibile (e forse è meglio così). L'importanza di queste ricerche sta nel fatto che le loro applicazioni potranno presto diventare molto concrete: calcolatori quantistici ultrapotenti, tecniche per criptare messaggi a prova di qualsiasi tentativo di decifrazione (cosa interessante anche per la nostra carta di credito), memorie quantistiche, elaborazione di immagini "fantasma", orologi atomici mille volte più precisi di quelli dell'attuale generazione.

Ormai dovremmo saperlo: il bello della ricerca dipende in buona parte dall'imprevedibilità dei suoi sbocchi. Dunque, leggendo queste pagine, impareremo qualcosa del nostro futuro. In modo semplice, ma anche con qualche formula e un po' di matematica quando serve. I concetti fondamentali del teletrasporto, comunque, possono anche farne a meno: passano benissimo attraverso piccoli disegni disseminati nel testo e i tanti esempi che hanno come protagonisti Bob e Alice. Sì, Alice, un nome che non a caso si abbina al "paese delle meraviglie".

Torino, gennaio 2011   *Piero Bianucci*

Indice

Introduzione

Attraversare una porta e trovarsi istantaneamente in un altro luogo, anche molto distante… un bel sogno!

Tutti lo abbiamo desiderato, bloccati nel traffico o nella coda di un interminabile check-in. Non mancano scrittori e registi che hanno dato sostanza visiva a questo sogno, e hanno reso quasi familiare l'idea del teletrasporto. Ma la scienza e la tecnologia possono farci passare dalla fantasia alla realtà? È possibile, oggi o in un domani non troppo lontano, il teletrasporto?

Ebbene il teletrasporto di sistemi *microscopici* è già una realtà, ed è questa realtà che ci proponiamo di esplorare. Nel nostro percorso parleremo anche della scienza della segretezza e dei messaggi cifrati, e delle nuove tecnologie per i calcolatori del futuro. Il filo rosso che collega questi argomenti è il cosiddetto *entanglement* o *intreccio quantistico*, una caratteristica fondamentale della fisica che descrive i sistemi microscopici.

Cercheremo di fornire al lettore gli attrezzi necessari per questa esplorazione. La fisica quantistica evoca teorie difficili, lontane dal senso comune, roba da "addetti ai lavori". Chissà poi quanta astrusa matematica! Riteniamo invece che i fondamenti e i concetti essenziali della fisica microscopica siano molto accessibili: perfino la matematica necessaria si riduce all'aritmetica elementare e alla manipolazione di oggetti appena più complicati dei numeri usuali.

Non ci accontentiamo quindi di un'esposizione solo descrittiva. Invitiamo il lettore a riprodurre lui stesso i risultati e a provare la stessa emozione dei fisici che per primi hanno gettato le basi della conoscenza del mondo microscopico.

Nel Capitolo 1 introduciamo il tema del teletrasporto così come viene trattato nei racconti e film di fantascienza, e ne rileviamo alcuni aspetti paradossali.

Nel Capitolo 2 si passano in rassegna le caratteristiche peculiari del mondo a scala microscopica, descritte dalla fisica quantistica.

Nel Capitolo 3 si forniscono tre regole per "giocare" con le particelle e dedurre il loro comportamento.

Nel Capitolo 4 s'incontra l'*entanglement*, una correlazione tra particelle anche distanti che è conseguenza inevitabile delle tre regole del gioco quantistico. Nel corso del capitolo si discute del "paradosso" di Einstein, Podolsky e Rosen, delle teorie con variabili nascoste e della disuguaglianza di Bell. Infine s'illustrano le verifiche sperimentali dell'*entanglement*.

Nel Capitolo 5, dopo una breve storia della crittografia classica e dei suoi limiti, si dimostra come la crittografia quantistica offra la segretezza assoluta.

Nel Capitolo 6 si rende esplicito il funzionamento dei calcolatori quantistici, se ne discutono le potenzialità e i limiti attuali, e le difficoltà da superare nella loro realizzazione pratica.

Nel Capitolo 7 finalmente si descrive il teletrasporto nella realtà sperimentale, basato sull'*entanglement* di fotoni.

Nel Capitolo 8 si parla di altre recenti applicazioni delle proprietà della materia a scala microscopica: memorie quantistiche ad accesso casuale (qRAM), tecnologie che utilizzano l'*entanglement* per produrre immagini "fantasma" o ad alta risoluzione, e orologi atomici ancora più precisi.

Ringraziamenti

Il nostro primo ringraziamento va a Piero Bianucci e Marina Forlizzi che hanno suggerito e poi incoraggiato la realizzazione di questo libro. Ringraziamo il gruppo di ottica quantistica dell'INRiM di Torino diretto da Marco Genovese, gruppo di ricerca esemplare per competenza ed entusiasmo. In particolare ringraziamo Alice Meda e Ivano Ruo Berchera per molteplici indicazioni e chiarimenti. Ringraziamo anche Marco Gramegna per le sue spiegazioni sugli aspetti sperimentali della realizzazione ottica di crittografia e computazione quantistica. Grazie anche a Salvatore Micalizio del gruppo "tempo e frequenza" dell'INRiM per l'impegno speso a chiarirci le idee sugli orologi atomici. Un grazie a Valeria Magnelli, docente di neurofisiologia, per una sua gentile consulenza riguardo alcuni dati del primo capitolo. Grazie anche a Marina Gherardi e Tiziana Cibin della videoteca "King Club Video" in Alessandria per la gentile disponibilità con la quale ci hanno consigliato e fornito la filmografia per il primo capitolo. Infine siamo grati a Pierpaolo Riva e allo staff tecnico di Springer Italia per l'accurato e paziente lavoro di fotocomposizione del testo.

Capitolo 1

Il teletrasporto nella fantascienza

La fantascienza di oggi è spesso la realtà scientifica di domani. [...] Limitare la nostra attenzione a questioni terrestri equivarrebbe a limitare lo spirito umano.

Stephen Hawking

Uno dei piaceri della fantascienza (è che) dà alla gente la possibilità di volare sulle astronavi prima che queste siano inventate, usare strani congegni non ancora scoperti, incontrare persone affascinanti non ancora nate.

Harry Harrison

A cosa pensate quando sentite la parola *teletrasporto*?

La gente del tempo di Leonardo da Vinci probabilmente lo prese per matto quando, nel 1486, sperimentava la possibilità del volo umano dopo aver fatto studi approfonditi sul volo degli uccelli e aver suggerito dei prototipi di ali umane. Eppure poco più di quattrocento anni dopo, nel 1903, un aliante con due eliche e un motore a benzina ideato e costruito dai fratelli Wright si sollevò da terra per dodici secondi sulla spiaggia di Kitty Hawk, nel Nord Carolina. Oggi l'aereo è il più veloce mezzo di trasporto per persone e merci in tutto il mondo.

Un progetto di aereo di Leonardo da Vinci e il Kitty Hawk dei fratelli Wright

Altrettanto bizzarra dovette sembrare agli uomini di metà '800 l'idea della telegrafia senza fili esposta dallo scienziato napoletano Francesco Sponzilli in un articolo degli *Annali delle opere pubbliche e dell'architettura*. Quarant'anni dopo Guglielmo Marconi venne celebrato in tutto il mondo per aver realizzato la prima comunicazione radio transatlantica su una distanza di duemila miglia. Le applicazioni delle onde radio sono oggi molteplici e diffusissime: vanno dalla radaristica alla radioastronomia, dalla televisione alla telefonia mobile.

Si potrebbero citare molte altre invenzioni e tecnologie che dall'essere solo frutto d'immaginazione o desiderio sono diventate non solo realtà (come la missione Apollo per l'esplorazione lunare) ma anche parte integrante del nostro quotidiano.

Cosa direbbe oggi una persona di buon senso se qualcuno annunciasse che il teletrasporto è realizzabile? Probabilmente scoppierebbe in una sonora risata.

Un utente di *Second Life*, l'ambiente virtuale multi-utente che conta a oggi milioni di iscritti, forse sarebbe felice di utilizzare nella vita reale un modo di spostarsi che usa abitualmente nella sua vita virtuale.

Un appassionato di *Star Trek* invece, sognando già di viaggiare nell'universo di pianeta in pianeta, esclamerebbe "magari fosse vero!".

Ma quale idea di teletrasporto ci hanno trasmesso la letteratura e la cinematografia?

Probabilmente l'idea che ha ognuno di noi sul meccanismo del teletrasporto è la seguente: *scomparsa di un oggetto da un luogo e simultanea ricomparsa del medesimo oggetto in un altro luogo dello spazio;* in pratica un trasferimento immediato senza moto intermedio. L'idea è che un oggetto venga scomposto in uno stato di energia o qualcosa di simile che viene poi inviato da un posto all'altro insieme alle istruzioni necessarie per ricostruirlo.

In altri termini si potrebbe pensare al teletrasporto come una tecnologia che mette insieme un trasporto "veloce" (ben più del più moderno aereo!) con una comunicazione presumibilmente "senza fili" di (molte) informazioni. Ma allora le conclusioni sembrano ovvie: potremmo far notare a quel signore di "buon senso" che se l'uomo è riuscito a volare ed è riuscito a trasmettere informazioni attraverso l'etere, perché non dovrebbe arrivare un giorno a teletrasportarsi?

C'è però un *caveat*. Prima che venissero compiuti passi concreti verso la realizzazione di un mezzo per il volo, la cosa più ovvia era guardare agli uccelli e pensare che l'uomo avrebbe potuto volare quando sarebbe riuscito a fabbricarsi delle ali efficienti con le quali, "facendo forza contro alla resistente aria, vincendo, poterla soggiogare e levarsi sopra di lei", per citare le parole di Leonardo da Vinci. Tuttavia Leonardo stesso dovette rendersi conto che le ali battenti non erano idonee allo scheletro e alla muscolatura dell'uomo. Il volo si realizza servendosi di mezzi con o senza motore che fanno volare l'uomo in modo un po' diverso da come egli aveva immaginato. Similmente la comunicazione "senza fili" non ha nulla a che fare con fenomeni paranormali del tipo telepatia o chiaroveggenza, come avrebbe potuto pensare una persona di metà '800, ma si basa su un utilizzo opportuno delle onde elettromagnetiche. Queste furono descritte da James Clerk Maxwell nelle sue famose equazioni e verificate nella loro esistenza per la prima volta nel 1887 da Heinrich Rudolf Hertz, il quale costruì un apparato in grado di emettere onde radio (la prima antenna emittente). Il passaggio da immaginazione a realizzazione di una tecnologia avviene di solito in modo assai diverso da quello inizialmente ipotizzato, per esempio, nella letteratura fantascientifica.

Teletrasporto e soprannaturale

Il termine *teletrasporto* nasce dalla letteratura del "paranormale", se così si può chiamare, e non da quella propriamente fantascientifica. Compare infatti per la prima volta in letteratura per mano di un vero e proprio "investigatore del paranormale": un assiduo lettore di riviste scientifiche, quotidiani e periodici, sempre alla ricerca di fenomeni che non venivano accettati e forse nemmeno considerati dalle teorie scientifiche del suo tempo, come quelli riferiti all'occulto, al paranormale e al supernaturale. Si tratta dello scrittore statunitense Charles Hoy Fort, il quale conclude il secondo capitolo del libro *Lo!* (1931) con le seguenti parole:

> In questo libro mi concentrerò sulle indicazioni che esiste una forza trasportatrice che chiamerò "Teletrasporto". Verrò accusato di aver messo insieme bugie, frottole, imbrogli e superstizioni. In una certa misura lo credo anch'io. In una certa misura non lo credo.

Nell'opera di Fort il teletrasporto è una misteriosa forza della natura, un *poltergeist* che provoca eventi non spiegabili nell'ambito della scienza ufficiale, come la sparizione di oggetti e persone, sanguinamenti di statue di santi, presenza di animali al di fuori del loro habitat naturale, piogge di rane o di pesci da cieli sereni. Il termine *teleportation,* da cui deriva poi la traduzione italiana, mette insieme il prefisso greco *tele-* ovvero "distante" con il verbo di origine latina *portare* rimasto immutato in italiano.

Prima dell'apparizione di questo termine, tuttavia, esisteva già una parola che indicava più o meno lo stesso concetto. Si tratta di *apporto* che in parapsicologia ha un significato equivalente a quello che Fort vuole dare a *teleportation.* Avente anch'esso origine dal verbo latino *portare,* è riferito all'apparizione di oggetti più o meno ordinari, provenienti dal nulla, da altre dimensioni o da spazi lontani; *asporto* è il suo contrario, si riferisce cioè alla sparizione di oggetti.

In effetti il concetto di trasporto soprannaturale, cui si riferisce il termine *teleportation,* è molto antecedente all'epoca in cui scrive Charles Fort e appartiene a contesti a volte totalmente diversi, come quello religioso. Nel Nuovo Testamento leggiamo: "lo spirito del Signore rapì Filippo [...] poi Filippo si trovò in Azot"[1]. Nel contesto della religione buddista si racconta invece

---

[1] Atti degli Apostoli 8:39, 40.

che il Buddha una volta scomparve in India per apparire subito dopo nello Sri Lanka.

Troviamo svariate forme di teletrasporto nel filone paranormale della fantascienza fin dagli anni '50 del secolo scorso. Ne è un esempio il racconto *The stars my destination* di Alfred Bester in cui il protagonista impara a utilizzare una forma di teletrasporto chiamata "jaunting" (da *to jaunt*, letteralmente "fare una gita"), per la quale basterebbe pensare intensamente al posto in cui si vuole arrivare per spostarsi istantaneamente di migliaia di chilometri. Una forma simile di teletrasporto è ripresa da molti racconti successivi a quello di Bester: tra i più recenti il manga giapponese *Dragonball-Z,* diventato poi un cartone animato trasmesso anche in Italia. Qui il protagonista Goku, istruito da una specie aliena, impara la tecnica della "trasmissione istantanea". Anche il genere fantasy fa ampio uso del teletrasporto, come per esempio nella famosissima saga di *Harry Potter* ideata dalla scrittrice inglese Joanne Kathleen Rowling: un mago può scomparire avvolto in una nube di fumo (*Disapparation*) e riapparire in un altro luogo (*Apparation*). Se un mago non è sufficientemente preparato rischia di lasciare indietro parti del proprio corpo, mentre un mago abile può portare qualcuno con sé durante il trasporto. I maghi privi di licenza o di sufficiente talento possono comunque usare la "metro polvere" (*Floo powder*) o le "passaporte" (*Portkeys*)[2].

Si potrebbero citare molti altri esempi di teletrasporto nell'ambito del paranormale e della magia. Ma concentriamoci su quella parte di letteratura fantascientifica che tenta di dare dei fondamenti di realtà a molte fantasie proprio a partire da dati scientifici. Da qui potremo capire perché non è realizzabile il teletrasporto così come viene usualmente pensato nella fantascienza "scientifica".

---

[2] La *Floo powder* è una polvere che, gettata all'interno di un camino mentre viene pronunciato il luogo di destinazione desiderato, permette di apparire all'istante in un altro camino; le *Portkeys* invece sono oggetti comuni come vecchie bottiglie che possono trasportare in un determinato luogo chiunque li tocchi, dopo aver pronunciato l'incantesimo *Portus*.

Beam me up, Scotty!

Il teletrasporto di Star Trek

"Fammi risalire Scotty!": questa, insieme alle sue varianti ("fammi salire a bordo","riportaci a casa" o ancora "due da far salire"), è sicuramente una delle frasi simbolo del teletrasporto in *Star Trek*, la fortunata saga televisiva grazie alla quale il concetto di teletrasporto si è diffuso maggiormente nell'immaginario collettivo. Nella lingua originale della serie, l'inglese, il verbo usato è *to beam up* ("Beam me aboard","Beam us up home" o "Two to beam up"), verbo che il *Concise Oxford Dictonary* definisce così:

> ... (often foll. by up, down) (in science fiction) **a** intr. Travel from one point to another along an invisible beam of energy. **b** tr. transport in this way.[3]

Quindi *beam up* ha il significato di "trasportare qualcuno o qualcosa da un punto all'altro attraverso un raggio invisibile di energia". Sembrerebbe proprio che il verbo sia stato coniato dagli autori di *Star Trek* in quanto, come si legge in *Star Trek: The Next Generation Technical Manual*[4], il processo di teletrasporto consiste proprio nella trasmissione della materia per mezzo di un raggio. Più precisamente i passi sono i seguenti:

- si analizza la persona (o l'oggetto) da far viaggiare usando uno scanner di immagini molecolare;
- viene creata una mappa della struttura fisica che sta per essere scomposta e memorizzata in un "buffer degli schemi";
- si smaterializza il corpo e lo si riduce a un flusso di particelle subatomiche;

---

[3] D. Thompson (a cura di), *The Concise Oxford Dictionary*, 9ª ed., Clarendon Press, Oxford, 1995, p. 110.
[4] Descrive i dispositivi a bordo dell'USS Enterprise-D in R. Sternbach e M. Okuda, *Star Trek: The Next Generation*, Pocket Books, New York, 1991.

- si trasmette quest'ultimo a destinazione ("beam it to a target") usando un "fascio – *beam* – trasportatore" detto più precisamente "fascio di confinamento anulare";
- quindi si ha una rimaterializzazione nel luogo di arrivo.

Il viaggio di ritorno si compie nel modo inverso ma prima di iniziare il processo è necessario che alcuni sensori presenti a bordo dell'Enterprise individuino il membro dell'equipaggio sul pianeta sottostante.

Ai fisici vengono spontanee alcune considerazioni sulla fattibilità di ciascuna delle operazioni appena descritte. Il primo problema s'incontra già al primo passo: l'analisi molecolare o atomica di una persona, in linea di principio fattibile se si riuscissero a misurare gli stati di tutti gli atomi di un corpo umano, è invece improponibile secondo la meccanica quantistica, come vedremo in dettaglio nel prossimo capitolo. Al secondo passo incontriamo il problema di memorizzare un quantitativo enorme di informazione: si calcola che in un essere umano siano presenti all'incirca 10^{28} atomi e che per descrivere un atomo (e la sua posizione) siano necessari 100 bit, allora si tratta di memorizzare un quantitativo di informazione pari a $100 \times 10^{28} = 10^{30}$ bit. Considerando che uno dei più moderni hard disk ha una capienza dell'ordine del Terabyte, cioè di 10^{12} byte equivalenti a 8×10^{12} bit, ci rendiamo conto che avremmo bisogno di 10^{18} di questi hard disk, cioè un miliardo al quadrato. È il numero di hard disk che troveremmo in Cina se *ogni abitante* della Cina ne possedesse *un miliardo*! Con questo numero di hard disk potremmo in linea teorica memorizzare tutte le informazioni necessarie a ricostruire un solo essere umano. Per richiamare poi questa informazione con un moderno calcolatore seriale a 10 GHz, in grado cioè di processare 10^{10} bit al secondo, avremmo bisogno di un tempo pari a 10^{20} secondi, cioè all'incirca 3×10^{12} anni! Un tempo decisamente improponibile se si pensa che è più di duecento volte il tempo trascorso dal Big Bang ad oggi (stimato sui tredici miliardi di anni $= 1,3 \times 10^{10}$ anni). L'avvento di calcolatori in grado di fare più calcoli in parallelo, anziché in serie, faciliterebbe senz'altro questo passaggio (ne parleremo nel capitolo sui calcolatori quantistici).

Un altro problema è la smaterializzazione: la solidità e la struttura della materia sono dovute a forze elettriche che agiscono prima tra i componenti degli atomi e poi tra gli atomi stessi. Considerando che la forza elettrica è circa 10^{40} volte più intensa della forza gravitazionale, per vincere queste forze bisogna compiere un lavoro e quindi consumare energia in quantitativi enormi, ben maggiori rispetto all'energia necessaria per vincere l'attrazione gravitazionale tra due corpi.

Le difficoltà appena elencate, sebbene notevoli, sono difficoltà tecniche e non di principio, tranne quella relativa all'analisi atomica. Se ignorassimo quest'ultima, potremmo sperare che il progresso della tecnologia permetta, in futuro, la realizzazione del teletrasporto così come immaginato dalla "fisica di Star Trek".

E se qualcosa andasse storto?

E se nel delicato processo di teletrasporto descritto in precedenza si verificassero degli errori o delle interferenze?

Gene Roddenberry, ideatore della serie classica di *Star Trek*, proprio dalla possibilità di errori nelle procedure di teletrasporto trasse spunto per un episodio dal titolo *Il duplicato*. Egli immagina una situazione in cui gli effetti magnetici di un minerale presente sul pianeta interferiscono con il teletrasportatore; questo provoca la divisione del capitano Kirk in due versioni di se stesso, una buona ma incapace di prendere decisioni e una cattiva ma risoluta. Dopo alcune peripezie che culminano con una lotta tra i due Kirk, entrambi si convincono di non poter sopravvivere da soli e che è necessario sottoporsi insieme al teletrasporto per tornare a essere una sola persona. Tale scenario viene poi ripreso e modificato nella serie *The Next Generation:* a seguito di un indebolimento del fascio di contenimento che doveva far risalire il tenente Riker a bordo dell'Enterprise, viene inviato un secondo fascio di rinforzo. Questo, non essendo in realtà indispensabile, viene riflesso sulla superficie del pianeta creando un duplicato di Riker identico, fisicamente e psicologicamente, all'originale. Tale duplicato viene lasciato inconsapevolmente sul pianeta Nervala IV e lì rimane per otto anni. Sebbene inizialmente i due Riker siano identici, le differenti esperienze che vivono negli otto anni trascorsi, l'uno sull'astronave e l'altro sul pianeta, li rendono due persone diverse.

Nell'immaginario fantascientifico l'idea del teletrasporto non è nata con *Star Trek*, anche se la serie televisiva ha molto contribuito a diffonderla.

La prima versione di teletrasporto a stampo fantascientifico risale al 1877, quindi prima ancora che lo stesso termine fosse coniato da Fort. In quell'anno infatti Edward Page Mitchell pubblica il racconto *The man without a body*, la storia del professor Dummkopf che inventa un metodo per "telegrafare" gli atomi di un organismo vivente. L'esperimento gli riesce al primo colpo con un gatto, ma quando prova il metodo di trasporto su se stesso si dimentica di caricare completamente le batterie che forniscono elettricità alla macchina, così solo la sua testa viene inviata nella stanza accanto. Il suo corpo invece finisce "Dio sa dove!", come afferma sconsolata la testa dello scienziato mentre racconta la propria vicenda.

È curioso come il primo racconto che tenta di affrontare il teletrasporto da un punto di vista scientifico ne mostri le conseguenze catastrofiche in caso di errore (umano). Il processo inventato viene spiegato nel dettaglio dalla povera testa del professore:

> La materia è fatta da molecole, e queste a loro volta sono fatte di atomi. L'atomo è l'unità dell'esistenza […] questi possono essere dissolti da affinità chimica o da una corrente elettrica sufficientemente forte. […] Non c'è ragione per cui la materia non possa essere telegrafata, o "teleprocessata" per essere etimologicamente più corretti[5]. È solo necessario effettuare ad un capo della linea una disintegrazione di molecole in atomi e convogliare tramite l'elettricità le vibrazioni della dissoluzione chimica all'altro capo della linea dove può essere effettuata una ricostruzione (dell'originale) a partire da altri atomi. […] così ho costruito uno strumento attraverso il quale potevo demolire, per così dire, la materia in un anodo e ricostruirla secondo lo stesso progetto al catodo.

---

[5] Nel testo originale viene usato il termine *telepomp*. Etimologicamente si tratta dell'unione delle parole greche *tele*, "lontano", e *pompé*, "processione", legato al verbo *pompein*, "inviare".

Tale descrizione, sebbene dal punto di vista delle attuali cono-scenze fisico-chimiche risulti un po' *naïve* (per esempio non si capisce cosa siano "le vibrazioni della dissoluzione chimica"), appare "convincente" e coerente con lo stile della fantascienza, in cui la narrazione deve essere mescolata e sorretta da dati scientifici.

Altra descrizione del processo di teletrasporto abbastanza dettagliata si ha in *Special Delivery* di George O. Smith in cui un trasmettitore scansiona un oggetto atomo per atomo, lo scom-pone conservando le particelle in una "banca di materia", men-tre l'informazione e l'energia rilasciate dal processo vengono inviate alla stazione di destinazione che usa il materiale della propria banca per ricreare perfettamente il corpo. Alfred E. Van Vogt, in *I ribelli dei 50 soli*[6] (1952), a quest'ultima tipologia di tele-trasporto ne affianca un'altra per la quale le persone possono essere convertite in un flusso di elettroni e quindi riconvertite all'arrivo nella normale forma atomica. Anche in questo rac-conto vengono mostrate le controindicazioni di un modo di viaggiare affascinante e sconvolgente allo stesso tempo: durante il racconto si scopre che una popolazione di robot (i Delliani) sono in realtà umani mutati nel passaggio attraverso i primi trasmettitori di materia, i quali li avevano resi più forti fisi-camente e mentalmente ma al prezzo di una ridotta capacità di pensiero creativo.

Isaac Asimov invece, nel racconto *It's Such A Beautiful Day* del 1954, immagina un futuristico quartiere di San Francisco in cui impera la tecnologia e le persone hanno ormai perso ogni tipo di contatto con l'ambiente naturale considerato polveroso e insalu-bre. Ogni edificio è fornito di *Doors* (porte), che permettono il tele-trasporto da un edificio all'altro con la stessa facilità di una telefo-nata, rendendo così non più indispensabile uscire all'aperto. Quando però la Porta di casa Hanshaw si rompe, il dodicenne Richard, sebbene riluttante, è costretto a uscire per andare a scuola. Così, sperimentando l'esistenza di sole, nuvole, vento, prati

---

[6] Il titolo originale era *The mixed man*.

verdi e scrosci d'acqua appena al di fuori del centro abitato, inizia a rifiutare l'uso delle Porte per gli spostamenti. La madre, che non capisce lo strano comportamento del figlio, si preoccupa del suo stato mentale al punto da chiedere l'aiuto del dottor Sloane, uno psichiatra, il quale però, dopo aver fatto una passeggiata con il ragazzo, inizia ad apprezzare e condividere il disinteresse nello spostamento per mezzo della trasmissione di materia. Così, dopo aver tranquillizzato la madre, si dirige verso l'ormai antiquata "porta manuale" ed esclama:"You know, it's such a beautiful day that I think I'll walk" ("Sa, è una così bella giornata che penso di camminare").

Il racconto che però suggerì possibili sconvolgenti conseguenze del teletrasporto è *La Mosca* (1957) di George Langelaan, diventato poi una sceneggiatura in un classico dell'horror con il titolo *L'esperimento del dottor K* diretto da Kurt Neumann. Anche qui, come in *The man without a body*, uno scienziato che scopre un modo per trasmettere la materia subisce gli orribili effetti della sua creazione. Il suo corpo viene infatti smaterializzato insieme a quello di una mosca entrata per caso insieme a lui nella cabina del teletrasporto e il risultato è che dalla cabina di arrivo esce un uomo con la testa e una zampa di mosca e una mosca con la testa e una gamba di uomo. Ancora più impressionante – e aggiornato sulla genetica molecolare – è il remake del 1986 diretto da David Cronenberg con Jeff Goldblum (nel ruolo dello scienziato Seth Brundle) e Geena Davis. In questo caso il teletrasporto genera una fusione a livello genetico tra l'insetto e l'uomo e, anche se in principio nulla sembra cambiare, lentamente il corpo dello scienziato subisce mutamenti orribili che lo trasformano poco alla volta in un uomo-mosca fino a essere completamente assimilato dalla creatura mostruosa racchiusa nel suo nuovo Dna.

Interrogativi e paradossi

Immaginiamo di alzarci un mattino e ritirare ancora assonnati il giornale che il postino ci ha consegnato alla porta. Increduli in prima pagina leggiamo:"Il teletrasporto umano è alle porte. Teletrasportate con successo alcune cavie".

Non stiamo sognando. Sfogliando eccitati le pagine del giornale apprendiamo come funziona approssimativamente il meccanismo: scomposizione atomica, invio di informazioni e ricostruzione dell'organismo a partire da "materiale grezzo" presente a destinazione; più o meno come un fax, facile da comprendere. A questo punto un dubbio ci assale. Davvero vorremo essere trasportati da un punto all'altro della terra cambiando a un tratto l'insieme degli atomi e delle molecole che ci compongono per vestirne altri con le stesse caratteristiche ma pur sempre *altri*? Senza dubbio la cosa fa un po' impressione. Probabilmente l'articolo ci farebbe presente che in fondo questo trasporto non fa altro che accelerare il cambiamento cellulare che con il tempo avviene naturalmente nel nostro organismo. Basta questo perché la persona che si trova nella telecabina di arrivo sia davvero noi? Noi siamo fatti "solo" della somma dei nostri atomi posizionati correttamente? O siamo qualcosa di più? In questo processo dove andrebbe a finire quella "forza vitale", *anima*, *mente*, *coscienza* che sia?

Lo scienziato protagonista di *The man without a body* probabilmente ci rassicurerebbe; egli infatti, appellandosi alla *stern science* cioè alla "scienza rigorosa", afferma:

> Poiché tutti gli atomi sono simili, la loro sistemazione in molecole dello stesso tipo e l'arrangiamento di queste molecole in una organizzazione simile a quella originale sarebbe praticamente una riproduzione dell'originale [...] un uomo è lo stesso uomo anche se nel suo corpo manca un atomo che era presente cinque anni fa. È la forma, la sagoma, l'idea, che è essenziale.

Ci rendiamo conto di esser fatti di pensieri, ricordi, emozioni, personalità che insieme al nostro corpo fanno un "Io". Douglas Hofstadter e Daniel Dennett nell'introduzione a *L'io della mente* ci fanno notare che affermare di *avere* un corpo, e non *essere* un corpo, implica che noi siamo *altro* rispetto a un corpo. Se poi supponessimo di poter trapiantare il nostro cervello in un altro corpo, ci viene da pensare che noi seguiremmo il nostro cervello e ci identificheremmo nel nuovo corpo. Allora i due filosofi ci chiedono di riflettere su qual è la frase che sentiamo più appropriata tra "io *ho* un cervello" e "io *sono* un cervello". Probabilmente risponderemmo la prima. Ma allora dobbiamo tornare a supporre che l'"io" è qualcosa di più di un corpo o un cervello.

In molte religioni l'anima è ciò che rimane di ciascun individuo quando il corpo muore; per alcune fedi, specie quelle orientali, essa può rinascere più volte e vivere diverse vite successive in corpi diversi grazie alla reincarnazione. Molti illustri filosofi hanno dedicato parte delle loro riflessioni all'anima, primo fra tutti Aristotele che scrisse un intero trattato dal titolo *Sull'anima*; egli afferma che "il corpo ha nell'anima il suo principio vitale", anima che però è tripartita: si parla di anima "sensitiva" (centro delle funzioni vitali), "vegetativa" (sede di fantasia, memoria, esperienza) e "intellettiva" dove risiede la vera conoscenza dell'uomo. Nella filosofia contemporanea l'anima viene identificata di volta in volta con i concetti di coscienza, intelletto, spirito, inconscio.

In ogni caso, qualunque forma abbia e comunque chiamiamo quel "qualcosa di più" che ci distingue da oggetti inanimati, è lecito preoccuparsi se davvero ci può seguire durante il teletrasporto "attaccandosi" ai nuovi atomi che daranno forma a un "altro noi". Anche se è insito nella nostra fisiologia cambiare ciclicamente tutte le cellule che ci compongono, viene mantenuta sempre una specie di continuità materiale dato che il cambiamento avviene lentamente. Magari è proprio grazie a questa continuità che la nostra coscienza continua ad appartenerci. Mentre infatti tutte le cellule della parete interna del nostro sistema digerente vengono totalmente sostituite ogni due giorni, una fibra muscolare ha una vita che può durare sedici anni, e infine le nostre più antiche memorie sono immagazzinate sotto forma di specifiche connessioni sinaptiche fra neuroni che hanno la potenzialità di rimanere immutate per tutto il corso della vita (quindi anche per 80-90 anni). Affinché il teletrasporto ci assicuri che rimaniamo davvero noi, con i nostri ricordi, compreso il più antico, deve essere in grado di scansionare e riprodurre correttamente tutte le connessioni sinaptiche del nostro cervello. Forse allora ingenuamente preferiremmo che il teletrasporto almeno inviasse a destinazione proprio i nostri atomi per mantenere quella continuità, piuttosto che le sole istruzioni necessarie a ricostruire un corpo identico al nostro.

Riflettendo meglio sul meccanismo del teletrasporto e su quello che può comportare, la nostra incertezza può anche aumentare fino a diventare vera e propria paura. Alla base del processo vi è un prelievo di informazioni a cui segue una "distruzione dell'originale" che, applicato a una persona, equivale a un omicidio! Nel racconto di Asimov citato in precedenza, il dottor Sloane tenta di spiegare il rifiuto di Richard a usare le Porte con la paura di non sopravvivere in caso di rottura di queste durante il processo, dato che "for that instant you're not alive" (per quell'istante – in cui sei scomposto in atomi – non sei vivo). D'altra parte se la scomposizione dell'originale non avvenisse, si avrebbe la duplicazione della persona, le cui conseguenze per certi versi sarebbero ancora più preoccupanti. Se infatti si creasse un essere umano fisicamente e psicologicamente uguale a un altro, entrambi lotterebbero per continuare a fare la vita che prima faceva uno solo: lo stesso lavoro, la stessa famiglia, lo stesso conto in banca, ecc. Questa possibilità, oltre a essere presentata nell'episodio di *Star Trek II duplicato* citato nel paragrafo precedente, viene considerata in termini più drammatici nel film *The Prestige* uscito nel 2006 e tratto dal libro omonimo di Christopher Priest. La storia è quella del prestigiatore Robert Angier (Hugh Jackman) che entra in possesso di una macchina teletrasportatrice e la utilizza per stupire il suo pubblico con il numero "il trasporto umano". Quest'ultimo ottiene un grande successo e Argier viene proclamato uno dei più grandi prestigiatori del suo tempo.

Dal film The Prestige

Alla fine si scopre che la macchina in realtà copia un oggetto o una persona creandone un doppione a distanza di qualche metro, per cui il prestigiatore a ogni spettacolo è costretto a uccidere il Robert Angier che rimane sul palco, affogandolo in una vasca piena d'acqua posta sotto al palco e capace di chiudersi non appena l'uomo vi è caduto dentro attraverso una botola. Il protagonista conclude la sua confessione esprimendo il dramma di un tale gesto: "ci voleva coraggio a entrare in quella macchina ogni sera senza sapere se sarei stato l'uomo della vasca o l'uomo del prestigio". Questa affermazione solleva la seguente domanda: quale delle due copie è la persona originaria? "Nessuno dei due" risponde Derek Parfit, filosofo britannico contemporaneo, che utilizza proprio il teletrasporto come esperimento mentale per esplorare le emozioni e i sentimenti legati all'identità personale. Nel suo libro più famoso *Reasons and Persons* è il primo a usare il termine *teletransportation* espanso dal neologismo di Charles Fort. Questo volume contiene le considerazioni a cui abbiamo già accennato: se il teletrasporto avviene senza distruggermi, la mia copia, pur essendomi fisicamente e psicologicamente identica, non può essere *me* perché io sono un unico individuo. Distruggere l'originale equivale a commettere un omicidio. Allora la domanda che mi pongo nella telecabina prima di schiacciare il pulsante che mi teletrasporterà su Marte è: "sopravvivrò?". Non considerandomi solo cervello, non mi basta che questo venga riprodotto alla perfezione in un corpo uguale al mio, cioè che ci sia una continuità psicologica tra me e la persona teletrasportata (o meglio "creata") su Marte, io voglio *essere* quella persona futura, cioè voglio che mi segua anche quel "fatto ulteriore" che sono convinto/a di possedere. Parfit, seguendo una linea riduzionista[7], nega l'esistenza di "fatti ulteriori": "la mia coscienza è un 'fascio di impressioni' e la continuità della mia esistenza implica solamente la continuità fisica e psicologica, non l'esistenza di un ego o un sé metafisico". Quindi, sempre Parfit in *Reasons and Persons*, prosegue con le seguenti considerazioni. Se la coscienza è un fenomeno emer-

---

[7] Applicata alla filosofia della mente, il riduzionismo afferma che la mente non esiste come ente separato dal corpo e può essere studiata solo attraverso fenomeni come il comportamento o l'attività neuronale.

gente dovuto alle interazioni neuronali, e non metafisico, non ho più ragione di temere un così innovativo modo di viaggiare. Non ho motivo di assimilare al processo del teletrasporto la mia morte, dato che quest'ultima significa un passaggio tra me e *nessuna* persona futura, mentre con il teletrasporto c'è un passaggio tra me e una persona identica a me che proseguirà la mia vita esattamente come farei io. Se quindi assumiamo un atteggiamento riduzionista non ci dovrebbe preoccupare la nostra sorte dopo il teletrasporto.

Sappiamo bene però che quella mattina non è ancora arrivata e nessun quotidiano ci ha ancora comunicato l'imminenza del teletrasporto nel mondo reale. In effetti tale tecnologia, per come è stata descritta nella fantascienza, è ancora lontana. Oltre a tutte le difficoltà tecniche che si incontrerebbero tentando di distruggere e ricostruire un organismo vivente, il teletrasporto porta nella sua stessa definizione la contraddizione di uno dei pilastri della fisica moderna. La forza del teletrasporto, ciò che lo rende così appetibile per ogni persona comune, è il fatto di essere un trasporto *istantaneo*. Per questo motivo esso è forse il desiderio recondito di chi ogni giorno deve viaggiare per raggiungere il luogo di lavoro o di studio, per non parlare di quanto efficiente e veloce sarebbe un sistema postale che utilizza il teletrasporto. Curiosamente Gene Roddenberry introdusse il teletrasporto non solo per stimolare la nostra immaginazione su tale possibilità, ma soprattutto per poter spostare i suoi personaggi dall'Enterprise sul pianeta da esplorare, senza fare atterrare ogni settimana una grande astronave su un pianeta diverso. Quest'operazione infatti sarebbe stata troppo dispendiosa per un programma televisivo settimanale.

Ma cosa viene effettivamente spostato durante il processo di teletrasporto? In *Star Trek: The Next Generation Technical Manual* si legge che il fascio di confinamento anulare trasmette il flusso di materia insieme all'informazione rilevata dallo scanner molecolare. Quindi la materia che compone un essere umano viene spostata insieme alle istruzioni necessarie per ricostruirlo. Nel caso di una persona si tratta di spostare istantaneamente circa 10^{28} atomi insieme ai bit di informazione necessari per risistemare questi esattamente dov'erano in precedenza. Nel paragrafo precedente abbiamo visto due esempi di teletrasporto (in *Special Delivery* e *I ribelli dei 50 soli*) in cui ciò che viene trasportato all'istante è la sola informazione ricavata da una scansione della struttura dell'oggetto o della persona, mentre la materia "grezza" rimane sempre nelle "banche di materia" di ciascuna stazione. Una procedura del genere, assimilabile a quella di un "fax 3D con distruzione dell'originale", sembrerebbe del tutto ragionevole.

Riflettiamo però su quell'avverbio: *istantaneamente*, cioè in un tempo addirittura nullo. A oggi il modo più veloce per inviare informazioni da un punto a un altro consiste nel convertirle in un'onda elettromagnetica, per esempio un'onda radio, e inviarla tramite un'antenna emittente. La velocità di un'onda elettromagnetica tuttavia non è infinita: il fatto che, aprendo le persiane di una stanza in una mattina di sole, questa venga immediatamente pervasa dalla luce non ci deve indurre a pensare che la luce si diffonda *istantaneamente* nello spazio. La luce sembra propagarsi istantaneamente per il semplice fatto che le distanze tipiche con cui conviviamo sono dell'ordine delle decine di metri e il tempo impiegato dalla luce a percorrere 10 metri è così piccolo da sembrarci nullo. In effetti in un secondo la luce viaggia per circa 300.000 chilometri, poco meno della distanza tra Terra e Luna!

La velocità della luce è dunque molto grande ma non infinita, tanto che, in astronomia, per indicare le distanze tra galassie si parla di anni luce, essendo un anno luce la distanza percorsa dalla luce in un anno, all'incirca 9.460.800.000.000 chilometri.

"Non è mai stato scoperto un metodo di segnalazione più rapido" scrive il fisico statunitense Robert Resnick all'inizio del primo capitolo di *Introduzione alla relatività ristretta*, e continua così: "questo fatto sperimentale suggerisce che la velocità della luce nello spazio vuoto, $c = 3 \times 10^8$ m/s, sia un'appropriata velocità limite di riferimento"[8]. I fatti sperimentali quindi escludono a oggi che si possa superare la velocità della luce e quindi che la materia o l'informazione possano spostarsi istantaneamente, cioè a velocità infinita.

Un treno che viaggia tra Milano e Roma a una velocità vicina a quella della luce impiegherebbe un tempo infinitesimo ad arrivare a destinazione. Un'astronave, invece, che colleghi la Terra a un pianeta di Alpha Centauri, la stella più vicina alla Terra dopo il Sole, impiegherebbe circa quattro anni ad arrivare (per un orologio terrestre).

---

[8] Il valore attualmente accettato per la velocità della luce è: $2{,}99792458 \times 10^8$ m/s.

Un viaggio che usi il *teletrasporto* a velocità della luce sarebbe possibile solo con un teletrasporto del tipo fax 3D, dove l'unica "forma di noi" a viaggiare sia l'*informazione* esatta del nostro stato molecolare (posizione ed energia di ogni atomo del nostro corpo); quest'ultimo verrebbe poi ricostruito con atomi totalmente nuovi presenti a destinazione. Se infatti l'informazione sotto forma di onda elettromagnetica può viaggiare alla velocità della luce, la massa no. Se volessimo a tutti i costi trasmettere a destinazione proprio i *nostri atomi,* dovremmo tener presente che per accelerarli fino a velocità *c* sarebbe necessaria una quantità di energia infinita. Questo è quanto si deduce dalla *relatività ristretta*, teoria fisica che insieme alla *relatività generale* resero il loro autore, Albert Einstein, uno dei fisici più celebri di tutti i tempi. La stessa formula $E = mc^2$, che nel sentire comune è diventata quasi il simbolo della fisica stessa, è una delle conseguenze dei postulati della relatività ristretta. Questi postulati sono due:

- **Principio di relatività:** le leggi della fisica sono le stesse in tutti i sistemi inerziali[9]; non esiste un sistema inerziale privilegiato.
- **Costanza della velocità della luce:** la velocità della luce nello spazio vuoto ha lo stesso valore *c* in tutti i sistemi inerziali.

Ora, affinché non venga contraddetto il primo postulato in relazione alla conservazione della quantità di moto[10] in un urto di particelle, è necessario supporre che la massa sia una funzione della velocità. Più precisamente:

$$m = \frac{m_0}{\sqrt{1 - \dfrac{u^2}{c^2}}}$$

---

[9] In un sistema inerziale vale la *legge di inerzia*, cioè un corpo fermo, lasciato libero, rimane fermo. Il treno su cui viaggiamo a velocità costante è un sistema inerziale. Nel momento in cui esso accelera o decelera smette di essere inerziale: una brusca frenata può far cadere oggetti dal ripiano portavaligie, ecc.
[10] La quantità di moto è una grandezza definita come il prodotto tra la massa *m* di un corpo e la sua velocità *v* ovvero *mv*. Essa misura la capacità di un corpo di modificare il movimento (velocità e direzione) di altri corpi con cui interagisce dinamicamente: la conservazione della quantità di moto totale la rende una grandezza fondamentale nello studio degli urti tra corpi.

dove m_0 è la massa a riposo, cioè la massa misurata nel sistema di riferimento in cui il corpo risulta fermo[11]; u è la velocità di m_0 e m è la massa misurata nel sistema in cui il corpo è in movimento; c è la velocità della luce. Osservando questa formula, che ha trovato diverse conferme sperimentali, ci rendiamo conto che sostituendo c a u, cioè supponendo che la massa m_0 si muova alla velocità della luce, il denominatore della frazione diventa nullo e quindi m tenderà a infinito. Non è quindi possibile accelerare una massa fino a velocità c. Ci si può avvicinare molto a c, usando particelle nei grandi acceleratori quali il Large Hadron Collider (LHC) del CERN di Ginevra, ma la velocità della luce è riservata a particelle senza massa e rimane un limite invalicabile.

Agli autori di racconti e sceneggiature fantascientifiche a questo punto restano due strade: o ignorare completamente la relatività ristretta, teoria che da più di cento anni non è mai stata messa in discussione da alcun fatto sperimentale, oppure ideare una forma di teletrasporto che eviti il problema del superamento della velocità della luce. Nel 1994 uscì nelle sale cinematografiche statunitensi *Stargate*, il primo prodotto di un marchio cinematografico fantascientifico inizialmente ideato da Roland Emmerich e Dean Devlin; il successivo prodotto dello stesso marchio fu una serie televisiva dal titolo *Stargate SG-1* a cui seguirono libri, fumetti e videogiochi. Il filo conduttore di queste produzioni è un dispositivo chiamato appunto *Stargate*, ovvero "porta delle stelle". Si tratta di portali costituiti da anelli metallici che permettono di collegare in maniera quasi istantanea due punti dello spazio; in questo modo, oggetti e persone possono viaggiare in lungo e in largo per l'universo senza l'ausilio di astronavi o altre tecnologie. Il collegamento tra due portali anche molto distanti avviene grazie alla formazione di un *wormhole* artificiale, ovvero di un "cunicolo (o tunnel) spazio-temporale". Quest'idea, lungi dall'essere pura fantasia fantascientifica, viene suggerita dallo stesso Einstein nel contesto della relatività generale. Egli,

---

[11] Per intenderci: il libro che leggo durante un viaggio in treno a me sembrerà fermo ma a chi vede passare il treno in transito stando in piedi sul binario sembrerà tutt'altro che fermo!

infatti, dopo aver affermato nella relatività ristretta che lo spazio è quadridimensionale e averlo chiamato per questo "spazio-tempo" (essendo la quarta dimensione proprio il tempo), nella relatività generale afferma anche che è curvo; causa di questa curvatura è la presenza di massa[12].

Per capire cos'è un *wormhole*, visualizzando lo spazio-tempo in modo semplificato, possiamo prendere un foglio di carta, segnare due punti alle estremità, tracciare il segmento che li unisce e infine piegare il foglio in due, senza far toccare le due metà, come mostrato in figura.

A questo punto buchiamo il foglio con una cannuccia lasciandone le estremità incastrate in corrispondenza dei due punti. Ora capiamo che la lunghezza della cannuccia può essere minore del segmento che unisce i due punti, e che quindi passare da A a B attraverso la cannuccia è molto più veloce che percorrere il segmento disegnato. Questo, semplificato, è il concetto di *wormhole*: la cannuccia ne rappresenta la "gola" e le sue estremità le "bocche" (dove potrebbero essere posti degli ipotetici *stargate*); la linea che congiunge A e B rappresenta invece un raggio di luce che percorre in "linea retta" lo spazio-tempo (il foglio stesso incurvato).

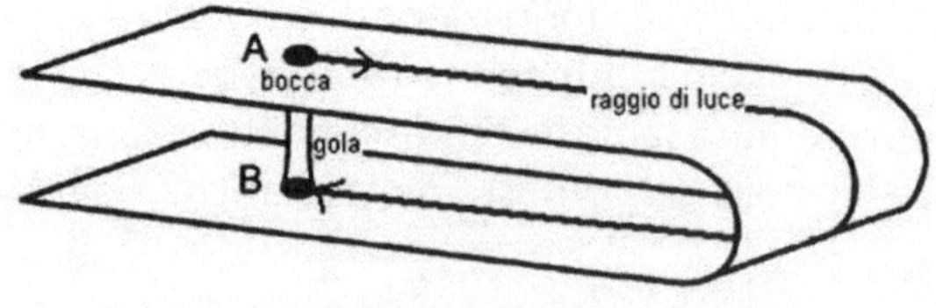

---

[12] L'osservazione della celebre eclissi di sole del 1919 confermò che la luce di una stella viene deflessa dalla vicinanza di un corpo massivo come il sole, in accordo con le previsioni della relatività generale.

Passare da un capo all'altro della gola equivale a trovarsi nel punto di arrivo (per esempio B) in un tempo inferiore a quello che la luce impiega a percorrere l'intero spazio curvo sul quale A e B potrebbero risultare distanti migliaia di anni luce. Tale velocità "superluminare" è solo apparente in quanto, barando, abbiamo accorciato lo spazio da percorrere; la luce stessa a questo punto potrebbe trovare la scorciatoia del cunicolo spazio-temporale e percorrere il *wormhole* più velocemente di ogni corpo massivo.

Sebbene questa possa essere considerata una forma di teletrasporto a tutti gli effetti, dato che permette un viaggio praticamente istantaneo da un punto all'altro dell'universo, sembra promettere qualcosa di ancor più sconvolgente che il "semplice" teletrasporto. Si tratta del collegamento con altri universi o con altre dimensioni oppure addirittura con epoche passate e future, in altre parole viaggi nel tempo. Queste possibilità, che i fisici stessi non escludono, sono ampiamente utilizzate nella fantascienza. Per esempio *Timeline,* romanzo di Michael Crichton pubblicato nel 1999 e diventato successivamente un film diretto da Richard Donner, tratta l'avventura di un gruppo di archeologi teletrasportato nel medioevo grazie a una macchina del tempo che sfrutta un cunicolo spazio-temporale. A proposito di questa tipologia di teletrasporto, la fantascienza accenna anche alla scomposizione della persona a livello molecolare e al passaggio attraverso il cunicolo sotto forma di un flusso di particelle (in *Timeline* si parla di elettroni). Tuttavia questo non dovrebbe essere necessario se, passando attraverso un *wormhole,* gli organismi viventi rimanessero intatti, non disintegrati in un flusso di atomi o distrutti e convertiti in informazione. Questo renderebbe meno traumatico, almeno da un punto di vista psicologico, il viaggio. Quello che tuttavia sembra appartenere, se non alla fantascienza, alle speculazioni della fisica teorica, è la realizzazione e il mantenimento di un *wormhole*: ciò richiederebbe enormi quantitativi di energia necessari a piegare lo spazio-tempo senza però interferire con la materia che passerebbe attraverso il *wormhole*. Altrettanto difficile sarebbe utilizzare un cunicolo spazio-temporale "naturale": gli studi a riguardo non ne escludono l'esistenza ma ne affermano l'estrema instabilità.

Un tipo di teletrasporto che è in parte riconducibile agli esempi di fantascienza descritti in precedenza è invece già una realtà in molti laboratori. Si tratta del *teletrasporto quantistico*, una tecnica che sfrutta le leggi della meccanica quantistica, altra grande rivoluzione della fisica teorica del '900. Nei prossimi capitoli ci occuperemo di questa branca della fisica moderna e delle sue sorprendenti applicazioni, le quali appaiono più prossime del teletrasporto umano e altrettanto utili alla nostra vita quotidiana. Ma prima capiremo perché, secondo la meccanica quantistica, il teletrasporto "alla Star Trek" non è realizzabile. Vedremo che esistono fenomeni propri del mondo microscopico che sembrano superare la velocità della luce, ma capiremo che non è comunque possibile la trasmissione istantanea di informazioni: ancora una volta la teoria della relatività ristretta non viene contraddetta.

Notiamo che le potenzialità del teletrasporto non sono sfuggite al reparto ricerca dell'aviazione USA, come testimoniano i documenti che seguono.

DTIC Copy

AFRL-PR-ED-TR-2003-0034   AFRL-PR-ED-TR-2003-0034

Teleportation Physics Study

Eric W. Davis
Warp Drive Metrics
4849 San Rafael Ave.
Las Vegas, NV 89120

August 2004

Special Report

APPROVED FOR PUBLIC RELEASE; DISTRIBUTION UNLIMITED.

AIR FORCE RESEARCH LABORATORY
AIR FORCE MATERIEL COMMAND
EDWARDS AIR FORCE BASE CA 93524-7048

REPORT DOCUMENTATION PAGE

Form Approved
OMB No. 0704-0188

1. REPORT DATE (DD-MM-YYYY) 25-11-2003	**2. REPORT TYPE** Special	**3. DATES COVERED** (From - To) 30 Jan 2001 – 28 Jul 2003

4. TITLE AND SUBTITLE

Teleportation Physics Study

5a. CONTRACT NUMBER
F04611-99-C-0025

5b. GRANT NUMBER

5c. PROGRAM ELEMENT NUMBER
62500F

6. AUTHOR(S)

Eric W. Davis

5d. PROJECT NUMBER
4847

5e. TASK NUMBER
0159

5f. WORK UNIT NUMBER
549907

7. PERFORMING ORGANIZATION NAME(S) AND ADDRESS(ES)

Warp Drive Metrics
4849 San Rafael Ave.
Las Vegas, NV 89120

8. PERFORMING ORGANIZATION REPORT NO.

9. SPONSORING / MONITORING AGENCY NAME(S) AND ADDRESS(ES)

Air Force Research Laboratory (AFMC)
AFRL/PRSP
10 E. Saturn Blvd.
Edwards AFB CA 93524-7680

10. SPONSOR/MONITOR'S ACRONYM(S)

11. SPONSOR/MONITOR'S REPORT NUMBER(S)

AFRL-PR-ED-TR-2003-0034

12. DISTRIBUTION / AVAILABILITY STATEMENT

Approved for public release; distribution unlimited.

13. SUPPLEMENTARY NOTES

14. ABSTRACT

This study was tasked with the purpose of collecting information describing the teleportation of material objects, providing a description of teleportation as it occurs in physics, its theoretical and experimental status, and a projection of potential applications. The study also consisted of a search for teleportation phenomena occurring naturally or under laboratory conditions that can be assembled into a model describing the conditions required to accomplish the transfer of objects. This included a review and documentation of quantum teleportation, its theoretical basis, technological development, and its potential applications. The characteristics of teleportation were defined and physical theories were evaluated in terms of their ability to completely describe the phenomena. Contemporary physics, as well as theories that presently challenge the current physics paradigm were investigated. The author identified and proposed two unique physics models for teleportation that are based on the manipulation of either the general relativistic spacetime metric or the spacetime vacuum electromagnetic (zero-point fluctuations) parameters. Naturally occurring anomalous teleportation phenomena that were previously studied by the United States and foreign governments were also documented in the study and are reviewed in the report. The author proposes an additional model for teleportation that is based on a combination of the experimental results from the previous government studies and advanced physics concepts. Numerous recommendations outlining proposals for further theoretical and experimental studies are given in the report. The report also includes an extensive teleportation bibliography.

15. SUBJECT TERMS

teleportation; physics, quantum teleportation; teleportation phenomena; anomalous teleportation; teleportation theories; teleportation experiments; teleportation bibliography

16. SECURITY CLASSIFICATION OF:

a. REPORT	b. ABSTRACT	c. THIS PAGE	**17. LIMITATION OF ABSTRACT**	**18. NUMBER OF PAGES**	**19a. NAME OF RESPONSIBLE PERSON** Franklin B. Mead, Jr.
Unclassified	Unclassified	Unclassified	A	88	**19b. TELEPHONE NO** (include area code) (661) 275-5929

Standard Form 298
(Rev. 8-98)
Prescribed by ANSI Std. 239.18

Il fax 3D esiste già!

In questo capitolo si è assimilato più volte il meccanismo di teletrasporto a quello di un ipotetico fax 3D. Potrebbe stupire apprendere che il fax 3D esiste già! Il primo prototipo di fax 3D risale al 1991, quando al dipartimento di ingegneria meccanica dell'università del Texas, alcuni ricercatori, collegando un tomografo computerizzato a un dispositivo per la ricostruzione dell'oggetto, trasmisero al palazzo di fronte, lungo la linea telefonica, la forma 3D di un pistone d'automobile ricostruito poi in policarbonato.

Come si può immaginare, ciò di cui necessita un fax 3D è uno scanner 3D nel luogo dove si trova l'oggetto da trasmettere via fax, una stampante 3D nel luogo di ricezione e un circuito di trasmissione dati. Il procedimento effettuato nel 1991 può essere grosso modo riassunto come segue. Una sorgente di raggi X, accoppiata a un rivelatore, ruota attorno all'oggetto riproducendone a ogni giro l'immagine di una "fetta" che viene trasmessa al computer. Quindi le diverse sezioni vengono elaborate da un computer che crea l'immagine digitalizzata dell'oggetto, la quale viene poi inviata al computer di ricezione. Quest'ultimo è collegato a un apparecchio di *sinterizzazione laser selettiva*, una procedura di ricostruzione dell'oggetto che si svolge in varie fasi. Un contenitore viene riempito con polveri finissime, che possono essere di tipo plastico, ceramico o metallico, fino a un certo livello controllato dal computer. Un laser ad alta energia, pilotato da un apposito dispositivo di scansione, colpisce la superficie dello strato di polvere provocandone la fusione in corrispondenza della silhouette della prima sezione dell'oggetto. Non appena lo strato neo modellato si solidifica, viene ricoperto da un altro strato di polvere e si procede con la modellizzazione della seconda sezione.

Esempio di stampante 3D

Esistono altre tecniche di stratificazione che utilizzano, in alternativa alle polveri, resine fotosensibili e materiali plastici; il metodo di ricostruzione cambia allora nome ma il processo di ricostruzione dell'oggetto rimane quasi invariato. La sinterizzazione laser selettiva rimane comunque il metodo più accurato e versatile, e per questo le stampanti 3D vengono ormai comunemente utilizzate dalle grandi aziende per il Rapid Prototyping (creazione rapida di prototipi di oggetti).

I costi e le dimensioni delle componenti necessarie al fax 3D stanno man mano diminuendo, e non è escluso che in un futuro questa tecnologia possa essere utilizzata da tutti, magari per ricevere direttamente sulla propria stampante 3D i giocattoli appena acquistati su internet per i figli.

Capitolo 2
Il mondo al microscopio

I piccolissimi mattoni dell'universo

Il teletrasporto realizzato in laboratorio è basato su proprietà della materia a scala microscopica. Queste proprietà sono descritte dalla *fisica quantistica*, e in questo paragrafo ripercorriamo sommariamente i passi logici e sperimentali che hanno portato all'attuale conoscenza della natura a scala microscopica.

Nell'introduzione di Richard Feynman al suo celebre *Corso di Fisica*[1] al California Institute for Technology, l'autore immagina che un cataclisma distrugga tutto il sapere scientifico, tranne una frase da tramandare alle future generazioni, e si chiede quale frase contenga la maggiore informazione nel minor numero di parole. La sua proposta è: *tutte le cose sono fatte di atomi, particelle piccolissime (alcuni miliardesimi di centimetro) in perenne movimento, che si attraggono quando sono vicine e si respingono quando si tenti di sovrapporle.* Da questo fatto si possono per esempio dedurre i comportamenti qualitativi dei gas, dei liquidi e dei solidi cristallini. Per dare un'idea visiva della piccolezza degli atomi basta considerare che se un atomo fosse grande come una mela, una mela sarebbe grande come la Terra!

Atomo significa "indivisibile", e l'esistenza degli atomi è stata ipotizzata più di duemila anni fa da Democrito[2].

---

[1] R.P. Feynman, R.B. Leighton, M.L. Sands, *The Feynman Lectures on Physics*, Caltech, 1961.

[2] L'atomismo di Democrito di Abdera (430-360 a.C), contemporaneo di Socrate, contiene molte intuizioni moderne, tra le quali l'importanza della posizione degli atomi in un composto.

La teoria atomistica dell'antichità venne rifondata su basi sperimentali tra la fine del '700 e la prima metà dell'800. Nel corso dell'ultimo secolo gli atomi si rivelarono tutt'altro che indivisibili: risultano infatti a loro volta costituiti da protoni, neutroni ed elettroni. Con questi tre tipi di "mattoni" si costruiscono tutti i 92 atomi presenti in natura: dall'*idrogeno*, il più leggero, all'*uranio*, il più pesante. Nell'atomo gli elettroni "orbitano" intorno al *nucleo*, formato da protoni e neutroni.

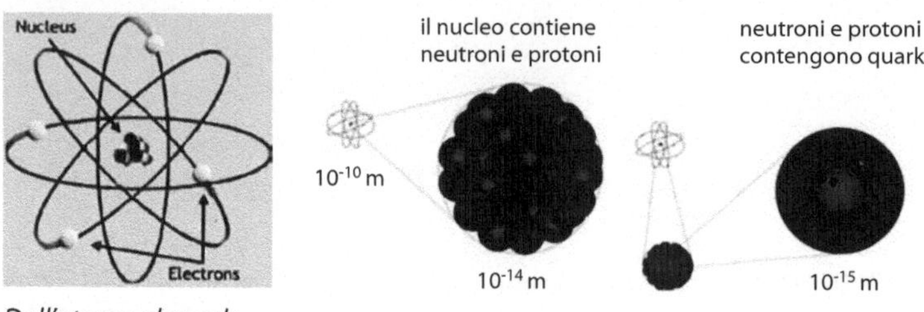

Dall'atomo al quark

Gli elettroni non hanno struttura interna (in tutti gli esperimenti ci appaiono puntiformi) e quindi sono particelle che vengono dette *elementari*. Per contro i protoni e i neutroni non sono elementari: risultano composti a loro volta da tre altre particelle elementari, chiamate *quark*.

La storia non finisce qui: l'elettrone ha due "fratelli" più pesanti, chiamati muone e leptone tau. Ci sono anche tre tipi di neutrini, particelle assai elusive e difficili da rilevare, neutre come indica il nome, e di massa piccolissima. E ancora: a ogni particella corrisponde un'*antiparticella*, con caratteristiche identiche fuorché la carica elettrica, che è opposta.

Tutte le particelle dello stesso tipo *sono assolutamente identiche*. Per esempio tutti gli elettroni dell'universo sono identici tra loro: se qualcuno scambiasse di nascosto la posizione di due elettroni, niente permetterebbe di accorgersi dello scambio. Questo sarà cruciale nel teletrasporto quantistico.

Tra le particelle elementari agiscono delle *forze*, due delle quali hanno manifestazioni in cui viviamo immersi: la *gravità* e la *luce*[3]. Concentriamoci sulla luce, che sarà il nostro principale "campo di

---

[3] Oltre alle interazioni gravitazionali ed elettromagnetiche, sono note l'interazione debole, responsabile dei decadimenti radioattivi, e l'interazione forte, che tiene "incollati" protoni e neutroni nei nuclei atomici.

gioco" nei capitoli successivi. All'inizio del '900, i fenomeni elettrici e magnetici venivano descritti molto bene da una teoria di grande eleganza dovuta a Maxwell, l'*elettromagnetismo*, che riassumeva e sistematizzava le evidenze empiriche del secolo precedente. La luce veniva interpretata come radiazione elettromagnetica, dovuta a campi elettrici e magnetici oscillanti nel vuoto. Queste oscillazioni danno luogo alle *onde elettromagnetiche*, così come le oscillazioni dell'acqua sul mare danno luogo a onde che si propagano sulla superficie del mare. Contrariamente però alle onde del mare o alle onde sonore, le onde elettromagnetiche non sono dovute alle oscillazioni di molecole in un mezzo (acqua o aria), ma si propagano anche nel vuoto, cioè in assenza di qualunque materia. La velocità di propagazione è circa uguale a 300.000 chilometri al secondo ed è convenzionalmente indicata con la lettera *c*, una delle costanti fondamentali della natura. A seconda della frequenza di oscillazione, le onde elettromagnetiche sono chiamate *onde radio, raggi infrarossi, luce visibile, raggi ultravioletti, raggi X*, ecc. La lunghezza d'onda (distanza tra due creste successive dell'onda) della luce visibile è compresa tra circa 400 e 700 miliardesimi di metro. La frequenza (numero di oscillazioni in un secondo) è legata alla lunghezza d'onda dalla semplice relazione *velocità dell'onda = frequenza × lunghezza d'onda*, e quindi la luce visibile corrisponde a frequenze dell'ordine di milioni di gigahertz (milioni di miliardi di oscillazioni al secondo). I diversi colori della luce corrispondono a diverse frequenze, partendo dal rosso (frequenze più basse e maggiori lunghezze d'onda) fino al violetto (frequenze più alte e lunghezze d'onda più piccole) attraverso tutti i colori dell'arcobaleno:

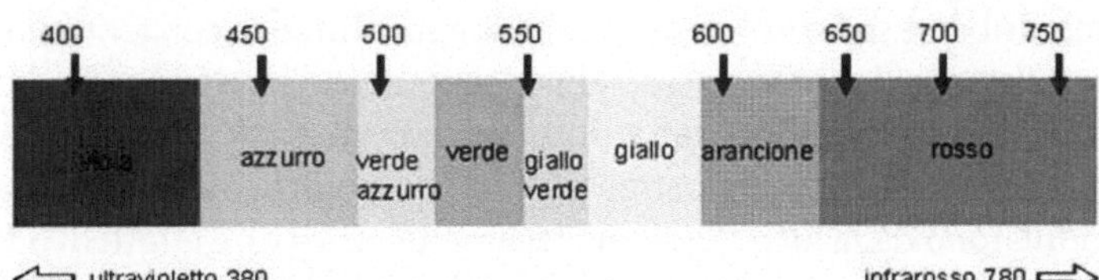

Le lunghezze d'onda (in nanometri) della luce visibile

Una caratteristica tipica delle onde è di poter interferire tra di loro. Se due treni d'onda sono in fase, cioè le creste del primo coincidono con quelle del secondo, si ha *interferenza costruttiva* e l'onda ne risulta rafforzata; se invece le creste di un treno d'onda coincidono con gli avvallamenti dell'altro si ha *interferenza distruttiva* (figura a lato).

L'interferenza tra onde è particolarmente visibile sul mare, come nella figura qui sotto, e in alcuni casi può portare alla formazione di onde gigantesche, molto pericolose per i navigatori. La *diffrazione* è un altro fenomeno tipico delle onde e può per esempio essere osservata all'imboccatura dei porti: il treno d'onde parallelo che proviene dal largo si sparpaglia dopo l'imboccatura, creando zone di calma e zone di onda all'interno del porto.

Interferenza e diffrazione diventano evidenti quando la lunghezza d'onda è paragonabile alla larghezza dell'imboccatura, o più in generale alla distanza tra le due sorgenti di onde che interferiscono. Per questo motivo l'interferenza e la diffrazione della luce sono meno evidenti, dato che la lunghezza d'onda della luce visibile è sotto il millesimo di millimetro. Tuttavia con fenditure molto strette diventano osservabili, e fenomeni d'interferenza e diffrazione della luce sono stati studiati fin dal XVII secolo. Proprio questi fenomeni hanno dimostrato in modo inequivocabile la natura ondulatoria della luce. Possiamo facilmente osservare effetti di diffrazione della luce se traguardiamo una sorgente luminosa attraverso due dita molto ravvicinate: si notano striature scure che sono tipiche delle figure di diffrazione e che corrispondono alle zone di acqua calma nel porto. Anche l'effetto di una luce monocromatica (composta da onde che hanno tutte la stessa frequenza) su una lametta di rasoio è dovuto alla diffrazione.

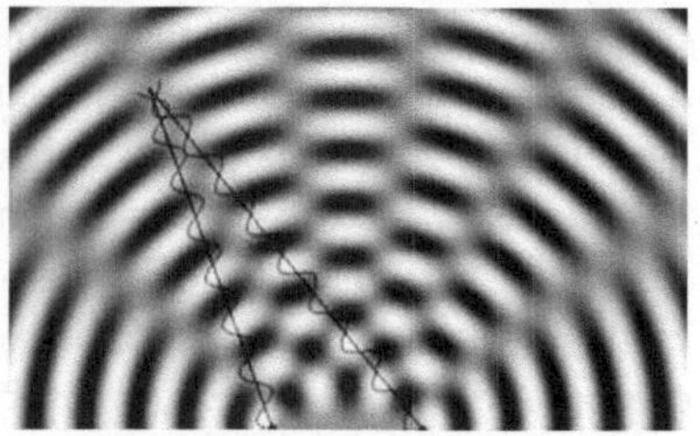

Interferenza di onde circolari provenienti da due sorgenti

Interferenza e diffrazione di onde marine

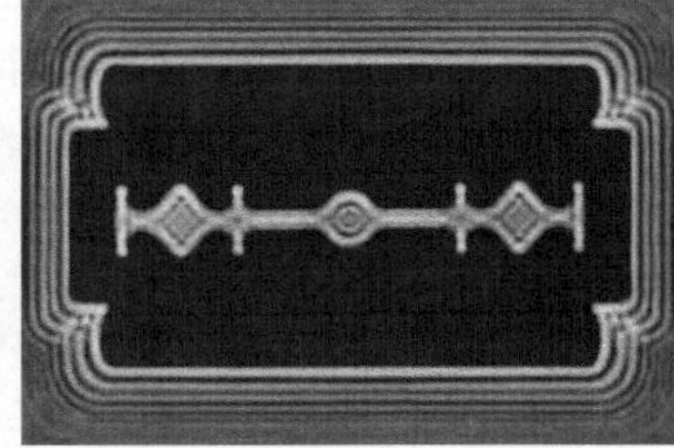

Interferenza e diffrazione di onde luminose

L'interferenza è invece responsabile delle iridescenze sulle bolle di sapone: il sottile film di sapone fa interferire alcune frequenze. Un classico esperimento d'interferenza, studiato per la prima volta da Thomas Young all'inizio del XIX secolo, si avvale di una doppia fenditura. La luce di una sorgente colpisce la doppia fenditura, e su uno schermo si osserva la figura d'interferenza (figura a lato).

L'alternanza di righe chiare e scure sullo schermo è dovuta all'interferenza costruttiva o distruttiva delle due onde elettromagnetiche provenienti dalle due fenditure. Tutto quindi sembra indicare che la luce è un'onda.

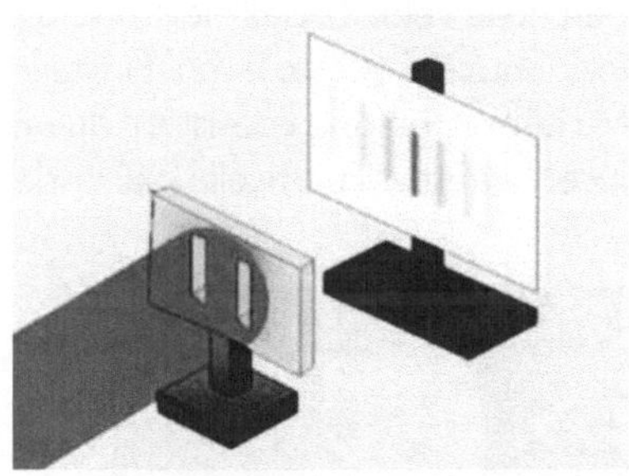

Interferenza di onda luminosa che attraversa due fenditure

Onde o particelle?

Il mirabile edificio dell'elettromagnetismo, teoria capace di spiegare il comportamento della luce e delle interazioni tra cariche elettriche, subisce un brusco e inaspettato colpo all'inizio del '900: in una sequenza crescente di esperimenti emergono aspetti della luce che rivelano in modo inequivocabile la sua natura *corpuscolare*. Riducendo drasticamente l'intensità di una sorgente luminosa, uno schermo fotosensibile comincia a registrare *impatti puntiformi*, come se la luce fosse fatta di singoli pacchetti di energia. E ancora, quando s'irradia un metallo con luce ultravioletta, vengono espulsi elettroni. Si tratta dell'*effetto fotoelettrico,* il quale, utilizzato oggi nelle celle fotoelettriche per aperture automatiche di ogni tipo, avviene con modalità che sono in netto contrasto con la teoria ondulatoria di Maxwell. Infatti la velocità degli elettroni uscenti dipende dalla frequenza della radiazione, e sotto una certa frequenza di soglia nessun elettrone viene espulso, nemmeno con una radiazione molto intensa, fatto inspiegabile con la teoria ondulatoria. Un giovane Albert Einstein propone nel 1905 la spiegazione di questo effetto in termini di particelle di luce, che chiama *Lichtenergiequanten* (quanti di energia di luce), in seguito chiamati più semplicemente *fotoni.* Egli ipotizza che questi fotoni abbiano un'*energia uguale alla frequenza della luce moltiplicata per la costante di Planck*[4], altra costante fondamentale della natura, che caratterizza tutti i fenomeni microscopici. Trova allora una ragione la frequenza di soglia: nell'urto di un fotone con un elettrone, solo se il fotone ha una certa energia riesce a espellere l'elettrone dal metallo, e si comprende perché la velocità dell'elettrone dipende dalla frequenza della luce incidente. Per questo lavoro Einstein riceverà il premio Nobel nel 1923. Ma come possono coesistere due modi così diversi per descrivere la luce? Si tratta di particelle o di onde?

Max Planck

Albert Einstein

---

[4] Indicata con la lettera *h,* e introdotta da Max Planck nel 1900, rende conto della distribuzione di energia elettromagnetica nelle varie frequenze emesse da corpi a temperatura T. Ipotizzando che l'energia elettromagnetica fosse "quantizzata" in pacchetti multipli di un pacchetto fondamentale (di valore h × frequenza della radiazione), Planck fu in grado di riprodurre correttamente l'andamento sperimentale della distribuzione di energia irradiata.

Onde di probabilità

Da questo rovello nasce la fisica quantistica nei primi decenni del secolo scorso. La risposta della "nuova meccanica" mette in gioco il concetto di probabilità: l'onda, che descrive l'andamento del campo elettrico nella radiazione luminosa, è interpretata come un'*onda di probabilità*, nel senso che *il suo quadrato in un certo punto dello spazio è proporzionale alla probabilità che il fotone si trovi in quel punto*. Si riconciliano così l'aspetto ondulatorio e l'aspetto particellare della radiazione. L'onda di probabilità viene anche chiamata *funzione d'onda* del fotone: questa descrive lo stato fisico del fotone per quanto riguarda la sua posizione.

Proviamo ad applicare questa ipotesi fondamentale all'esperimento di interferenza con la doppia fenditura. Quando si riduce molto l'intensità della sorgente si osservano singoli impatti sullo schermo: la sorgente "spara" un singolo fotone per volta. Se i fotoni fossero particelle "classiche", cioè piccoli proiettili sottoposti alle leggi della meccanica classica, gli impatti si distribuirebbero in corrispondenza delle due fenditure, e dopo un po' di tempo avremmo due zone impressionate sullo schermo. Ma non è quello che si osserva nell'esperimento! Gli impatti avvengono con maggior probabilità proprio nelle zone dello schermo dove l'interferenza delle onde di probabilità è costruttiva; quindi, dopo un tempo più o meno lungo, i singoli impatti ricostruiscono la figura di interferenza, come in un'immagine digitale ricostruita pixel dopo pixel (vedi figura).

Questo significa che il singolo fotone non si comporta come una particella classica, ma ha un'onda di probabilità associata, e quest'onda *passa attraverso entrambe le fenditure*, creando frange di interferenza sullo schermo proprio come farebbero onde del mare che entrano in un porto attraverso due aperture. C'è quindi un solo fotone, indivisibile, ma la sua onda di probabilità si divide tra le due fenditure.

Quando la sorgente "spara" un singolo fotone, che traiettoria segue il fotone? Da quale delle due fenditure passa? Per rispon-

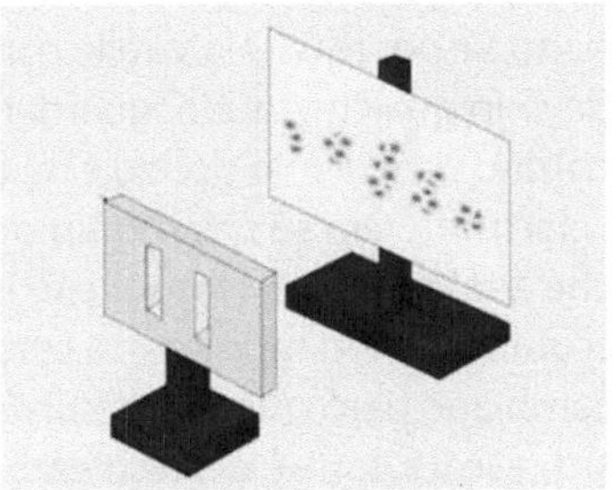

I singoli impatti ricostruiscono la figura di interferenza

dere dobbiamo collocare un rivelatore di fotoni presso una delle due fenditure: quando il fotone passa da quella fenditura il rivelatore fa "click" e ci dà l'informazione sulla traiettoria. Tuttavia appena misuriamo in questo modo la traiettoria dei fotoni, ecco che *la figura di interferenza svanisce* e lascia il posto a due zone impressionate in corrispondenza delle fenditure, come nella figura qui in alto. In

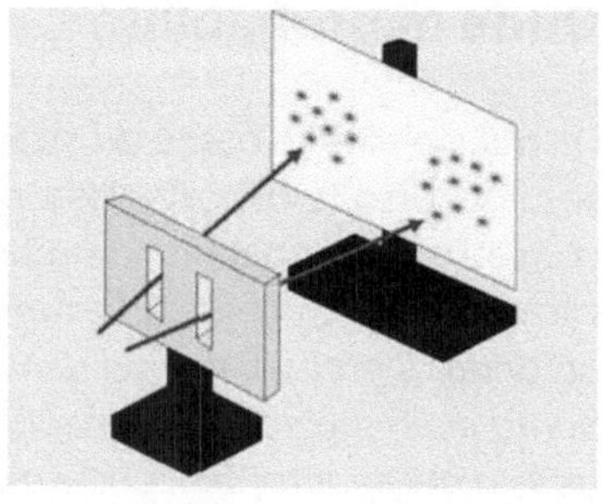

Se si conosce da quale fenditura passa ogni fotone, sparisce la figura d'interferenza

altre parole: se conosciamo la traiettoria del fotone, questo si comporta come una particella classica!

Si dice allora che il fotone, prima di una qualsiasi misura, si trova in uno *stato sovrapposto*, e la sovrapposizione delle onde crea la figura di interferenza sullo schermo. La misura lo costringe a scegliere tra le due alternative (traiettoria attraverso prima o seconda fenditura), e la sua funzione d'onda, per effetto della misura, *si modifica*: da un'onda che passa attraverso entrambe le fenditure si riduce a un'onda che passa solo attraverso una delle fenditure. Sparisce allora il meccanismo dell'interferenza per il quale è necessaria la sovrapposizione di più onde. Tutto questo trova espressione in un insieme di semplici regole che discutiamo nel prossimo capitolo.

Come può la misura alterare così profondamente lo stato del fotone, cioè la sua onda associata? Torniamo alla nozione di *particella elementare*. I "mattoni" dell'universo, come i quark, gli elettroni e i fotoni, essendo puntiformi, sono gli oggetti più "piccoli" che ci siano. Se per esempio voglio conoscere la posizione di un elettrone, devo in qualche modo "guardarlo", cioè colpirlo con fotoni che rimbalzino verso il mio occhio e mi diano l'informazione di dove si trova l'elettrone. Ora se guardo un oggetto macroscopico, come il libro che sto leggendo, i fotoni che lo colpiscono hanno un effetto trascurabile e non modificano certo lo stato di moto del libro. Le cose cambiano però quando misuro la posizione di un elettrone: in questo caso il fotone è di piccolezza comparabile a quella dell'elettrone, e fatalmente lo disturberà "spostandolo". Ecco perché la misura di oggetti microscopici diventa invasiva: non si riesce più a essere impercettibili. Questa è l'essenza del *principio di indeterminazione*, enunciato da Werner Heisenberg nel 1927.

"Così fan tutte"

Ma se i fotoni sono particelle la cui probabilità di posizione è ricavabile dalla funzione d'onda, cosa succede per le altre particelle elementari, come per esempio gli elettroni? Hanno anch'essi una funzione d'onda associata? La risposta è sì, ce l'hanno anche loro, e con loro tutte

Werner Heisenberg

le altre particelle del mondo microscopico. Questo "dualismo universale" tra onde e particelle fu ipotizzato per la prima volta da Louis de Broglie nel 1924 nella sua tesi di dottorato *Recherches sur la Théorie des Quanta*. L'ipotesi di de Broglie associa a ogni particella un'onda di probabilità, con frequenza v proporzionale all'energia della particella, e lunghezza d'onda λ inversamente proporzionale alla quantità di moto mv (massa per velocità) della particella[5]. Questo significa che una particella con grande mv ha un'onda associata con piccola lunghezza d'onda, e viceversa.

Nel 1927, ai Laboratori Bell, Clinton Davisson e Lester Germer dimostrarono che effettivamente *anche gli elettroni si comportano come onde*: "sparandoli" su nichel cristallino producono figure di diffrazione esattamente come i raggi X, che sono fotoni. Questa conferma del carattere ondulatorio degli elettroni valse a de Broglie il premio Nobel nel 1929.

Il dualismo tra onde e particelle, pietra angolare della meccanica quantistica, ha veramente un carattere universale: non vale solo per piccolissime particelle elementari, ma per qualunque oggetto. Anche per la sedia su cui siamo seduti, anche per

---

[5] Sono le *relazioni di de Broglie*: $E = h\,v$, $mv = h\,/\,\lambda$. La seconda di queste relazioni vale solo per velocità piccole rispetto a quella della luce. Per i fotoni (che hanno massa nulla e viaggiano appunto a velocità della luce) la quantità di moto è E/c, e la relazione diventa $E/c = h\,/\,\lambda$, riducendosi alla prima.

Louis de Broglie

noi stessi? Sì, ma non ce ne accorgiamo: chi ha mai visto una persona "diffrangersi" al passaggio attraverso una porta? La ragione di questo sta nel valore della costante di proporzionalità nelle relazioni di de Broglie: si tratta della costante di Planck, che ha un valore piccolissimo. Per esempio una persona di 80 chili che si muova alla velocità di un metro al secondo ha una funzione d'onda con lunghezza d'onda di circa 10^{-34} centimetri, cioè 0,0000000000000000000000000000000001 centimetri! Per confronto il nucleo di un atomo è grande circa 10^{-13} centimetri, cioè 0,0000000000001 centimetri. Una così infinitesima lunghezza d'onda rende impossibile osservare qualunque fenomeno ondulatorio: ci vorrebbero infatti fenditure di larghezza comparabile alla lunghezza d'onda, cosa evidentemente impossibile dato che la lunghezza d'onda in gioco è molto più piccola perfino di un nucleo atomico.

Le cose cambiano se si considerano elettroni: accelerandoli con una differenza di potenziale elettrico di 100 volt, la lunghezza d'onda della loro funzione d'onda è di circa 1 Angstrom, cioè 10^{-8} centimetri, le dimensioni tipiche di un atomo, o delle distanze interatomiche in un reticolo di atomi in un cristallo. Facendo incidere questi elettroni su un cristallo si osservano allora fenomeni legati al loro carattere ondulatorio.

Il microscopio elettronico si basa proprio sulle proprietà ondulatorie degli elettroni. Mentre un microscopio ottico usa fotoni e lenti ottiche, il microscopio elettronico usa elettroni e campi elettrici che deflettono gli elettroni.

Siamo ora in grado di apprezzare meglio la ragione del principio d'indeterminazione nel mondo microscopico. Supponete di voler misurare la posizione di un elettrone con la precisione di 1 Angstrom. Vuol dire che dovete essere in grado di vedere dettagli della dimensione di 1 Angstrom, e dovrete allora usare una particella che abbia una lunghezza d'onda di 1 Angstrom o minore, altrimenti l'onda associata a questa particella "non vede" questi dettagli. È la stessa ragione per cui un treno d'onde in mare non viene perturbato da uno scoglio che sia molto più piccolo della lunghezza delle onde. Ma per le relazioni di de Broglie una lunghezza d'onda di 1 Angstrom o minore implica che il fotone abbia un'energia tale da disturbare in modo notevole lo stato di moto dell'elettrone di cui si vuole misurare la posizione! Dopo una misura precisa di posizione sarà del tutto indeterminata la velocità (o la quantità di moto mv). Una rappresentazione visiva è data dal treno di onde del mare che entrano nell'apertura di un porto: più stretta è l'apertura, e quindi più precisa è la localizzazione dell'onda che entra nel porto, più s'introduce indeterminazione nella sua velocità (in questo caso si ha dispersione nella *direzione* della velocità), come si vede bene nella figura di diffrazione di onde marine del primo paragrafo.

Per "guardare" oggetti piccolissimi sono necessarie particelle di energia elevatissima. Su questo principio si basano i grandi acceleratori di particelle nei laboratori quali il CERN di Ginevra o il Fermilab di Chicago: la struttura più intima della materia viene indagata con particelle (elettroni o protoni) accelerate fino ad altissime energie.

Il modello atomico di Bohr

Torniamo un po' indietro nel tempo, verso l'inizio del secolo scorso. Nel 1911, in uno dei primi esperimenti di collisione tra particelle, Ernest Rutherford osservò come nuclei di elio, prodotti da una sorgente radioattiva, attraversano una sottile lamina d'oro. Dallo studio della distribuzione angolare delle particelle diffuse, Rutherford dedusse che la massa dell'atomo è concentrata in un nucleo di dimensioni 10^{-13} centimetri, intorno al quale orbitano elettroni di massa molto minore. Questo modello "planetario" (dove il nucleo sarebbe il Sole e gli elettroni i pianeti) ha però due principali difficoltà: non spiega perché atomi eccitati emettano luce solo con determinate frequenze, e inoltre non si capisce come un elettrone in orbita (e quindi con accelerazione centripeta) non irradi[6] secondo le leggi di Maxwell perdendo energia e cadendo sul nucleo in un tempo brevissimo.

---

[6] Le equazioni di Maxwell prevedono che le cariche elettriche accelerate irradino onde elettromagnetiche, come succede nell'antenna di una radio o di un telefonino, dove elettroni in un conduttore vengono posti in oscillazione.

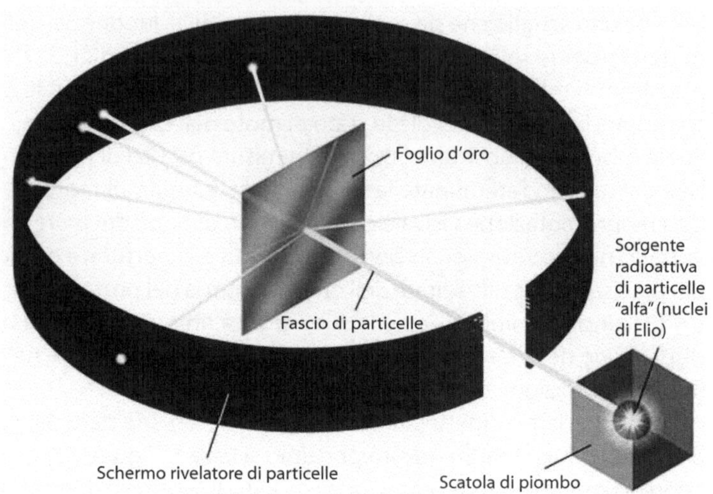

L'esperimento di Rutherford

Nel 1913, Niels Bohr propone un modello di atomo in cui le orbite elettroniche non possono essere a distanze qualsiasi dal nucleo, ma sono vincolate a soddisfare una "condizione di quantizzazione": l'elettrone deve avere un momento angolare (cioè *mvr*, massa per velocità per raggio dell'orbita) che sia un multiplo intero della costante di Planck divisa per 2π. Inoltre Bohr postula che l'elettrone possa "saltare" da un'orbita all'altra, emettendo o assorbendo un fotone di energia pari alla differenza delle energie delle orbite (soddisfacendo così uno dei più saldi principi della fisica, cioè la conservazione dell'energia).

Questo modello predice allora quali sono le frequenze permesse nell'emissione di luce da parte di un atomo, poiché la frequenza di un fotone è legata alla sua energia. Le predizioni del modello di Bohr si accordano perfettamente con le righe spettrali di emissione da parte di un atomo d'idrogeno. Per questi studi Bohr ricevette il premio Nobel nel 1922.

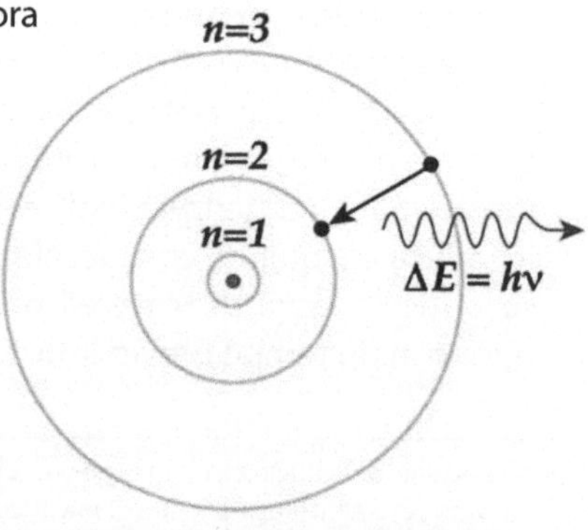

Emissione di un fotone da un atomo

Niels Bohr

In seguito fu proprio l'ipotesi di de Broglie a dare una ragion d'essere al postulato di quantizzazione delle orbite del modello di Bohr. Infatti, assegnando una funzione d'onda agli elettroni, si capisce come questi possano stare solo in orbite per le quali l'onda associata non interferisca con se stessa, e questo succede solo per particolari orbite, che sono appunto le orbite di Bohr. Si tratta di un fenomeno molto simile a quello delle onde su una corda che vibra: se la corda è fissata alle estremità, può vibrare solo con particolari onde (onde stazionarie), che, negli strumenti musicali, vengono percepite come note musicali.

Ma anche il modello di Bohr era destinato a essere superato dai successivi sviluppi della fisica quantistica.

Come si muove l'onda?

Siamo nel 1925, è quasi Natale ed Erwin Schrödinger decide di passare le vacanze ad Arosa sulle Alpi a sud-est della Svizzera. È qui che, forse ispirato dall'aria di montagna e dalla presenza di un'amante mai identificata con certezza, scrive quell'equazione che diventerà la base di partenza nello studio di ogni sistema microscopico e che porta il suo nome: *l'equazione di Schrödinger*. Per ogni sistema fisico questa equazione determina la funzione d'onda e la sua evoluzione nel tempo.

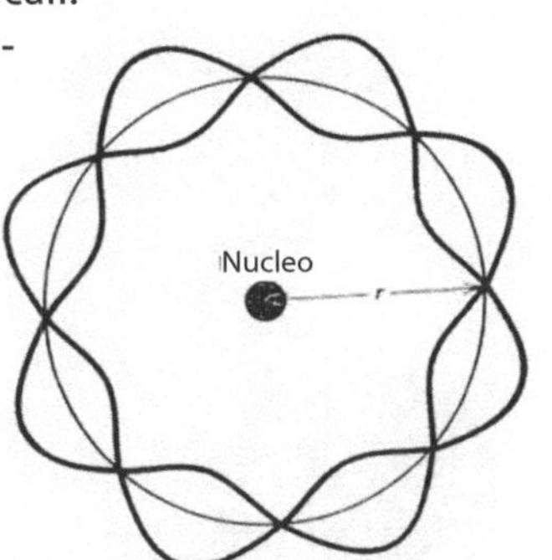

Onde stazionarie associate all'elettrone intorno al nucleo dell'atomo

Nel caso della funzione d'onda dei fotoni (particelle senza massa che si muovono a velocità c) erano già note le equazioni che ne determinano la dinamica: si tratta delle equazioni di Maxwell per il campo elettromagnetico. L'equazione di Schrödinger invece determina l'evoluzione dell'onda associata a qualunque particella con massa[7]. In particolare la soluzione dell'equazione di Schrödinger per la funzione d'onda dell'elettrone in un atomo d'idrogeno prevedeva caratteristiche dell'atomo in ottimo accordo con i dati sperimentali, e permetteva per la prima volta di rendere conto della formazione di atomi più complessi, ponendo così le fondamenta della moderna *chimica fisica*.

Per il suo lavoro che rivoluzionò le basi della meccanica quantistica e della chimica, Schrödinger venne insignito del premio Nobel nel 1933.

Nel prossimo capitolo parleremo delle regole del gioco quantistico, che guideranno la nostra esplorazione del mondo microscopico.

Erwin Schrödinger

Paul Adrien Maurice Dirac

---

[7] E che si muova con velocità piccola rispetto a quella della luce. Successivamente, nel 1928, verrà trovata da Paul Adrien Maurice Dirac un'equazione che descrive la funzione d'onda dell'elettrone valida per velocità anche vicine a quella della luce. Questa equazione prevede tra l'altro l'esistenza del *positrone*, antiparticella dell'elettrone, scoperta effettivamente da Anderson nel 1932. Nel 1933 Dirac ricevette il Nobel insieme a Schrödinger.

Capitolo 3

Le regole del gioco

Le frecce si possono sommare!

La fisica quantistica evoca formalismi matematici complicati, vagamente esoterici. Eppure per capirne i fondamenti basta una matematica che conosciamo fin dall'infanzia, la matematica degli *spostamenti*: "a partire da quell'albero, fai due passi in avanti, e poi tre passi a destra", come nelle istruzioni per trovare un tesoro nascosto. Possiamo rappresentare lo spostamento dal punto di partenza A al punto B con una *freccia* che va da A a B.

Le frecce hanno una direzione e una lunghezza, quindi sono oggetti più "ricchi" dei semplici numeri. In matematica questi oggetti si chiamano *vettori*, e la lunghezza di un vettore viene anche detta *modulo* del vettore. Nella nostra esperienza quotidiana abbiamo spesso a che fare con vettori: per esempio le velocità e le forze sono vettori, in quanto caratterizzate da un modulo e una direzione. Ai velisti è utile la conoscenza della velocità del vento, rappresentata nelle carte meteo marine da frecce nella direzione del vento, frecce la cui lunghezza (modulo) è proporzionale all'intensità del vento, come nella figura a pagina seguente.

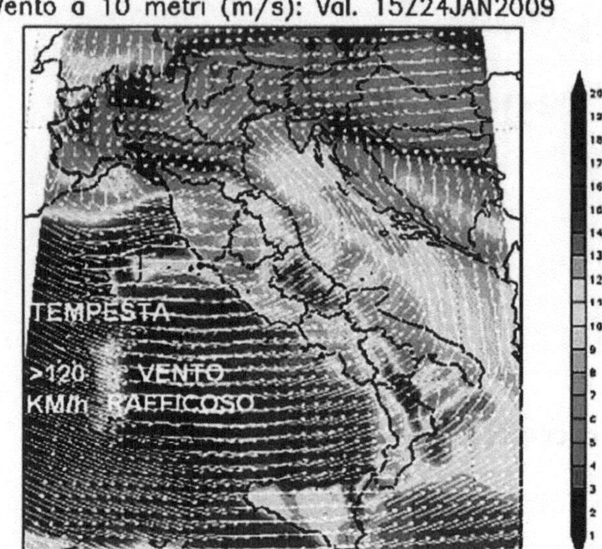

Le frecce indicano direzione e forza del vento

Per distinguerli dai semplici numeri, i vettori vengono indicati da lettere sormontate da una freccia, per esempio $\vec{v}$ per un generico vettore, o $\overrightarrow{AB}$ per lo spostamento da A a B. In questo libro scriveremo i vettori con una notazione introdotta da P.A.M. Dirac: al posto di una freccia soprascritta, usiamo il simbolo $|\ \rangle$. Un generico vettore viene quindi indicato con $|v\rangle$. Per il modulo di un vettore $|v\rangle$ si usa invece la notazione $|\ v\ |$. Due vettori generici[1] sono rappresentati da due frecce. Come i numeri, le frecce (i vettori) si possono sommare e sottrarre, e anche moltiplicare o dividere per numeri. Nella seconda figura a pagina seguente è illustrata la regola per sommare due vettori, detta anche *regola del parallelogramma*. Questa regola si giustifica immediatamente pen-

---

[1] A ogni vettore potremmo anche associare un "punto di applicazione" (il punto di origine della freccia), come nella cartina del vento in figura. A noi basteranno vettori caratterizzati da direzione e lunghezza: quindi si possono rappresentare con frecce che hanno un'origine comune. La freccia che va da B a C è quindi equivalente alla freccia che rappresenta $|w\rangle$ nella seconda figura a pagina seguente, in quanto differiscono solo per il punto di applicazione.

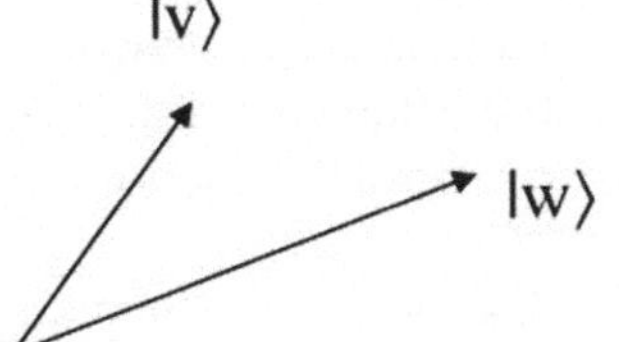

Due vettori nel piano del foglio. I loro moduli |v| e |w| sono dati dalle lunghezze delle frecce che li rappresentano

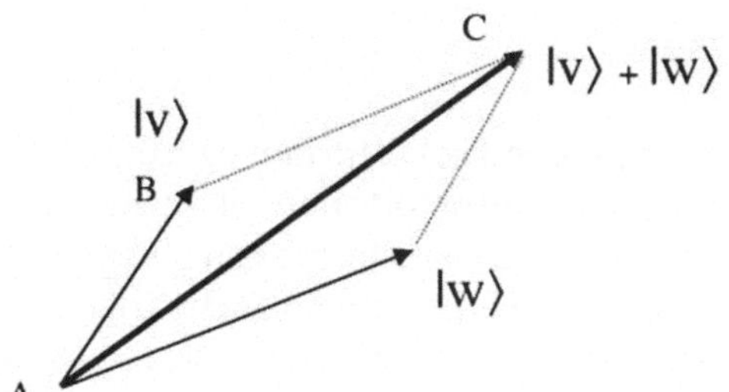

Regola del parallelo-gramma per sommare due vettori: lo sposta-mento da A a B, som-mato allo spostamento da B a C, è uguale allo spostamento da A a C

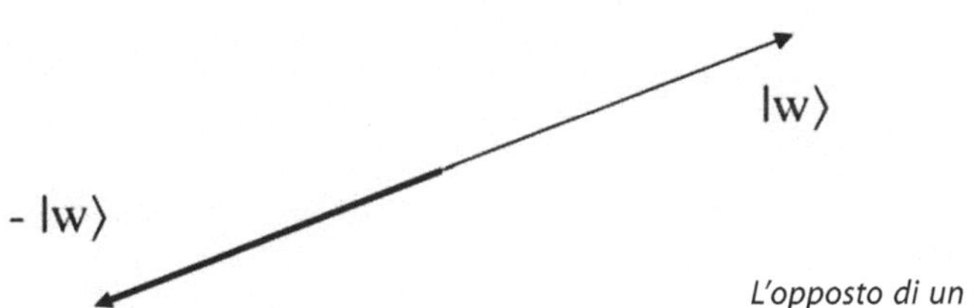

L'opposto di un vettore

sando ai vettori che rappresentano spostamenti: se ci spostiamo dal punto A al punto B (spostamento rappresentato dal vettore |v⟩) e poi dal punto B al punto C (spostamento rappresentato dal vettore |w⟩), lo spostamento complessivo da A a C è proprio dato dal vettore |v⟩+|w⟩, in grassetto nella figura.

L'opposto di un vettore |w⟩ è un vettore di stessa lunghezza e di direzione opposta, e lo indichiamo con -|w⟩.

La sottrazione di due vettori è la somma del primo con l'opposto del secondo. La moltiplicazione di un numero positivo a per un vettore |v⟩, indicata con a |v⟩, è un vettore di uguale direzione e di modulo a |v|. Per esempio il vettore 3 |w⟩ è il vettore diretto come |w⟩ e lungo tre volte |w⟩; il vettore − 2 |w⟩ ha direzione opposta a

|w⟩ ed è lungo due volte |w⟩, ecc. Provate ad applicare queste regole ai vettori che rappresentano spostamenti: l'opposto di uno spostamento da A a B è semplicemente lo spostamento da B ad A, e se si somma un vettore al suo opposto si trova il vettore nullo, cioè il vettore di lunghezza nulla.

Queste sono le regole della "matematica dei vettori", il linguaggio della meccanica quantistica.

Scegliamo una base

Due vettori di lunghezza 1 e perpendicolari tra loro si dicono *ortonormali*. Tra le infinite coppie di vettori ortonormali scegliamo i due vettori della figura che segue, che indichiamo con i simboli |0⟩ e |1⟩: è una notazione convenzionale, potremmo anche chiamarli |primo vettore⟩ e |secondo vettore⟩. Nella seconda figura abbiamo disegnato in grassetto il vettore 3 |0⟩ + 2 |1⟩. Quest'ultimo individua un punto di *coordinate* (3,2) nel piano del foglio. Si dice anche che il vettore 3 |0⟩ + 2 |1⟩ ha coordinate (3,2).

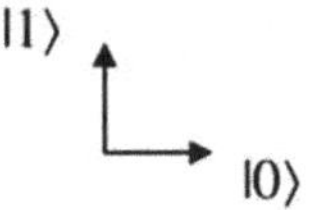

Una base nel piano del foglio

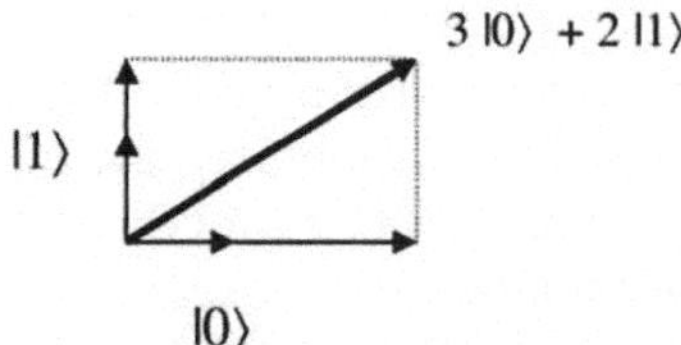

Il vettore 3 |0⟩ + 2 |1⟩ ha coordinate (3,2)

In generale ogni punto del piano può essere individuato da due coordinate (*a,b*), come si usa nelle carte stradali o geografiche. In queste ultime, per esempio, ogni punto è individuato dalle coordinate chiamate *latitudine e longitudine*: potete trovare le coordinate della vostra abitazione localizzandola con *Google Earth*.

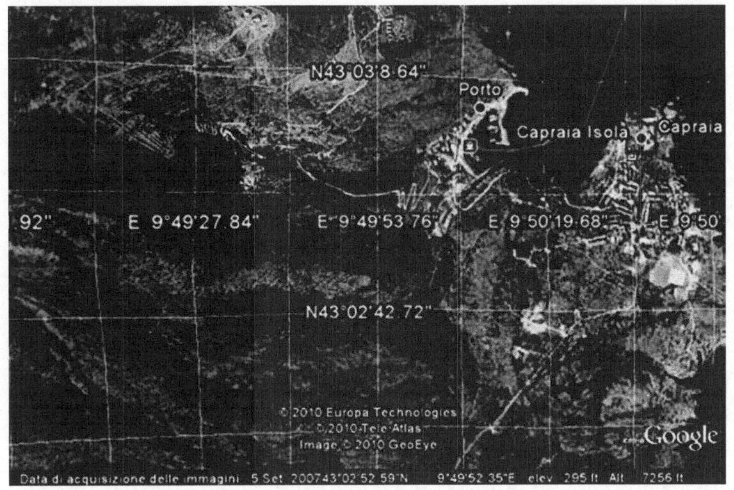

Le coordinate latitudine e longitudine con Google Earth

Il vettore $|v\rangle = a\,|0\rangle + b\,|1\rangle$, che individua (con la punta della freccia) il punto di coordinate (a,b) del piano, è disegnato nella figura che segue. La lunghezza $|v|$ di questo vettore è data da $\sqrt{a^2+b^2}$, per il teorema di Pitagora. Una dimostrazione grafica del teorema di Pitagora è data per esempio nella seconda figura.

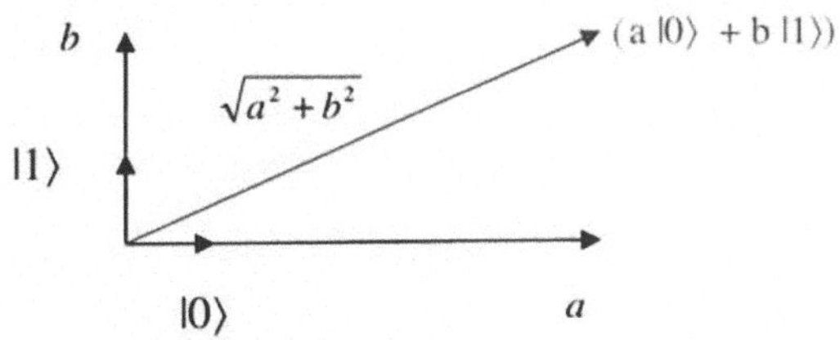

Il vettore è individuato dalle sue coordinate

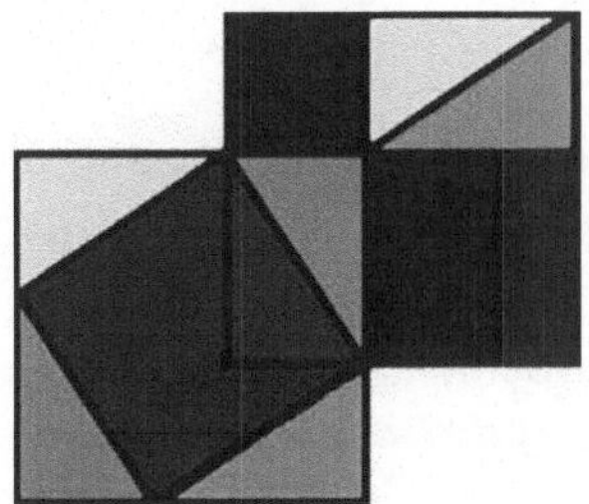

Dimostrazione grafica del teorema di Pitagora: la somma delle aree dei due quadrati a destra è uguale all'area del quadrato obliquo a sinistra. In altre parole la somma dei quadrati costruiti sui cateti di un triangolo rettangolo è pari all'area del quadrato costruito sulla sua ipotenusa

Riassumendo: dopo aver scelto una coppia $(|0\rangle, |1\rangle)$ di vettori ortogonali e di lunghezza 1, chiamata anche *base*, ogni vettore $|v\rangle$ può scriversi come somma di due vettori $a\,|0\rangle$ e $b\,|1\rangle$, che vengono chiamati *componenti* del vettore $|v\rangle$ lungo la base $(|0\rangle, |1\rangle)$. I numeri a e b sono le coordinate del vettore (o del punto del piano corrispondente). È chiaro che le componenti di un vettore, o le sue coordinate, dipendono dalla scelta della base.

Il lettore può controllare facilmente che le coordinate del vettore $|v\rangle + |w\rangle$ sono $(a+c, b+d)$, dove (a,b) sono le coordinate di $|v\rangle$ e (c,d) sono le coordinate di $|w\rangle$.

E se si volesse individuare un punto nello spazio, anziché nel piano? Un pilota di aereo ha bisogno di tre coordinate per specificare la sua posizione: latitudine, longitudine ed elevazione. Ogni vettore $|v\rangle$ che "vive" in uno spazio a tre dimensioni, come quello in cui viviamo anche noi, può scriversi come $|v\rangle = a\,|0\rangle + b\,|1\rangle + c\,|2\rangle$, dove $|0\rangle, |1\rangle, |2\rangle$ sono tre vettori perpendicolari tra di loro e di lunghezza 1. Sempre per il teorema di Pitagora, la lunghezza $|v|$ del vettore $|v\rangle$ è data da $\sqrt{a^2+b^2+c^2}$. I matematici considerano spazi con dimensioni anche maggiori di tre, e in questi spazi i vettori hanno più di tre coordinate.

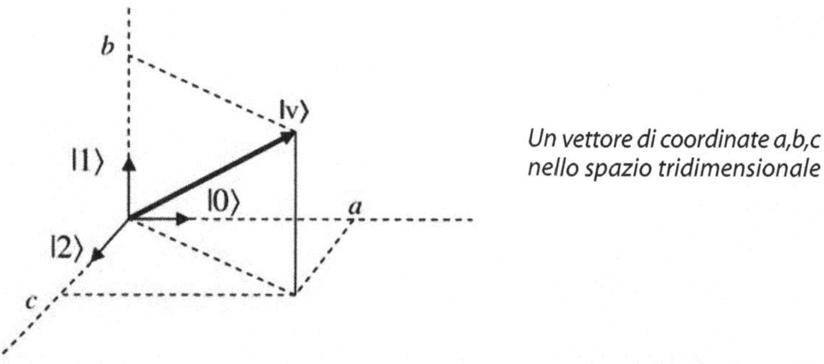

Un vettore di coordinate a,b,c nello spazio tridimensionale

Questa semplice matematica dei vettori è quanto ci serve per formulare le *regole della meccanica quantistica*, cioè della fisica dei sistemi microscopici. Le regole sono state dedotte, nei primi decenni del secolo scorso, da numerosi esperimenti. Le enunciamo qui di seguito: sono le regole del nostro "gioco" con i fondamenti della natura a livello microscopico.

Le tre regole

REGOLA 1 • GLI STATI
Lo stato fisico di un sistema microscopico è descritto da un vettore che "vive" in uno spazio detto "spazio degli stati".

Come tipico esempio di sistema microscopico consideriamo un atomo, che è costituito da un nucleo di carica positiva (composto da protoni e neutroni) e da un certo numero di elettroni carichi negativamente che orbitano intorno al nucleo. L'atomo più semplice, quello di idrogeno, ha un solo protone e un solo elettrone. L'elettrone può trovarsi nell'orbita più bassa, e allora si dice che l'atomo è nello stato *fondamentale*. Colpendo l'elettrone con la luce (per esempio di un laser), questo può saltare in un'orbita più alta, e si dice allora che l'atomo è in uno stato *eccitato*, perché ha un'energia maggiore di quella dello stato fondamentale. Quante sono le orbite in cui può stare l'elettrone? Sono tante, anzi sono infinite (anche se "quantizzate" secondo le regole di Bohr), ma per ora supponiamo che siano solo due, lo stato fondamentale e il primo stato eccitato. Questi due stati fisici dell'atomo, secondo la nostra Regola 1, sono descritti da due vettori che denotiamo con $|0\rangle$ per lo stato fondamentale e con $|1\rangle$ per il primo stato eccitato.

Possiamo anche fare delle misure di quantità fisiche sull'atomo. Per esempio possiamo misurare la sua *energia*: è difficile farlo su un singolo atomo, ma le tecnologie di oggi lo permettono. Se l'atomo si trova nello stato $|0\rangle$, una misura di energia dà come risultato l'energia dello stato fondamentale, che indichiamo con E_0. Se invece si trova nel primo stato eccitato $|1\rangle$, il risultato della misura sarà un valore E_1, maggiore di E_0. Conveniamo anche che i vettori $|0\rangle$ e $|1\rangle$ siano *perpendicolari* tra loro e di lunghezza 1, e quindi formino una base ortonormale. Questa convenzione sarà sempre adottata per *stati corrispondenti a diversi valori di una stessa quantità fisica* (come per esempio l'energia).

Fin qui è tutto molto semplice. Abbiamo considerato i due stati fisici $|0\rangle$ e $|1\rangle$, e quello che succede se misuriamo l'energia dell'atomo che si trovi in uno di questi due stati. Però i vettori possono sommarsi: a partire dai vettori $|0\rangle$ e $|1\rangle$, perpendicolari tra loro, possiamo costruire il vettore

$$a\,|0\rangle + b\,|1\rangle$$

come illustrato nel paragrafo precedente. Questo vettore deve corrispondere a uno stato fisico, secondo la nostra Regola 1. Che proprietà ha questo stato, che potremmo chiamare "stato sovrapposto"? Più precisamente: che succede se eseguiamo una misura di energia su questo stato? Si ottiene forse un valore intermedio tra E_0 ed E_1? La risposta è NO. *Si possono ottenere solamente i valori E_0 ed E_1* con certe *probabilità*, come enunciato nella regola che segue:

REGOLA 2 • LA MISURA
Se il sistema microscopico si trova nello stato $a|0\rangle + b|1\rangle$, dove $|0\rangle$ e $|1\rangle$ sono stati fisici corrispondenti a valori E_0 ed E_1 di una certa quantità fisica (come per esempio l'energia), allora una misura di questa quantità fisica può dare solo due risultati: E_0 con *probabilità a^2* ed E_1 con *probabilità b^2*.

Ecco dove entra in gioco la *natura intrinsecamente probabilistica* della meccanica quantistica. Notiamo che, perché questa regola abbia senso, è necessario che la somma delle probabilità sia uguale a 1 (si ottiene sempre uno dei due risultati) e allora bisogna richiedere che $a^2 + b^2 = 1$.

Questo implica che *la lunghezza del generico vettore di stato $a\,|0\rangle + b|\,1\rangle$ deve sempre essere uguale a 1.* I vettori di base $|0\rangle$ e $|1\rangle$ hanno lunghezza 1, e infatti descrivono stati fisici. Possiamo considerare ogni loro combinazione $a|0\rangle + b|1\rangle$, ma questa deve avere sempre *lunghezza 1* per descrivere uno stato fisico. La punta delle frecce che descrivono stati fisici deve quindi stare sulla circonferenza di raggio 1

Sommando le probabilità di ottenere ogni numero si ottiene 1

disegnata in figura, e l'angolo θ che il vettore $a\,|1\rangle + b\,|0\rangle$ forma con il vettore $|1\rangle$ caratterizza completamente lo stato fisico (infatti a e b si possono esprimere in termini di θ).

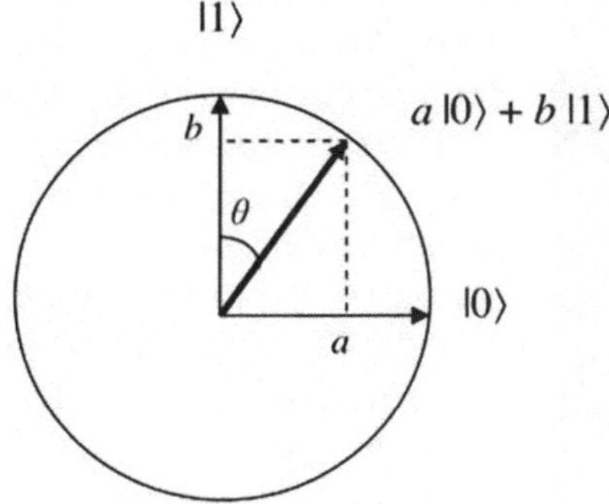

I vettori che rappresentano stati fisici devono stare sul cerchio di raggio 1

Notiamo che i due vettori $a\,|0\rangle + b\,|1\rangle$ e $-a\,|0\rangle - b\,|1\rangle$, opposti l'uno all'altro, *individuano lo stesso stato fisico*. Infatti le loro coordinate (a, b) e $(-a,-b)$ sono opposte (e questo vale con *qualunque* scelta della base), ma hanno lo stesso quadrato: a^2 e b^2. Sono allora uguali le probabilità corrispondenti ai risultati E_0 ed E_1 di una misura. Ne consegue che i vettori di stato *sono definiti a meno del segno*: $|v\rangle$ e $-|v\rangle$ descrivono lo stesso stato fisico[2].

Ora ci potremmo chiedere: come possiamo realizzare lo stato "sovrapposto" $a|0\rangle + b|1\rangle$ per il nostro atomo di idrogeno? Nella pratica di laboratorio basta illuminare l'atomo per un tempo opportuno e con luce di frequenza corrispondente alla differenza di energia dei due livelli. Nelle figure che seguono sono illustrati i due stati dell'atomo (prima figura), la transizione dello stato fondamentale a stato eccitato dovuta all'illuminazione con luce laser per un tempo T (seconda figura), e finalmente la transizione da stato fondamentale a stato sovrapposto $a|0\rangle + b|1\rangle$ in seguito a illuminazione per un tempo T' minore di T (terza figura).

---

[2] Anche i vettori $a\,|0\rangle + b\,|1\rangle$ e $a\,|0\rangle - b\,|1\rangle$ hanno uguali quadrati delle loro coordinate, ma solo sulla particolare base $(|0\rangle\,,\,|1\rangle)$. Descrivono quindi stati fisici diversi.

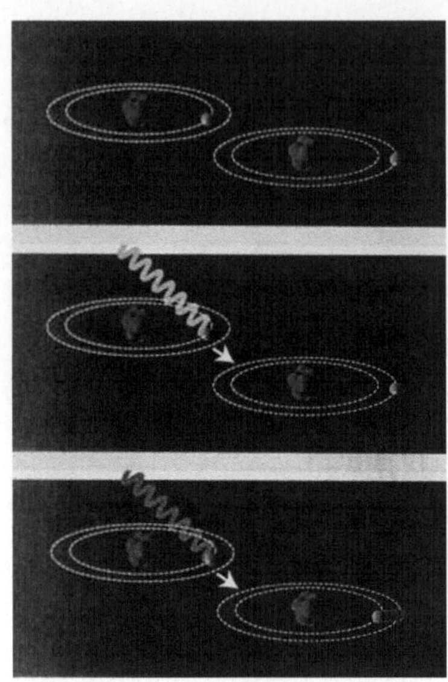

Atomo nello stato fondamentale (in alto), eccitato (in mezzo) e sovrapposto (in basso)

Così la matematica dei vettori ci ha permesso di formulare in modo preciso il *principio di sovrapposizione* che abbiamo discusso nel Capitolo 2. A partire da due stati fisici $|0\rangle$ e $|1\rangle$, si possono costruire infiniti altri stati come sovrapposizioni $a\,|0\rangle + b\,|1\rangle$ di lunghezza 1: questi vettori sono frecce di lunghezza 1 e di coordinate a e b.

Tutto si generalizza in modo naturale a vettori che vivono in spazi con più di due dimensioni. Per esempio se il sistema microscopico si trova nello stato $a\,|0\rangle + b\,|1\rangle + c\,|2\rangle$, si possono ottenere come risultati della misura i valori E_0, E_1, E_2 con probabilità rispettive a^2, b^2, c^2 e con $a^2 + b^2 + c^2 = 1$.

Cosa succede allo stato del sistema immediatamente dopo la misura? In accordo con la nostra discussione nel Capitolo 2 ci aspettiamo un disturbo dell'azione di misura. Questo disturbo avviene secondo una precisa regola:

REGOLA 3 · IL SISTEMA DOPO LA MISURA
Se, in una misura sul sistema nello stato $a\,|0\rangle + b\,|1\rangle$, si è ottenuto E_0, lo stato del sistema diventa $|0\rangle$; se si è ottenuto E_1, lo stato del sistema diventa $|1\rangle$.

Quindi l'operazione di misura fa "collassare" il sistema in uno dei due stati di base $|0\rangle$ o $|1\rangle$. Questi stati sono gli unici in cui una misura di energia dà un risultato certo: E_0 nello stato $|0\rangle$, E_1 nello stato $|1\rangle$. Continuando a fare misure di energia, si ottiene in seguito sempre lo stesso risultato. Soltanto per la prima misura sullo stato $a\,|0\rangle + b\,|1\rangle$ non si ha un risultato certo.

Nel prossimo capitolo adatteremo le tre regole a descrivere sistemi composti da sottosistemi. Avremo allora tutto quello che serve per *dedurre* la possibilità di sorprendenti applicazioni: teletrasporto, codici segreti assolutamente sicuri e nuove tecnologie per i calcolatori del futuro.

Per acquistare dimestichezza con le regole quantistiche e le loro conseguenze ci occupiamo ora di *fotoni*, i quanti di luce introdotti da Einstein nel 1905 per spiegare l'effetto fotoelettrico.

I fotoni e gli occhiali 3D

Anche chi non ha visto *Avatar* in 3D conosce le *lenti polarizzatrici* (anche dette filtri polarizzatori) presenti nei comuni occhiali da sole antiriflesso. Con filtri polarizzatori possiamo creare e manipolare la luce polarizzata. Ma cos'è la luce polarizzata?

Occhiali con lenti polarizzatrici: se posti a 90° la luce non passa più

Le onde elettromagnetiche sono campi elettrici (e magnetici) oscillanti, *perpendicolari alla direzione di propagazione*. Il campo elettrico è un altro esempio di vettore, e tutte le proprietà della radiazione sono collegate a questo vettore[3]: l'*intensità della radiazione* è proporzionale al quadrato

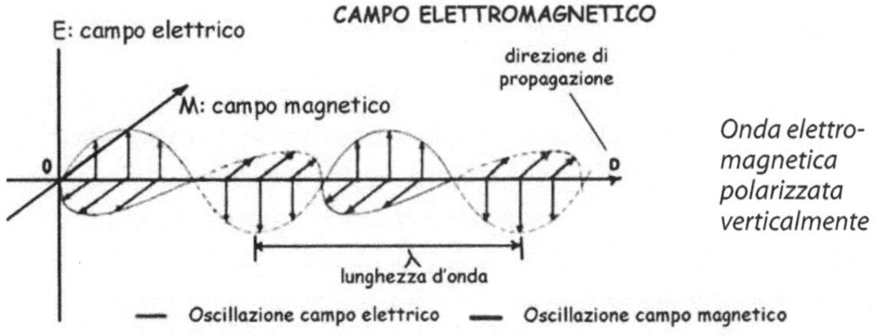

Onda elettromagnetica polarizzata verticalmente

---

[3] Per caratterizzare l'onda elettromagnetica basta conoscere il campo elettrico, perché il campo magnetico, anch'esso un vettore, è sempre perpendicolare al campo elettrico.

del suo modulo, e la *polarizzazione* dell'onda elettromagnetica coincide con la direzione del vettore. Nella figura della pagina precedente è raffigurata un'onda elettromagnetica polarizzata verticalmente, cioè tale che il campo elettrico oscilli in direzione verticale. Si può ottenere un'onda polarizzata facendo passare una radiazione qualsiasi (in cui il campo elettrico non oscilli necessariamente in un'unica direzione) attraverso un polarizzatore.

Un filtro polarizzatore contiene fibre allineate tutte nella stessa direzione (la "direzione del filtro"): queste fibre *lasciano passare solo la componente del vettore campo elettrico lungo questa direzione*. Se la radiazione che arriva sul filtro è polarizzata perpendicolarmente alla direzione del filtro, la componente del campo elettrico lungo la direzione del filtro è nulla, e di conseguenza nessuna radiazione viene trasmessa. Quindi due filtri polarizzatori perpendicolari tra loro non lasciano passare la luce, come illustrato nella figura dei due occhiali polarizzati all'inizio del paragrafo. In generale la polarizzazione dell'onda elettromagnetica forma un angolo θ rispetto alla direzione del filtro.

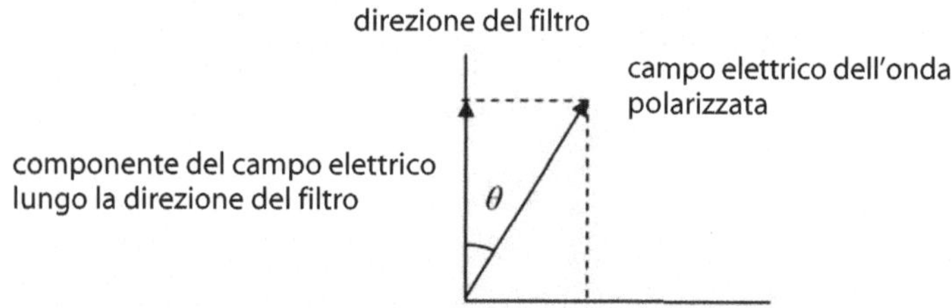

Il rapporto tra le lunghezze delle frecce dipende solo dall'angolo θ

Il rapporto tra il modulo della componente del campo elettrico lungo il filtro e il modulo del campo elettrico dell'onda (cioè il rapporto tra le lunghezze delle due frecce nella figura) dipende solo dall'angolo θ. Per esempio se $\theta = 45°$, questo rapporto vale $1/\sqrt{2}$ per il teorema di Pitagora.

Il rapporto tra i *quadrati* delle lunghezze delle frecce è uguale al rapporto tra l'intensità della radiazione trasmessa e l'intensità della radiazione incidente: infatti l'intensità della radiazione è proporzionale al *quadrato* del modulo del campo elettrico corrispondente. Per $\theta = 45°$ l'intensità della radiazione trasmessa è quindi la metà dell'intensità della radiazione incidente[4].

Si può visualizzare la polarizzazione di un'onda tramite una corda vibrante, come nella figura che segue. Il filtro polarizzatore è rappresentato da una grata con fenditure orientate in una precisa direzione, che lasciano passare solo le oscillazioni dell'onda lungo quella direzione:

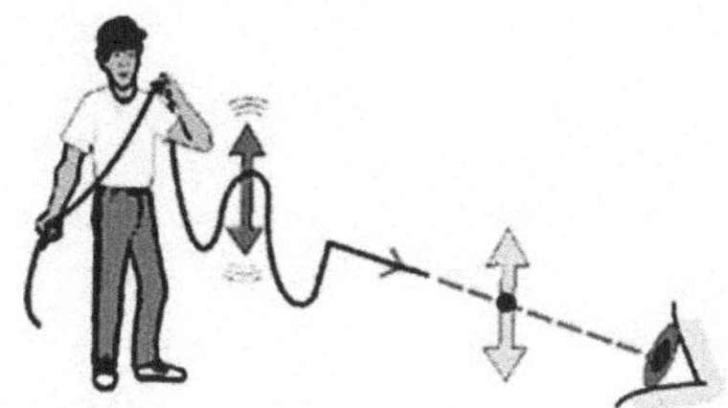

Onda polarizzata verticalmente

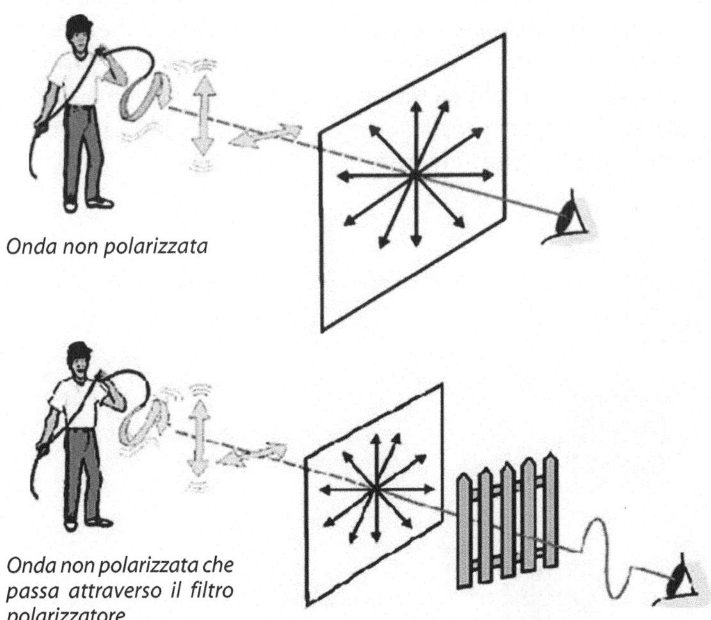

Onda non polarizzata

Onda non polarizzata che passa attraverso il filtro polarizzatore

---

[4] In generale se I_0 è l'intensità della radiazione incidente sul filtro, la radiazione trasmessa ha intensità $I = I_0 \cos^2 \theta$.

È semplice sperimentare direttamente le proprietà delle onde luminose polarizzate traguardando una sorgente di luce, come quella di una lampadina, attraverso due filtri polarizzatori (per esempio due occhiali con lenti polarizzate). La luce attraversa il primo filtro e diventa luce polarizzata in una precisa direzione. Se il primo filtro forma un angolo θ rispetto alla verticale, la luce che lo attraversa diventa luce polarizzata nella stessa direzione. Ci siamo così "preparati" un raggio di luce polarizzata di un angolo θ rispetto alla verticale.

Questo raggio polarizzato nella direzione θ passa ora attraverso il secondo filtro polarizzatore, che orientiamo verticalmente. Il secondo filtro lascia passare solo la componente del campo elettrico lungo la verticale: quindi al variare dell'angolo di polarizzazione θ varia l'intensità della luce che emerge dal secondo filtro. Ruotando il primo filtro si può variare l'angolo θ e osservare come varia l'intensità della luce che arriva al nostro occhio: passando da $\theta = 0°$ (i due filtri hanno la stessa direzione) a $\theta = 90°$ (i due filtri hanno direzioni perpendicolari) l'intensità si affievolisce fino a sparire del tutto.

Notate che abbiamo parlato di *onde* elettromagnetiche, in accordo con la teoria classica dell'elettromagnetismo sviluppata alla fine del XIX secolo da Maxwell. I campi elettrici e magnetici oscillano nello spazio creando appunto le onde elettromagnetiche, cioè la radiazione luminosa.

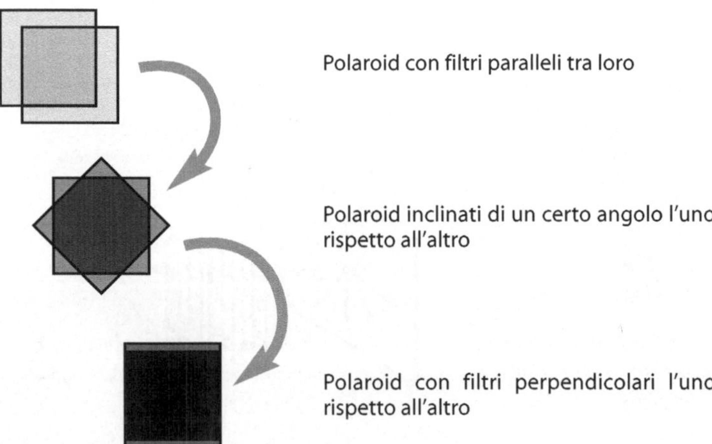

L'intensità della luce che passa attraverso due filtri polarizzatori (o "polaroid") dipende dalla loro orientazione reciproca

Ma, come ricordato nel capitolo precedente, *la radiazione ha anche carattere corpuscolare,* rilevabile riducendo drasticamente l'intensità della sorgente. Una lastra fotografica registra allora dei singoli impatti puntiformi di "pacchetti di luce" (i *fotoni*). L'intensità della radiazione sulla lastra è proporzionale al numero di fotoni incidenti, e la polarizzazione della radiazione corrisponde a un determinato stato fisico dei fotoni. L'immagine sulla lastra verrà ricostruita dopo un gran numero di impatti: meno intensa è la sorgente, più tempo bisognerà aspettare perché l'immagine venga ricostruita in modo riconoscibile.

Cosa succede quando un fotone della radiazione polarizzata attraversa un filtro polarizzatore? Sappiamo che, se la direzione del filtro è diversa da quella della polarizzazione, la radiazione si riduce di intensità dopo aver attraversato il filtro. Come può spiegarsi questo fenomeno in termini di fotoni? Accadrà forse che parte di ciascun fotone passerà e parte verrà assorbita? La risposta è NO. Un singolo fotone *o passa o non passa*: è una particella elementare *indivisibile*, non può quindi passare una frazione di fotone attraverso il filtro. Come recuperiamo il risultato previsto dalla teoria ondulatoria della luce e che abbiamo osservato con i nostri occhi nell'esperimento con due lenti polarizzatrici?

Dalla Regola 2 ci possiamo aspettare che la risposta sia *probabilistica: il fotone polarizzato attraverserà il filtro con una certa probabilità,* che dipende dall'angolo tra polarizzazione del fotone e direzione del filtro.

Lo stato fisico di un fotone polarizzato, come per l'atomo di idrogeno, è descritto da un vettore. Questa descrizione deve portare, con l'applicazione della Regola 2, al risultato che abbiamo osservato, cioè alla progressiva riduzione di intensità della radiazione se ruotiamo il filtro rispetto alla direzione della polarizzazione. Supponiamo che la direzione del filtro sia verticale. Ci sono due stati del fotone per i quali sappiamo prevedere con certezza se il fotone viene trasmesso o viene assorbito dal filtro. Questi due stati sono:

- lo stato che denotiamo con $|1\rangle$, corrispondente al fotone *polarizzato verticalmente.* Se il fotone è nello stato $|1\rangle$ verrà sicuramente trasmesso dal filtro;
- lo stato che denotiamo con $|0\rangle$, corrispondente al fotone *polarizzato orizzontalmente.* Se il fotone è nello stato $|0\rangle$ verrà sicuramente assorbito dal filtro.

Per il principio di sovrapposizione e la Regola 2, qualunque altro stato fisico del fotone (corrispondente a polarizzazione generica con angolo θ rispetto alla verticale) può scriversi come

$$a \,|0\rangle + b \,|1\rangle$$

dove a^2 è la probabilità che il fotone venga assorbito, b^2 la probabilità che il fotone venga trasmesso. *Tertium non datur*: il fotone o passa o non passa il filtro, non ci sono altre possibilità, e quindi $a^2 + b^2 = 1$. È chiaro che a e b devono dipendere dalla polarizzazione del fotone e quindi da θ. Come possiamo trovare i valori di a e b, cioè lo stato fisico del fotone polarizzato lungo θ?

Se arriva sul filtro un gran numero N di fotoni, tutti nello stato $a\,|0\rangle + b\,|1\rangle$, ci si aspetta che circa $b^2 N$ fotoni vengano trasmessi, così come giocando a testa e croce ci si aspetta che dopo un numero grande N di lanci si ottengano all'incirca $N/2$ croci. Allora il rapporto tra il numero di fotoni trasmessi $b^2 N$ e il numero di fotoni incidenti N sarà dato da b^2. Questo rapporto deve essere uguale, quando il numero di fotoni N diventa molto grande, al rapporto tra le intensità della radiazione trasmessa e radiazione incidente. Da questo semplice ragionamento segue che b è dato dal rapporto delle lunghezze delle frecce che rappresentano la componente del campo elettrico nella direzione del filtro e il campo elettrico dell'onda incidente.

Dalla similitudine dei triangoli rettangoli nelle due figure che seguono si deduce che il vettore che descrive un fotone polarizzato con angolo θ rispetto alla verticale (di lunghezza 1 come tutti i vettori di stato) deve anch'esso formare un angolo θ rispetto al vettore $|1\rangle$. In tal caso infatti la coordinata b del vettore di stato del fotone

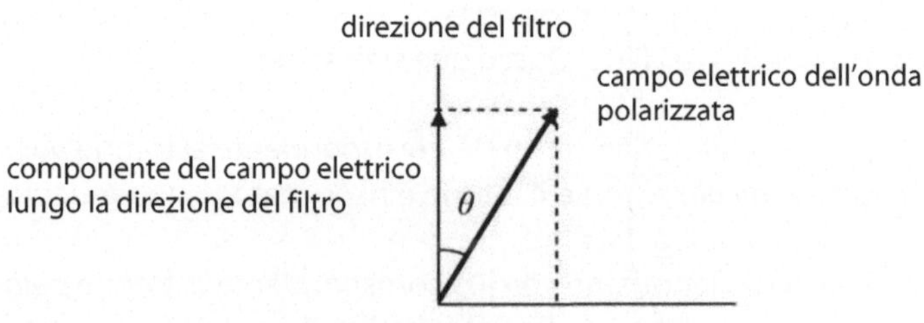

Campo elettrico di un'onda polarizzata lungo la direzione θ

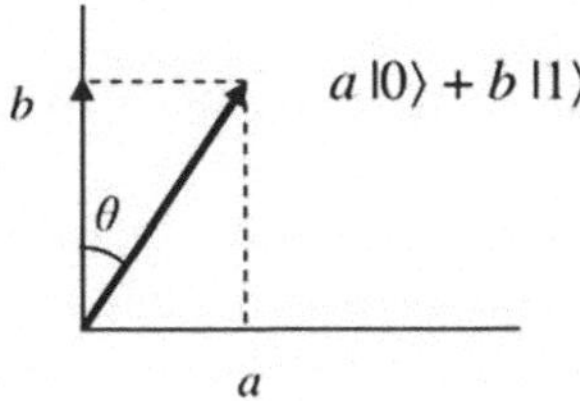

Vettore che rappresenta lo stato di un fotone polarizzato lungo la direzione θ. Il rapporto delle lunghezze delle due frecce in entrambe le figure è uguale a b

è proprio uguale al rapporto delle lunghezze delle frecce[5] della prima figura di sopra, e quindi b^2 riproduce correttamente il rapporto (intensità radiazione trasmessa) / (intensità radiazione incidente).

Il passaggio del fotone attraverso il filtro può interpretarsi come una misura di polarizzazione nella direzione del filtro. Se il fotone passa il filtro, subito dopo "precipita" nello stato $|1\rangle$: quindi tutti i fotoni che passano il filtro risultano polarizzati nella direzione del filtro. Così viene descritta, in termini di fotoni, l'azione di un filtro polarizzatore sulla radiazione incidente, e si recuperano tutti i risultati sperimentali della teoria ondulatoria della luce quando il numero N di fotoni diventa molto grande.

Come il lettore avrà notato, abbiamo usato gli stessi simboli ($|0\rangle$ o $|1\rangle$) per i vettori che rappresentano un atomo di idrogeno con energia E_0 o E_1, e per i vettori che rappresentano un fotone polarizzato orizzontalmente o verticalmente. Questo per sottolineare che i due sistemi microscopici, pur avendo natura diversa, hanno la stessa descrizione matematica. Sono entrambi sistemi quantistici a due stati di base[6].

---

[5] Si ha allora $a = \sin\theta$ e $b = \cos\theta$, e $a^2 + b^2 = \sin^2\theta + \cos^2\theta = 1$.

[6] Sembrerebbe però che ci sia una differenza nell'operazione di misura: infatti se misuriamo la polarizzazione del fotone tramite un filtro polarizzatore, otteniamo due possibili risultati (fotone passa o fotone non passa). Se il fotone passa, il suo stato diventa $|1\rangle$. Ma se il fotone non passa, il suo stato non diventa $|0\rangle$, come invece succede per l'atomo dopo una misura di energia che abbia dato risultato E_0. Infatti il fotone in tal caso viene assorbito, e quindi non ha più descrizione tramite un vettore! Si parla allora di misura *distruttiva*. Si rimedia a questa discrepanza immaginando un apparecchio di misura composto da un filtro polarizzatore e da un emettitore di fotoni polarizzati orizzontalmente, che scatta quando il polarizzatore assorbe il fotone incidente. In tal caso dopo una misura con risultato "fotone non passa il filtro", si ha un fotone nello stato $|0\rangle$.

Come funzionano gli occhiali polaroid?

La luce del sole non è polarizzata. Tuttavia, se riflessa da una superficie riflettente, come può essere quella dell'acqua, della neve o di un metallo, risulta polarizzata parzialmente o totalmente a seconda dell'angolo di incidenza (quello formato dalla direzione della luce incidente e dalla normale alla superficie). Si parla in questo caso di polarizzazione per riflessione. Quando l'angolo di incidenza φ è nullo, cioè quando il raggio incidente è perpendicolare alla superficie, non si ha polarizzazione. Si nota sperimentalmente che, aumentando φ, la luce riflessa è parzialmente polarizzata, e risulta totalmente polarizzata solo quando l'angolo di incidenza assume un valore particolare. Il fisico scozzese David Brewster infatti notò che la luce riflessa è completamente polarizzata quando l'angolo formato dal raggio riflesso e da quello rifratto misura 90° come mostrato in figura. L'angolo d'incidenza per cui questo accade viene chiamato *angolo di Brewster* φ_B e dipende dal tipo di materiale riflettente.

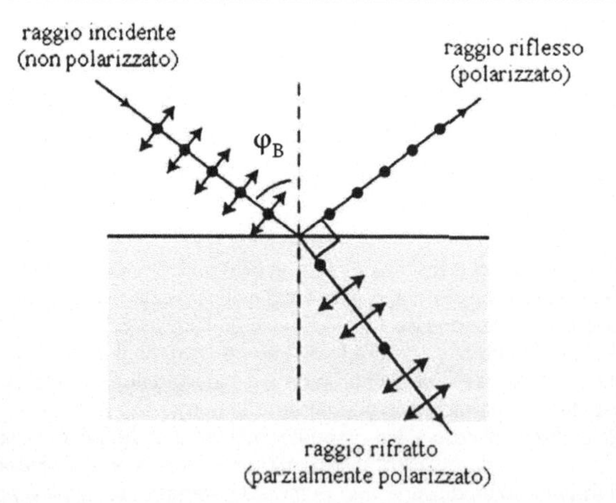

Angolo di Brewster

Gli occhiali da sole con lenti polaroid sono in grado di attenuare o addirittura eliminare il fastidioso bagliore costituito dai fotoni riflessi proprio perché in generale almeno una parte di essi risulta polarizzata e viene assorbita dagli occhiali. Le lenti polaroid, infatti, sono costituite da un tipo di plastica composta da molecole filiformi (polimeri) che si dispongono tutte allungate e parallele tra loro a formare un filtro per la luce polarizzata. Vediamo qui sotto un esempio di foto presa prima senza filtro (a sinistra) e poi con il filtro (a destra).

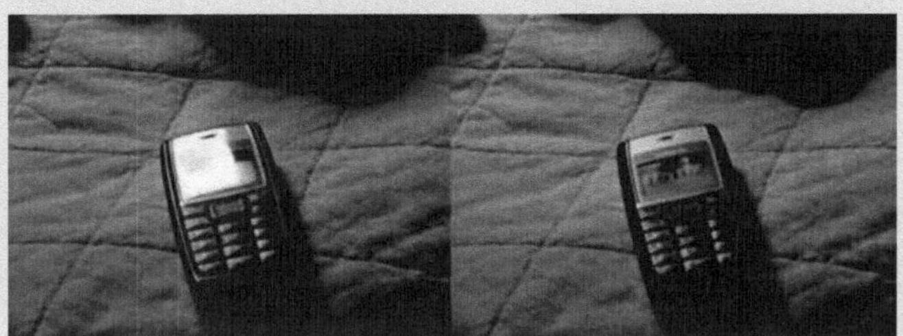

Foto senza filtro polarizzatore (a sinistra) e con il filtro (a destra)

Giocando ancora con i fotoni

Qui proponiamo qualche altro "gioco quantistico" con i fotoni polarizzati che ci sarà utile per affrontare la crittografia quantistica. Un fotone polarizzato a 45° dalla verticale viene descritto, come abbiamo visto nel paragrafo precedente, dal vettore che forma un angolo di 45° con il vettore $|1\rangle$, che quindi (sempre per il teorema di Pitagora) ha coordinate $(1/\sqrt{2}, 1/\sqrt{2})$. Questo vettore può scriversi

$$|\nearrow\rangle = \frac{1}{\sqrt{2}}|0\rangle + \frac{1}{\sqrt{2}}|1\rangle.$$

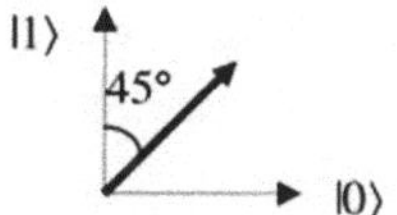

Vettore di stato di un fotone polarizzato a 45°

Poiché in questo caso $a^2 = b^2 = \frac{1}{2}$, questo fotone ha probabilità $\frac{1}{2}$ di essere trasmesso (e $\frac{1}{2}$ di essere assorbito) da un filtro polarizzatore diretto verticalmente. Se però il filtro polarizzatore è orientato a 45°, allora il fotone passa sicuramente: in tal caso infatti coincidono polarizzazione e direzione del filtro. Viene invece assorbito sicuramente un fotone con polarizzazione perpendicolare alla direzione del filtro, cioè a 135°, descritto dal vettore

$$|\searrow\rangle = \frac{1}{\sqrt{2}}|0\rangle - \frac{1}{\sqrt{2}}|1\rangle \ .$$

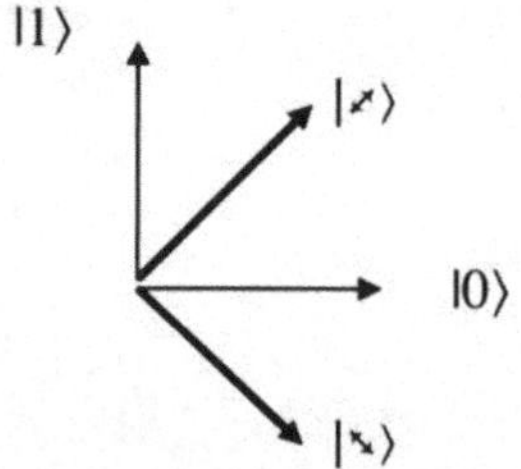

Questo vettore è perpendicolare al vettore $|\nearrow\rangle$ (vedi la figura sopra). Anche i due vettori $|\nearrow\rangle$ e $|\searrow\rangle$ formano una base, e quindi il vettore che descrive un fotone polarizzato può essere anche scritto come $c|\nearrow\rangle + d|\searrow\rangle$, dove c^2 è la probabilità che il fotone venga trasmesso da un filtro obliquo a 45° (d^2 la probabilità che venga assorbito, e quindi $c^2 + d^2 = 1$). Per esempio lo stato di un fotone polarizzato orizzontalmente o verticalmente può scriversi in termini degli stati $|\nearrow\rangle$ e $|\searrow\rangle$ come $|0\rangle = 1/\sqrt{2}\,|\nearrow\rangle + 1/\sqrt{2}\,|\searrow\rangle$, $|1\rangle = 1/\sqrt{2}\,|\nearrow\rangle - 1/\sqrt{2}\,|\searrow\rangle$ (si verifica con immediata aritmetica usando le definizioni dei vettori $|\nearrow\rangle$ e $|\searrow\rangle$). Quindi, in particolare, la probabilità che un fotone polarizzato verticalmente sia trasmesso dal filtro obliquo a 45°, è esattamente $\frac{1}{2}$. E questa è la stessa probabilità di trasmissione di un fotone polarizzato a 45° che passi un filtro verticale: ha importanza solo l'angolo relativo che formano polarizzazione del fotone e direzione del filtro.

Possiamo eseguire un semplice e divertente esperimento: servono tre filtri (vanno bene tre paia di occhiali 3D). Se orientiamo due di questi filtri a 90°, la luce della sorgente viene completamente bloccata come abbiamo visto in una figura precedente (in termini di particelle: è nulla la probabilità che un fotone attraversi un filtro polarizzatore se l'angolo relativo tra polarizzazione e direzione del filtro è 90°). Ma provate a interporre il terzo filtro tra il primo e il secondo, orientato a 45° rispetto a entrambi: troverete che la luce della sorgente arriva di nuovo, anche se attenuata, al vostro occhio! Potete spiegare perché?

Cosa si misura?

Per misurare la polarizzazione di un fotone, si usa un filtro polarizzatore. Ma cosa misuriamo? In realtà, su un *singolo* fotone polarizzato, si hanno due possibili risultati della "misura": o il fotone passa, o il fotone non passa attraverso il polarizzatore e viene assorbito. Se passa, sappiamo solo che è polarizzato lungo la direzione del filtro *dopo* il suo passaggio. Ma non possiamo dedurre niente sullo stato del fotone *prima* di arrivare al filtro! O meglio quasi niente: sappiamo solo che non poteva trovarsi in uno stato di polarizzazione perpendicolare alla direzione del filtro (in questo caso, e solo in questo caso, il fotone viene *sicuramente* assorbito). Analogamente se viene assorbito possiamo solo dire che il fotone non si trovava in uno stato di polarizzazione lungo il filtro.

In entrambi i casi non è possibile individuare lo stato del singolo fotone $a\,|0\rangle + b\,|1\rangle$ *prima* che il fotone incida sul filtro. La misura non rivela quali sono i coefficienti a e b, ma solo in che stato il fotone emerge dal filtro!

Questa situazione appare frustrante, e possiamo uscirne solo misurando la polarizzazione di un gran numero di fotoni, *tutti nello stesso stato di polarizzazione $a\,|0\rangle + b\,|1\rangle$*, a noi ignoto. Per ognuno di questi fotoni la probabilità di passare un filtro verticale è b^2, di modo che, dopo un gran numero di fotoni "testati" dal filtro, ne passerà all'incirca una frazione b^2. Da qui possiamo risalire al valore di b (e quindi anche di a) e dedurre lo stato comune di tutti i fotoni *prima* di incidere sul filtro[7].

---

[7] Una stima di b^2 determina b a meno di un segno: sia b che $-b$ hanno lo stesso quadrato. Non viene determinato completamente lo stato fisico dei fotoni, ma rimane un'ambiguità tra $a\,|0\rangle + b\,|1\rangle$ e $a\,|0\rangle - b\,|1\rangle$, due stati fisici diversi. L'ambiguità può essere rimossa eseguendo misure di polarizzazione lungo un'altra direzione.

Questo richiede un gran numero di misure su sistemi microscopici identici: solo così possiamo farci un'idea dello stato del sistema prima della misura.

Misure incompatibili e principio di indeterminazione

Possiamo considerare un filtro polarizzatore in una certa direzione θ come *uno strumento di misura* della polarizzazione in quella direzione. Con questo strumento possiamo "interrogare" un fotone facendolo incidere sul filtro. Sono possibili solo due risultati della misura di polarizzazione: il fotone passa attraverso il filtro o non passa. Questi due risultati possono essere registrati da un contatore di fotoni dietro il polarizzatore. Possiamo attribuire un valore convenzionale di 1 al primo risultato (corrisponde al "click" del contatore), e di 0 al secondo. Ogni misura di polarizzazione, lungo qualunque direzione θ, ha questi due possibili risultati.

Abbiamo visto che dopo una misura di polarizzazione lungo la direzione θ, il fotone precipita in uno stato che denotiamo con $|\theta\rangle$, cioè col vettore che forma un angolo θ col vettore $|1\rangle$, e successive misure di polarizzazione lungo θ danno certamente come risultato 1 (il fotone passa certamente attraverso un successivo filtro orientato sempre lungo θ).

E se a questo punto misuriamo la polarizzazione lungo un'altra direzione θ'? Ormai abbiamo una certa esperienza e sappiamo come rispondere. Si considerano i vettori di base $|\theta'\rangle$, $|\theta' + 90°\rangle$ (vedi figura) e si scrive il vettore $|\theta\rangle$ come combinazione di questi due vettori:

$$|\theta\rangle = \alpha \, |\theta'\rangle + \beta \, |\theta' + 90°\rangle .$$

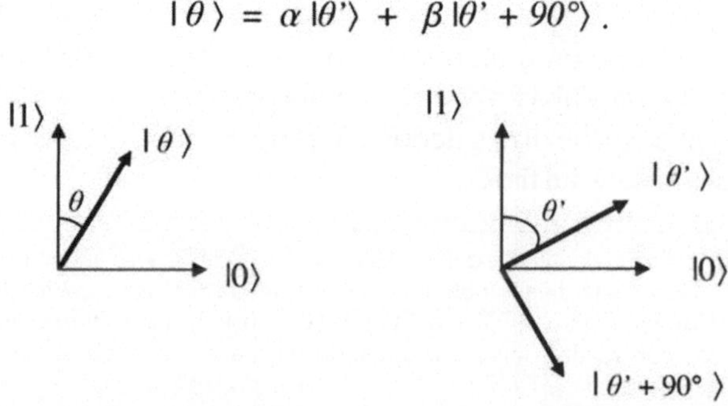

Si ha allora, per la Regola 2, probabilità α^2 di ottenere il risultato 1 e β^2 di ottenere il risultato 0. Qualunque risultato si sia ottenuto, si è cambiato lo stato originario del fotone: dopo la misura è diventato $|\theta'\rangle$ (se il risultato è stato 1) o $|\theta'+90°\rangle$ (se il risultato è stato 0).

Ora però non possiamo più prevedere con certezza il risultato di una misura di polarizzazione lungo θ! In altre parole: *è impossibile prevedere con certezza il risultato di due misure di polarizzazione lungo direzioni diverse.*

Quando succede questo, cioè quando la misura di una grandezza A rende incerto il risultato della misura di un'altra grandezza B, le due misure si dicono *incompatibili* (A e B si dicono allora *grandezze fisiche incompatibili*). Quindi polarizzazioni lungo direzioni diverse sono grandezze fisiche incompatibili. Non esiste alcuno stato fisico per il quale possiamo prevedere con certezza il risultato di misure di grandezze incompatibili. Questa è l'essenza operativa del principio di indeterminazione di Heisenberg, originariamente formulato per le misure della posizione e della quantità di moto di una particella microscopica. Anche queste due grandezze sono incompatibili: non è possibile "conoscere contemporaneamente" posizione e quantità di moto.

Viceversa, ci sono anche grandezze compatibili. Per un fotone sono compatibili la polarizzazione lungo una direzione, e la sua posizione (o la direzione lungo la quale il fotone si propaga): si possono avere fotoni in uno stato fisico per cui le misure di queste due grandezze danno risultati certi, e ha senso allora parlare di fotone polarizzato lungo θ e che si trova in una certa posizione (o che si propaga in una certa direzione).

Sovrapposizione

Il concetto di *sovrapposizione* di stati, insieme allo stretto legame tra *misura* e *stato* di una particella, è un carattere distintivo della meccanica quantistica rispetto alla meccanica classica.

Nell'ambito della meccanica classica, possiamo immaginare di chiudere gli occhi, lanciare un dado e coprirlo con una tazza. Naturalmente finché non alziamo la tazza non possiamo sapere il risultato del lancio (che sarà un numero compreso tra 1 e 6) ma di fatto il dado ha già una delle facce rivolta verso l'alto;

alzare la tazza e guardare corrisponde all'atto di una misura. Se fossimo invece in possesso di un "dado quantistico" che si trovasse in una sovrapposizione di stati, sotto la tazza continuerebbe a rivolgere verso l'alto una faccia imprecisata, e solo quando alziamo la tazza (e quindi lo misuriamo) esso "si decide ad assumere una posizione".

Allo stesso modo, un fotone che si trova in una sovrapposizione di stati, per esempio di polarizzazione verticale e orizzontale, prima di una misura con un filtro polarizzatore, sembra stare in modo schizofrenico in *entrambi* gli stati di polarizzazione. Solo dopo la misura, quando lo stato del fotone è collassato in una delle due direzioni, possiamo dire qualcosa della sua polarizzazione, informazione che però non permette in alcun modo di ricavare lo stato di polarizzazione prima della misura. Un discorso del tutto analogo si può fare per l'atomo di idrogeno visto in precedenza: se esso si trova nello stato fondamentale e riceve energia per una durata di tempo inferiore a quella che gli è necessaria per passare sicuramente al primo stato eccitato, c'è comunque una probabilità non nulla che una misura di energia dia il risultato corrispondente allo stato eccitato. Prima della misura l'atomo si trova in uno stato sovrapposto; la misura lo "costringe" a scegliere uno degli stati che compare nella sovrapposizione.

Nel caso del dado classico si può dire che *già prima della misura* esso è in uno stato definito che rimarrà invariato anche dopo la misura. Tale stato poi potrebbe essere determinato, almeno in linea di principio, prima della misura. Data infatti la massa del dado, la sua posizione, l'orientazione, la velocità e la velocità angolare nel momento del lancio, la viscosità dell'aria, l'elasticità della superficie di atterraggio e così via, sarebbe possibile sapere quale faccia il dado rivolgerà verso l'alto. In meccanica quantistica, invece, lo stato di un sistema fisico dopo la misura non è in generale uguale allo stato prima della misura. La sola descrizione possibile nel caso quantistico è di tipo statistico persino *in linea di principio*.

In sostanza sembra impossibile attribuire a priori, separatamente da una misura, precise proprietà ai sistemi fisici microscopici, e questo non perché non abbiamo gli strumenti adeguati per esplorare il mondo microscopico, ma piuttosto perché quest'ultimo non segue la logica aristotelica cui l'esperienza quotidiana del mondo macroscopico ci ha abituati.

Vettori e funzioni d'onda

Il lettore avrà notato che, per descrivere lo stato fisico di un sistema microscopico, nel precedente capitolo abbiamo parlato di *funzioni d'onda*, e in questo capitolo di *vettori*. In realtà la funzione d'onda, il cui quadrato dà la probabilità di presenza della particella cui è associata, può vedersi semplicemente come un *insieme di coordinate di un vettore*, e quindi risulta in sostanza equivalente a un vettore.

Infatti possiamo descrivere lo stato fisico di una particella che si trova nel punto x con un vettore: lo indicheremo col simbolo $|x\rangle$. Per il principio di sovrapposizione, la particella può trovarsi in uno stato $|v\rangle$ che sia combinazione di tanti possibili vettori $|x\rangle$, con diversi x:

$$|v\rangle = c_1 |x_1\rangle + c_2 |x_2\rangle + c_3 |x_3\rangle + \ldots$$

I coefficienti $c_1, c_2, c_3, \ldots$ di questa combinazione dipendono dal particolare x cui si riferiscono e, se elevati al quadrato, danno la probabilità di trovare la particella nel punto corrispondente. Ecco quindi che l'insieme di questi coefficienti, che matematicamente può considerarsi come una funzione del punto x, può essere interpretato come funzione d'onda della particella.

Così l'equazione di Schrödinger per la funzione d'onda, menzionata nel capitolo precedente, diventa in questo contesto un'equazione di evoluzione per i vettori di stato, che permette di ricavare lo stato fisico (o la funzione d'onda) a qualunque tempo t quando sia conosciuto a un certo istante dato t_0.

Il considerare anche l'evoluzione nel tempo dello stato fisico ci porta a evidenziare una delle omissioni più importanti fatte nel corso di questo capitolo. Se volessimo descrivere fotoni con polarizzazione che cambia nel tempo, per esempio polarizzazione che descrive un cerchio (si parla allora di fotone *polarizzato circolarmente*), sono necessari vettori che abbiano per coordinate non solo numeri reali, ma numeri *complessi*[8].

---

[8] I numeri complessi sono oggetti della forma $a + i\,b$, dove a e b sono numeri reali e i è definito come la radice quadrata di -1 (i è quindi tale che $i^2 = -1$, ed è anche chiamato *unità immaginaria*).

Capitolo 4

Entanglement:
un sorprendente intreccio

Non ci sono fenomeni anormali o soprannaturali, solo grandi lacune nella nostra conoscenza di cosa è naturale. Dovremmo lottare per riempire quelle lacune di ignoranza.

Edgar Mitchell, astronauta

Il mago quantistico

Immaginate di avere un fratello gemello (o una sorella) identico a voi fisicamente, siete assieme in un ristorante e vi chiedono se preferite il riso o la pasta: voi scegliete il riso e lui la pasta, ma se lui risponde riso, voi istintivamente rispondete pasta. Cosa bevete? All'unisono rispondete uno vino bianco e l'altro vino rosso e così per qualsiasi scelta tra due alternative.

Immaginate ora di partire per una vacanza: chiaramente se voi sceglierete di andare al mare, vostro fratello andrà in montagna. Mentre voi siete in un bar sulla spiaggia e il cameriere vi chiede cosa desiderate, voi rispondete un caffè freddo. A vostro fratello, che in quello stesso momento si trova in un rifugio in alta quota, viene voglia di un tè caldo. È come se ciascuno di voi di fronte a due alternative sapesse la scelta che sta per fare l'altro e facesse quella opposta.

Non è possibile – penserete – non può esserci una simile *correlazione* di pensieri tra due persone seppure gemelli. In effetti tra due esseri umani questo non è possibile.

Immaginate ora un'altra situazione. State camminando per le vie centrali di Londra e incontrate un mago di strada che vi dà una moneta uguale a una che tiene in mano lui, promettendo di indovinare il risultato di un vostro lancio (testa o croce), dopo aver visto il risultato ottenuto dal proprio lancio. Quindi vi propone di fare una scommessa: se vince lui, dopo avergli restituito la moneta, gli dovrete pagare l'equivalente del valore della moneta, se perde potete tenervi la moneta. Stareste alla scommessa? Se si tratta di un mago "quantistico" fareste bene a non fidarvi: l'avrebbe vinta sempre lui guadagnando così del denaro a vostre spese.

Il mago quantistico

Anche in questo caso stentate a credere alla veridicità del racconto. Se tuttavia al posto delle due monete ci fossero due particelle, per esempio fotoni che abbiano interagito o che abbiano un'origine comune, questo comportamento sarebbe all'ordine del giorno. È proprio questo il meccanismo che ci permetterà di superare le difficoltà del teletrasporto su scala quantistica. La natura infatti si mostra in tutta la sua straordinarietà attraverso un fenomeno che non ha un corrispondente a livello classico: si tratta di un "collegamento" tra particelle che permane saldo e invariato indipendentemente dalla distanza tra esse; misurando (quindi modificando) lo stato di una particella si determina quello dell'altra, ovunque essa sia.

Tale relazione tra particelle viene scoperta per via del tutto teorica da Erwin Schrödinger nel 1926, il quale, essendo perfettamente bilingue (sua madre era per metà inglese), la definì dieci anni dopo sia in tedesco sia in inglese, rispettivamente *Verschränkung* ed *entanglement,* ovvero *intreccio, correlazione, interconnessione, aggrovigliamento.* Circa mezzo secolo dopo, a seguito di diversi dibattiti tra i fisici sull'esistenza effettiva del fenomeno, si hanno le prime osservazioni sperimentali di questa "fantomatica azione a distanza", come la definì Einstein.

L'*entanglement* è in realtà una diretta conseguenza delle regole della fisica quantistica applicate ai sistemi composti da più particelle. La "fantomatica azione a distanza" è già insita nel fatto che tali sistemi possano esistere in stati sovrapposti. Scopriamo perché nel prossimo paragrafo.

Due è meglio di uno

Abbiamo visto nel precedente capitolo come si descrive lo stato di un singolo atomo oppure di un singolo fotone. Ora ci occupiamo di sistemi costituiti da più atomi o da più fotoni: i loro stati, come per tutti i sistemi quantistici, devono descriversi con vettori (Regola 1). È possibile farlo usando come "mattoni" gli stati fisici dei singoli costituenti? La risposta è sì.

Prendiamo il caso di due atomi di idrogeno indipendenti, cioè che non stiano interagendo tra loro. Se il primo si trova nello stato $|0\rangle$ e il secondo anch'esso nello stato $|0\rangle$, una misura di energia su entrambi gli atomi darà la coppia di risultati (E_0, E_0). Denoteremo con il simbolo $|0\rangle|0\rangle$ lo stato del sistema composto. Con analoghi simboli per gli altri casi, abbiamo complessivamente i seguenti *quattro stati* per il sistema composto dai due atomi:

Stato del sistema	Risultati della misura
$|0\rangle|0\rangle$	(E_0, E_0)
$|0\rangle|1\rangle$	(E_0, E_1)
$|1\rangle|0\rangle$	(E_1, E_0)
$|1\rangle|1\rangle$	(E_1, E_1)

Questi sono i quattro stati del sistema in cui una misura di energia dà un risultato certo, indicato nella colonna di destra. Per la Regola 1 sono stati ortonormali, dato che corrispondono a risultati diversi in una misura di energia e quindi formano una base in uno spazio a quattro dimensioni. Ogni vettore di questo spazio, per il principio di sovrapposizione, è uno stato fisico del sistema composto dai due atomi. Quindi in generale lo stato del sistema è una sovrapposizione dei quattro stati di base:

$$\alpha\,|0\rangle|0\rangle + \beta\,|0\rangle|1\rangle + \gamma\,|1\rangle|0\rangle + \delta\,|1\rangle|1\rangle$$

dove per la Regola 2 i coefficienti α, β, γ, δ elevati al quadrato danno le probabilità di trovare le corrispondenti energie (e quindi $\alpha^2 + \beta^2 + \gamma^2 + \delta^2 = 1$, cosicché il vettore di stato ha lunghezza 1).

E se gli atomi non sono in stati a energia definita? Supponiamo per esempio che il primo si trovi nello stato sovrapposto $a\,|0\rangle + b\,|1\rangle$ e il secondo nello stato sovrapposto $c\,|0\rangle + d\,|1\rangle$. In che stato si trova il sistema complessivo? Per rispondere, osserviamo che una misura delle energie dei due atomi ha di nuovo quattro possibili risultati, con probabilità che ora dipendono dai coefficienti a, b, c, d, e precisamente:

$$(E_0, E_0) \text{ con probabilità } a^2 c^2$$
$$(E_0, E_1) \text{ con probabilità } a^2 d^2$$
$$(E_1, E_0) \text{ con probabilità } b^2 c^2$$
$$(E_1, E_1) \text{ con probabilità } b^2 d^2$$

Per determinare le probabilità delle misure combinate abbiamo semplicemente moltiplicato tra loro le rispettive probabilità, come si fa per esempio per determinare la probabilità di un doppio 1 in un lancio di dadi: la probabilità di ottenere 1 è 1/6, la probabilità di ottenere 1 su entrambi i dadi è 1/6 per 1/6, cioè 1/36. Questa regola (moltiplicazione delle probabilità) vale solo per sistemi indipendenti.

Lo stato che descrive il sistema dei due atomi indipendenti deve allora essere

$$ac\,|0\rangle|0\rangle + ad\,|0\rangle|1\rangle + bc|1\rangle|0\rangle + bd\,|1\rangle|1\rangle$$

dato che i coefficienti ac, ad, bc e bd, elevati al quadrato, forniscono le probabilità dei quattro possibili risultati. Questo stato può ottenersi anche "moltiplicando" tra loro i due vettori $a|0\rangle + b|1\rangle$ e $c|0\rangle + d|1\rangle$, e usando la proprietà distributiva della moltiplicazione rispetto all'addizione:

$$(a|0\rangle + b|1\rangle)\,(c|0\rangle + d|1\rangle) = ac\,|0\rangle|0\rangle + ad\,|0\rangle|1\rangle + bc\,|1\rangle|0\rangle + bd\,|1\rangle|1\rangle.$$

In questa "moltiplicazione" (chiamata *prodotto tensoriale*) i prodotti $|0\rangle|1\rangle$ e $|1\rangle|0\rangle$ devono essere tenuti distinti[1], poiché descrivono due differenti stati fisici.

---

[1] Si dice allora che la moltiplicazione è *non commutativa*. In generale il prodotto tensoriale di due vettori dipende dall'ordine con cui si moltiplicano. È facile verificare, per esempio, che il prodotto $(a|0\rangle + b|1\rangle)\,(c|0\rangle + d|1\rangle)$ è diverso dal prodotto $(c|0\rangle + d|1\rangle)\,(a|0\rangle + b|1\rangle)$.

Separati o intrecciati?

Notiamo che non tutti i vettori $\alpha|0\rangle|0\rangle + \beta|0\rangle|1\rangle + \gamma|1\rangle|0\rangle + \delta|1\rangle|1\rangle$ in questo spazio a quattro dimensioni possono scriversi come prodotto di due vettori di stato di singolo atomo. Per esempio lo stato

$$\frac{1}{\sqrt{2}}\,|0\rangle|1\rangle \;+\; \frac{1}{\sqrt{2}}\,|1\rangle|0\rangle$$

che corrisponde alla scelta dei coefficienti $\alpha = \delta = 0$, $\beta = \gamma = 1/\sqrt{2}$, non può scriversi come un prodotto di due vettori. Si parla allora di *stato intrecciato*. Quando invece uno stato fisico di un sistema composto può essere scritto come prodotto di stati dei componenti, si dice *stato separabile*.

Quindi lo stato $(a|0\rangle + b|1\rangle)\,(c|0\rangle + d|1\rangle) = ac\,|0\rangle|0\rangle + ad\,|0\rangle|1\rangle + bc\,|1\rangle|0\rangle + bd\,|1\rangle|1\rangle$ è separabile.

Misure correlate

Abbiamo visto che, per la Regola 2, la probabilità di ottenere una coppia di valori di energia in una misura sullo stato $\alpha|0\rangle|0\rangle + \beta|0\rangle|1\rangle + \gamma|1\rangle|0\rangle + \delta|1\rangle|1\rangle$, che descrive un sistema composto da due atomi indipendenti, è data dal quadrato del coefficiente corrispondente. Per esempio la probabilità di ottenere la coppia di valori (E_0, E_0), cioè E_0 sul primo atomo e E_0 sul secondo atomo, è data da α^2. La Regola 3 ci dice invece qual è lo stato dopo una misura: se si è ottenuta la coppia (E_0, E_0), lo stato immediatamente dopo la misura diventa $|0\rangle|0\rangle$; se si è ottenuta la coppia (E_0, E_1), lo stato immediatamente dopo la misura diventa $|0\rangle|1\rangle$ e così via.

Possiamo anche chiederci qual è la probabilità di ottenere E_0 sul primo atomo, *senza preoccuparci del secondo atomo*. Questa probabilità è semplicemente la somma della probabilità di ottenere la coppia (E_0, E_0) e della probabilità di ottenere la coppia (E_0, E_1), cioè $\alpha^2 + \beta^2$. Analogamente la probabilità di ottenere E_1 sul primo atomo è $\gamma^2 + \delta^2$. Qual è lo stato del sistema dopo una misura solo su uno dei due atomi? Un semplice ragionamento[2] permette di dedurre la seguente "ricetta":

Dopo la misura su uno dei costituenti di un sistema composto, lo stato fisico del sistema si ottiene dallo stato di partenza $\alpha\,|0\rangle|0\rangle + \beta\,|0\rangle|1\rangle + \gamma\,|1\rangle|0\rangle + \delta\,|1\rangle|1\rangle$ eliminando le componenti che non corrispondono al risultato.[3]

Per esempio se si è ottenuto E_0 con una misura sul primo atomo, lo stato diventa $\alpha\,|0\rangle|0\rangle + \beta\,|0\rangle|1\rangle$.

Si ottiene però uno stato la cui lunghezza non è più uguale a 1. Bisogna allora dividere questo stato per la sua lunghezza, e si ottiene finalmente lo stato fisico (di lunghezza 1) dopo la misura:

$$\frac{\alpha}{\sqrt{\alpha^2 + \beta^2}}|0\rangle|0\rangle + \frac{\beta}{\sqrt{\alpha^2 + \beta^2}}|0\rangle|1\rangle \; .$$

La differenza tra stati separabili e stati intrecciati o correlati diventa evidente quando si fanno misure. Infatti per gli stati separabili le misure fatte sui componenti del sistema sono *scorrelate*, nel senso che la misura su uno dei componenti *non influenza il risultato della misura sull'altro componente*. Se consideriamo il generico stato separabile

---

[2] Per esempio, supponiamo di avere ottenuto E_0 con una misura sul primo atomo. La probabilità di questo risultato, come discusso sopra, è $\alpha^2 + \beta^2$. Lo stato del sistema, a questo punto, deve essere tale che la probabilità di ottenere E_0 anche sul secondo atomo sia uguale a $\alpha^2/(\alpha^2 + \beta^2)$. In tal caso infatti la probabilità di ottenere la coppia di risultati (E_0, E_0), ottenuta moltiplicando le probabilità dei singoli risultati, è uguale ad α^2 in accordo con la Regola 2. Similmente in questo stato intermedio la probabilità di ottenere E_1 sul secondo atomo deve essere uguale a $\beta^2/(\alpha^2 + \beta^2)$, così che β^2 sia la probabilità di ottenere la coppia (E_0, E_1). Per la Regola 2 questo stato deve allora essere:

$$\alpha/\sqrt{(\alpha^2 + \beta^2)}\,|0\rangle|0\rangle + \beta/\sqrt{(\alpha^2 + \beta^2)}\,|0\rangle|1\rangle .$$

Con un ragionamento analogo si trova che lo stato del sistema dopo una misura sul primo atomo con risultato E_1 è dato dal vettore

$$\gamma/\sqrt{(\gamma^2 + \delta^2)}\,|1\rangle|0\rangle + \beta/\sqrt{(\gamma^2 + \delta^2)}\,|1\rangle|1\rangle .$$

[3] In linguaggio geometrico eliminare delle componenti di un vettore equivale a farne una proiezione.

$$(a|0\rangle + b|1\rangle)\,(c|0\rangle + d|1\rangle) = ac\,|0\rangle|0\rangle + ad\,|0\rangle|1\rangle + bc|1\rangle|0\rangle + bd\,|1\rangle|1\rangle,$$

le probabilità di ottenere E_0 o E_1 sul secondo atomo sono rispettivamente c^2 o d^2. Queste probabilità *non cambiano se si eseguono misure anche sul primo atomo*. Per esempio se si ottiene E_0 in una misura sul primo atomo, lo stato del sistema diventa $c\,|0\rangle|0\rangle + d\,|0\rangle|1\rangle$, usando la Regola 3 discussa nel paragrafo precedente. A questo punto una misura di energia sul secondo atomo avrà di nuovo come risultato E_0 con probabilità c^2 oppure E_1 con probabilità d^2.

Quindi: *per stati separabili la misura su uno dei costituenti del sistema non influenza i risultati delle misure sull'altro costituente.*

La situazione è completamente diversa per stati intrecciati. Misuriamo l'energia del primo atomo nello stato intrecciato:

$$\frac{1}{\sqrt{2}}\,|0\rangle|1\rangle + \frac{1}{\sqrt{2}}\,|1\rangle|0\rangle\,.$$

Se si ottiene E_0 lo stato diventa $|0\rangle|1\rangle$ (applicando la Regola 3), e una misura sul secondo atomo avrà sicuramente come risultato E_1. Se invece si ottiene E_1 sul primo atomo, una misura sul secondo atomo avrà sicuramente come risultato E_0. In questo caso le misure sono *correlate*: la misura su uno dei costituenti *determina il risultato della misura sull'altro costituente.* Questa correlazione tra misure su stati intrecciati è una naturale conseguenza delle nostre Regole del gioco, e ha implicazioni sorprendenti.

Come "costruire" stati intrecciati?

L'intreccio è una caratteristica fondamentale della fisica dei quanti, anzi forse "la" caratteristica della fisica dei quanti, come mise in rilievo Erwin Schrödinger fin dai primi anni dello sviluppo della nuova meccanica. Quasi tutte le applicazioni che descriviamo in questo libro si basano su manipolazioni di stati quantistici intrecciati.

Ha quindi importanza la questione pratica: come creare stati intrecciati? Oggi si è in grado di costruire stati intrecciati di fotoni con relativa facilità in un normale laboratorio didattico, mentre stati intrecciati di atomi o molecole sono alla portata solo di laboratori più avanzati. Alcune particelle sono già "collocate" in stati intrecciati, come gli elettroni in un atomo.

Stati intrecciati di elettroni

Anche gli elettroni, essendo componenti elementari di sistemi microscopici, possono formare stati intrecciati. Per i fotoni, la grandezza fisica che entra in gioco negli stati intrecciati che abbiamo studiato è la polarizzazione. Per gli elettroni c'è qualcosa di analogo, chiamato *spin*, che può visualizzarsi come un movimento di rotazione dell'elettrone intorno a un asse, simile a quello di una trottola[4]. A seconda del "verso" di questa rotazione (antiorario od orario), lo spin si dice *su* o *giù*. A questi due "stati di spin" possiamo associare due vettori di base $|0\rangle$ e $|1\rangle$, e per la Regola 2 l'elettrone potrà trovarsi in stati sovrapposti $a\,|0\rangle + b\,|1\rangle$, in cui una misura dello spin darà risultato *su* o risultato *giù* con una certa probabilità (rispettivamente uguale ad a^2 e b^2). Possiamo pittoricamente indicare i due stati di spin come nella figura a sinistra.

I due stati di spin dell'elettrone

Dove possiamo trovare elettroni in stati intrecciati di spin? Il "luogo" naturale per eccellenza è l'atomo, dove gli elettroni sono distribuiti su orbite attorno al nucleo.

Per avere un'immagine visiva della struttura dell'atomo si è soliti pensare a un sistema planetario in miniatura, in cui il nucleo dell'atomo è il Sole e gli elettroni sono i pianeti che vi ruotano attorno; ciascuno di questi "viaggia" a una certa distanza dal nucleo su una propria orbita. Lo spin

Modello "planetario" dell'atomo: lo spin dell'elettrone viene assimilato alla rotazione di un pianeta intorno al proprio asse

---

[4] Questa visualizzazione non è del tutto corretta, poiché l'elettrone, essendo puntiforme, non può "ruotare su se stesso".

di ciascun elettrone viene assimilato al movimento di rotazione di un pianeta attorno a se stesso.

Abbiamo visto però che il concetto di traiettoria diventa "sfumato" in meccanica quantistica, poiché non sono compatibili misure di posizione e di velocità. Una misura di posizione molto accurata implica fatalmente un disturbo alla traiettoria. Per questo possiamo solo parlare di "zone di probabilità di posizione": queste zone prendono il nome di *orbitali atomici* e non sono esattamente delle sfere concentriche o delle traiettorie ellittiche come lo sono le orbite planetarie; assomigliano piuttosto a porzioni di spazio dai contorni sfumati, dipendenti dall'energia dell'elettrone, come riportati nella figura a lato (la quale può interpretarsi come un insieme di "foto" dell'atomo nei suoi vari stati di energia).

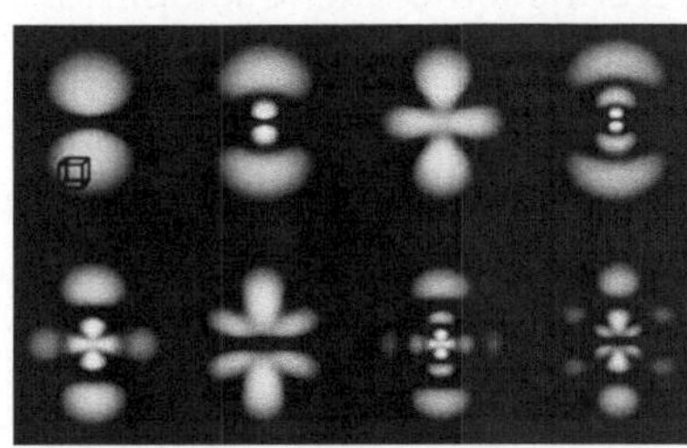

Orbitali dell'atomo di idrogeno

Nello stesso orbitale possono trovarsi al massimo due elettroni, purché abbiano un opposto senso di "rotazione attorno al proprio asse"; in altre parole devono avere spin *anticorrelati* o *antiparalleli*. Se avessero lo stesso spin, sarebbero due elettroni nello stesso stato fisico, il che violerebbe il *principio di esclusione di Pauli*[5].

---

[5] Particelle dello stesso tipo, per esempio elettroni, sono del tutto indistinguibili. Un sistema composto da due elettroni deve allora essere descritto da un vettore che non risenta dello scambio tra i due elettroni. Questo succede sia che il vettore rimanga lo stesso se scambiamo le particelle, e allora si dice *simmetrico*, sia che cambi segno (dato che $|v\rangle$ e $-|v\rangle$ descrivono lo stesso stato fisico), nel qual caso si dice *antisimmetrico*. Un importante teorema della meccanica quantistica relativistica lega lo spin delle particelle coinvolte alla simmetria o antisimmetria dello stato composto. Si chiamano *fermioni* quelle particelle che hanno stati composti antisimmetrici, e *bosoni* quelle che hanno stati composti simmetrici. Gli elettroni sono fermioni: lo stato fisico di due elettroni deve essere antisimmetrico, quindi del tipo $|v\rangle|w\rangle - |w\rangle|v\rangle$ con $|v\rangle$ e $|w\rangle$ stati fisici di un singolo elettrone. Da qui discende il principio di esclusione di Pauli: se $|v\rangle = |w\rangle$, cioè se i due elettroni sono nello stesso stato fisico, il loro vettore di stato svanisce, o altrimenti detto, *due elettroni non possono coesistere nello stesso stato fisico*. Quindi il comportamento di molti fermioni è completamente diverso dal comportamento di molti bosoni: questi ultimi infatti *possono* stare tutti nello stesso stato fisico. La statistica dei fermioni è stata studiata originariamente da Fermi e da Dirac (da cui il nome fermioni e statistica di Fermi-Dirac) e la statistica dei bosoni da Bose e da Einstein (da cui il nome bosoni e statistica di Bose-Einstein).

Due elettroni nello stesso orbitale stanno quindi in uno stato intrecciato, e precisamente nello stato $1/\sqrt{2}\,|0\rangle|1\rangle - 1/\sqrt{2}\,|1\rangle|0\rangle$, graficamente riportato sotto:

Misurando lo spin del primo determiniamo anche lo spin del secondo e viceversa, in modo del tutto analogo a quanto succede per misure di polarizzazione su fotoni intrecciati. Per esempio se al seguito di una misura lo spin di un elettrone risulta *su* possiamo essere certi che l'altro risulterà *giù*.

Stati intrecciati di fotoni

Un modo per produrre fotoni in stati intrecciati è il seguente. Un isotopo[6] del calcio, decadendo, produce una coppia di fotoni che si allontanano muovendosi lungo percorsi opposti. I fotoni vengono prodotti nello stato fisico intrecciato $1/\sqrt{2}\,|0\rangle|1\rangle - 1/\sqrt{2}\,|1\rangle|0\rangle$. Se misuriamo la polarizzazione di uno di questi e otteniamo un certo risultato, per esempio polarizzazione verticale, possiamo porre sul percorso dell'altro un filtro in direzione orizzontale ed essere certi che il fotone vi passerà indisturbato. In altre parole al momento della misura di un fotone abbiamo determinato non solo la sua polarizzazione ma anche quella del suo gemello che risulterà ruotata di 90°.

Curiosamente anche nella PET[7], esame diagnostico utile all'analisi del metabolismo cerebrale, vengono prodotti fotoni correlati. Durante questo esame il paziente viene sottoposto a un fascio di positroni (particelle in tutto uguali agli elettroni ma con ca-

---

[6] L'isotopo di un certo elemento chimico è un atomo con lo stesso numero di protoni ma con un diverso numero di neutroni. In genere questo diverso numero di neutroni comporta un'instabilità del nucleo dell'atomo, che tende a trasformarsi in un atomo stabile "decadendo" tramite l'emissione di protoni, neutroni, elettroni o fotoni.

[7] Positron Emission Tomography cioè "Tomografia a emissione di positroni".

rica elettrica positiva), ciascuno dei quali tenderà a interagire con un elettrone tra quelli presenti nell'organismo. Il risultato di questa interazione, detta *annichilazione*, è la conversione della coppia elettrone-positrone in una coppia di fotoni i quali avranno necessariamente la stessa energia, equivalente alla massa di ciascuna delle particelle interagenti, e si allontaneranno in direzioni opposte dal punto in cui sono stati creati. La rivelazione in coincidenza di due fotoni con uguale energia ad angoli di 180° permette di risalire ai punti in cui sono avvenute le varie annichilazioni; quindi con sofisticate tecniche di *imaging* (ricostruzione di immagini al calcolatore) si risale alla conformazione e alla funzionalità dell'organo analizzato.

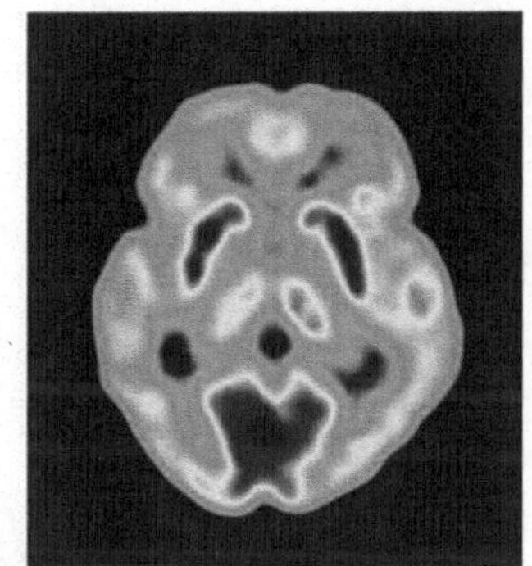

Tomografia a emissione di positroni (PET)

Oggi si possono produrre con relativa facilità coppie di fotoni intrecciate, anche senza ricorrere all'uso di materiali radioattivi o all'annichilazione di elettroni con positroni. Un modo standard di creare fotoni intrecciati in laboratorio fa uso di un laser a luce ultravioletta, di un cristallo birifrangente e di uno specchio semiriflettente o *separatore di fascio* (dal termine inglese *beamsplitter*), secondo lo schema illustrato nella figura a pagina seguente.

Il laser emette fotoni con lunghezza d'onda di 406 nanometri, quindi luce violetta al limite del visibile. I fotoni del laser entrano in un cristallo di beta-borato di bario (BBO) e, per un fenomeno di ottica non lineare, in media un fotone ogni miliardo di fotoni si converte in *due fotoni* di energia dimezzata, e quindi di lunghezza d'onda raddoppiata (812 nanometri). Questi due fotoni sono pro-

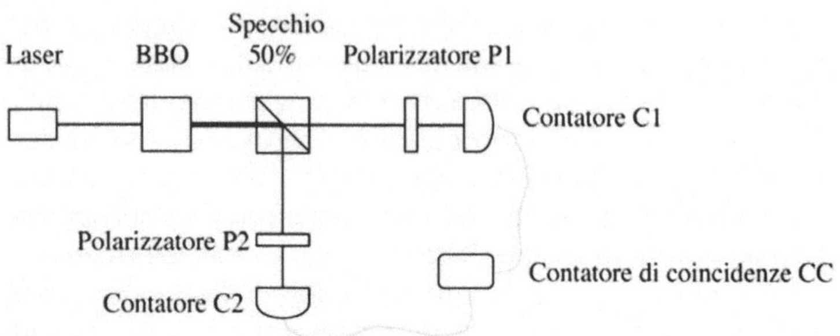

Generazione di stati a due fotoni intrecciati

dotti nello stesso istante, escono insieme dal cristallo, e orientando opportunamente il cristallo si può fare in modo che abbiano la stessa traiettoria. Questa conversione, chiamata "parametric down conversion (PDC)" o *fluorescenza parametrica,* ha una proprietà particolare: crea uno stato composto da due fotoni che hanno *polarizzazioni perpendicolari tra loro,* per esempio orizzontale e verticale. Quindi uno dei due fotoni che esce dal cristallo è nello stato $|0\rangle$ e l'altro è nello stato $|1\rangle$. Per eseguire misure su ognuno dei fotoni è però necessario separarli: questo si ottiene tramite il separatore di fascio, ovvero uno specchio semiriflettente al 50%. Un fotone incidente sullo specchio ha probabilità 50% di essere trasmesso attraverso lo specchio, e probabilità 50% di essere riflesso dallo specchio; nel secondo caso la traiettoria del fotone viene deviata di 90°.

Un separatore di fascio sul suo supporto

Il sistema composto di due fotoni arriva sullo specchio. Ciascun fotone ha probabilità 50% di essere trasmesso o riflesso, e quindi si possono verificare quattro situazioni, ciascuna con probabilità 25%:

1. i due fotoni vengono entrambi trasmessi;
2. i due fotoni vengono entrambi riflessi;

3. il fotone nello stato $|0\rangle$ viene trasmesso e quello nello stato $|1\rangle$ viene riflesso;
4. il fotone nello stato $|1\rangle$ viene trasmesso e quello nello stato $|0\rangle$ viene riflesso.

Ora siamo interessati solo alle ultime due di queste quattro possibilità, dove uno dei fotoni è trasmesso e l'altro riflesso. In questo caso infatti i componenti del sistema composto si trovano spazialmente separati, e possiamo eseguire misure su ognuno dei fotoni. Come possiamo eliminare le prime due possibilità che non ci interessano? La risposta è semplice: tramite il contatore di coincidenze CC considereremo solo quelle situazioni in cui i contatori di fotoni C1 e C2 rivelano *simultaneamente* l'arrivo di un fotone. Questo succede solo nei casi 3) e 4). Se si escludono i casi 1) e 2), abbiamo allora 50% di probabilità che il fotone nello stato $|0\rangle$ sia trasmesso e il fotone nello stato $|1\rangle$ sia riflesso, e 50% di probabilità che il fotone nello stato $|1\rangle$ sia trasmesso e il fotone nello stato $|0\rangle$ sia riflesso. Quindi lo stato del sistema composto dai due fotoni deve essere proprio lo stato intrecciato:

$$\frac{1}{\sqrt{2}}\ |0\rangle|1\rangle\ +\ \frac{1}{\sqrt{2}}\ |1\rangle|0\rangle$$

dove nel prodotto dei due stati di polarizzazione, quello in prima posizione si riferisce al fotone trasmesso e quello in seconda posizione al fotone riflesso. Abbiamo così prodotto uno stato intrecciato che ha anche il pregio di avere componenti separate spazialmente.

Una misura di polarizzazione sul fotone trasmesso farà precipitare lo stato intrecciato in uno dei due stati separabili $|0\rangle|1\rangle$ e $|1\rangle|0\rangle$. Per esempio, interponendo un filtro polarizzatore P1 *orizzontale* sulla traiettoria del fotone trasmesso, un "click" nel rivelatore C1 individua l'arrivo del fotone nello stato $|0\rangle$. Di conseguenza lo stato complessivo del sistema dei due fotoni è diventato $|0\rangle|1\rangle$. A questo punto sappiamo con certezza che la polarizzazione del fotone riflesso è *verticale*.

Questo succede anche se i due fotoni "intrecciati" si sono allontanati molto tra di loro: oggi è possibile conservare l'intreccio tra fotoni su distanze di decine di chilometri, e niente ci impedisce di pensare a distanze interstellari... Alice e Bob, abitanti rispettivamente della Terra e di un pianeta di Alpha Centauri, ricevono ciascuno un fotone di una coppia intrecciata nello stato $1/\sqrt{2}\,|0\rangle|1\rangle + 1/\sqrt{2}\,|1\rangle|0\rangle$. Il primo vettore nei prodotti corrisponde al fotone di Alice, il secondo al fotone di Bob. Alice decide di misurare la polarizzazione del suo fotone con un filtro verticale, e trova il risultato 1 (il fotone viene trasmesso dal filtro). Lo stato intrecciato del sistema di due fotoni precipita in:

$$|1\rangle|0\rangle$$

e da questo momento in poi una misura di polarizzazione sul fotone di Bob darà certamente il risultato 0 (il fotone viene assorbito dal filtro verticale). Sembra che la misura di Alice abbia "influenzato istantaneamente a distanza" il fotone di Bob! Ma è così?

Specchio semiriflettente: basta guardare dalla finestra

Tutti noi abbiamo nelle nostre case degli specchi semiriflettenti. Dove? Nei vetri delle finestre! A chi non è capitato, guardando attraverso il vetro di una finestra di vedere non solo il paesaggio esterno ma anche la propria immagine riflessa più o meno nitidamente sul vetro? Se poi si guardasse lo stesso vetro dall'esterno, probabilmente si vedrebbe il medesimo paesaggio parzialmente riflesso. Questo fenomeno, spesso osservato con indifferenza, è in realtà un esempio alla portata di chiunque per entrare direttamente in contatto con il mondo quantistico, un mondo non di certezze ma di probabilità. Il singolo fotone, colpendo il vetro, può attraversarlo e disperdersi all'esterno, ma può anche esserne riflesso mostrando la nostra stessa immagine: il fotone ha una certa probabilità di passare o meno attraverso il vetro, probabilità che può essere predetta conoscendo le caratteristiche del vetro.

Il vetro della finestra agisce in modo del tutto simile ai separatori di fascio o *beam splitter* che si usano nei laboratori di ottica quantistica, con l'unica differenza che questi deviano il fascio riflesso di 90° rispetto alla direzione dei fotoni in ingresso, anziché rimandarlo indietro come fa il vetro della finestra. Inoltre il vetro della finestra separa il fascio in modo indipendente dalla sua polarizzazione; esistono invece dei *beam splitter* in grado di separare i fotoni del fascio entrante in base alla loro polarizzazione, trasmettendo per esempio i fotoni a polarizzazione verticale e riflettendo quelli polarizzati orizzontalmente; i fotoni in una sovrapposizione dei due stati avranno quindi una certa probabilità di essere trasmessi e una certa probabilità di essere riflessi.

Una fantomatica azione a distanza

Per la relatività speciale di Einstein nessuna "influenza" può essere istantanea: al massimo può propagarsi a velocità della luce. Nessun rapporto di causa ed effetto può attuarsi a velocità superiori a quella della luce. Eppure dalle regole della meccanica quantistica troviamo che un'azione (la misura) su una parte di un sistema influenza istantaneamente le caratteristiche di un'altra parte del sistema, anche lontana anni luce. Come risolvere questo "paradosso"?

Una prima risposta è di tipo "operativo": *non esiste alcuna operazione a disposizione di Bob per accorgersi che Alice ha misurato il pro-*

prio fotone. Mettiamoci nei panni di Bob: lui misura la polarizzazione del proprio fotone con un filtro verticale e trova 0. Cosa può dire dello stato del sistema *prima* della sua misura? Può forse dedurre che Alice ha effettuato una misura e che quindi lo stato del sistema composto era $|1\rangle|0\rangle$? No, non può. Infatti Bob può ottenere lo stesso risultato 0 anche se lo stato del sistema rimane quello intrecciato $(1/\sqrt{2}\,|0\rangle|1\rangle + 1/\sqrt{2}\,|1\rangle|0\rangle)$, cioè anche se Alice non effettua misure.

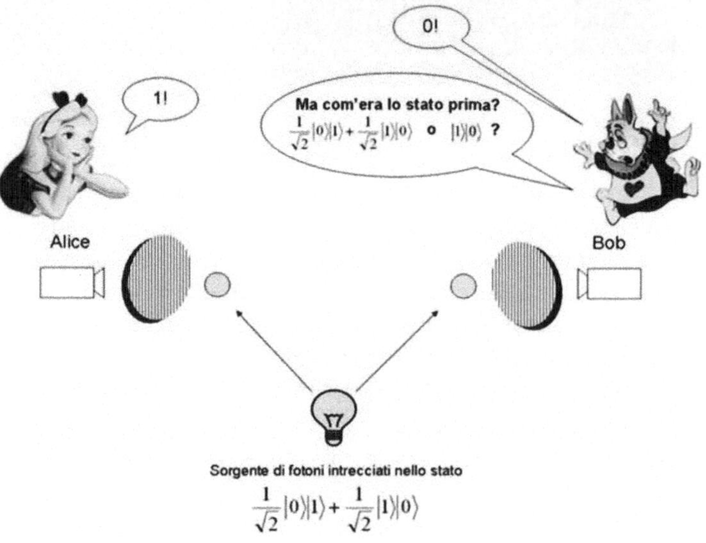

Misura di fotoni entangled

Giusto, ma stiamo ragionando su una singola misura. E se le coppie di fotoni intrecciate fossero mille? Se Alice non esegue misure, Bob ha probabilità ½ di trovare 0 e probabilità ½ di trovare 1, e quindi otterrà all'incirca 500 risultati 0 e 500 risultati 1 (la percentuale 50% sarà tanto più rispettata quanto più numerose sono le coppie di fotoni). Se Alice invece esegue misure, ha probabilità ½ di ottenere 0 , facendo precipitare lo stato della coppia in $|0\rangle|1\rangle$, e probabilità ½ di ottenere 1, facendo precipitare lo stato della coppia in $|1\rangle|0\rangle$. Se Alice decide di misurare tutti i suoi fotoni, alla fine ci saranno all'incirca 500 coppie nello stato $|0\rangle|1\rangle$ e 500 coppie nello stato $|1\rangle|0\rangle$, e Bob *anche in questo caso* otterrà all'incirca il 50% di risultati 0. La situazione non cambia se Alice esegue misure solo su un sottoinsieme dei suoi fotoni: *Bob non può accorgersi in alcun modo dell'effetto delle misure di Alice.*

Pertanto "l'influenza istantanea a distanza" *non ha conseguenze osservabili*, in particolare non può essere usata per trasmettere istantaneamente informazione a distanza. La relatività è salva, ma rimane un certo disagio per la brusca modifica dello stato di un sistema composto, con parti separate spazialmente, sotto l'azione di misura su una delle parti. Questo portò Einstein nel 1935 a criticare le basi della meccanica quantistica in un celebre articolo in collaborazione con Boris Podolsky e Nathan Rosen[8].

Il "paradosso" di EPR

Le ipotesi del lavoro di Einstein, Podolsky e Rosen (EPR) erano le seguenti.

* Ipotesi di realismo:
  In una teoria *realistica*, tutte le grandezze fisiche devono corrispondere a *elementi di realtà*. Questi sono definiti da EPR nella frase seguente: *Se, senza disturbare in alcun modo il sistema, possiamo prevedere con certezza [...] il risultato di una misura di una certa quantità fisica, allora esiste un elemento di realtà fisica corrispondente a questa quantità fisica.*
  L'ipotesi di realismo consiste quindi nel supporre che il mondo fisico sia descrivibile da una teoria realistica, dove le grandezze fisiche hanno valori definiti e *preesistenti all'azione della misura*. Una teoria viene poi definita *completa* se tutti gli elementi di realtà hanno una controparte nella teoria.

* Ipotesi di località:
  ... poiché nel momento della misura i due sistemi non interagiscono più tra loro, nessun cambiamento può aver luogo nel secondo sistema in conseguenza di qualche operazione che possa essere effettuata sul primo sistema.
  L'ipotesi di località era considerata assolutamente necessaria dagli autori del lavoro EPR: violarla sembrava equivalente ad ammettere la "fantomatica azione a distanza" di tipo istantaneo, che avrebbe contraddetto la relatività speciale.

---

8 A. Einstein, B. Podolsky, N. Rosen, Can Quantum-Mechanical Description of Physical Reality Be Considered Complete? *Phys. Rev.* 47 (10): 777-778 (1935).

Einstein e collaboratori procedono considerando uno stato intrecciato nel quale sono correlate misure di posizione e di velocità di due particelle, nel senso che una misura di posizione su una delle particelle determina la posizione dell'altra, e una misura di velocità su una delle particelle determina la velocità dell'altra.

Quando le particelle si sono separate (anche di anni luce), rimanendo nello stesso stato intrecciato, Bob può eseguire una misura di velocità sulla seconda particella. La velocità della seconda particella diventa quindi, nel linguaggio di EPR, un *elemento di realtà*: sappiamo che una successiva misura di velocità darà lo stesso risultato (si tratta di una particella libera che non modifica la sua velocità nel tempo). D'altra parte Alice può misurare la posizione della *prima* particella, e siccome le particelle sono correlate in posizione, sappiamo quale deve essere la posizione della seconda particella. In altre parole anche la posizione della seconda particella è un elemento di realtà. Per l'ipotesi di località, la misura sulla prima particella non può assolutamente disturbare la seconda particella e modificare la sua velocità, che rimane quindi elemento di realtà. Ma qui la meccanica quantistica, secondo EPR, manifesta la sua incompletezza: posizione e velocità della seconda particella non possono essere simultaneamente elementi di realtà, perché sappiamo che per la meccanica quantistica misure di posizione e velocità sulla stessa particella sono misure incompatibili. Infatti, per il principio di indeterminazione, una perfetta conoscenza della posizione implica un'assoluta ignoranza della velocità, e viceversa.

Lo stesso ragionamento può farsi con due fotoni nello stato intrecciato

$$\frac{1}{\sqrt{2}}\,|0\rangle|1\rangle - \frac{1}{\sqrt{2}}\,|1\rangle|0\rangle$$

per il quale sono correlate misure di polarizzazione verticale. Ma non solo: sono correlate misure di polarizzazione lungo una qualunque direzione θ. Infatti si ha l'identità[9]:

$$\frac{1}{\sqrt{2}}\,|0\rangle|1\rangle - \frac{1}{\sqrt{2}}\,|1\rangle|0\rangle = \frac{1}{\sqrt{2}}\,|\theta\rangle|\theta+90°\rangle - \frac{1}{\sqrt{2}}\,|\theta+90°\rangle|\theta\rangle.$$

---

[9] Verificabile usando $|\theta\rangle = \sin\theta\,|0\rangle + \cos\theta\,|1\rangle$, $|\theta+90°\rangle = \cos\theta\,|0\rangle - \sin\theta\,|1\rangle$.

Su questo stato intrecciato le misure di polarizzazione lungo una qualsiasi direzione θ sono anticorrelate, nel senso che se un fotone passa il filtro orientato lungo θ, l'altro fotone viene sicuramente assorbito da un filtro orientato lungo θ, e viceversa.

Sostituendo nel ragionamento di EPR posizione e velocità con polarizzazioni lungo due direzioni diverse, si arriva a concludere che queste due polarizzazioni sono entrambe elementi di realtà per lo stesso fotone, contraddicendo il fatto che sono grandezze fisiche incompatibili (Capitolo 3).

Le conclusioni dell'articolo EPR possono riassumersi nella frase: *siamo costretti a concludere che la descrizione quantomeccanica della realtà fisica non è completa.*

Per decenni dopo l'articolo EPR ci furono tentativi di "completare" la meccanica quantistica, con teorie che salvassero le ipotesi di EPR di *realismo locale*, e che comunque riproducessero le previsioni della meccanica quantistica, sperimentalmente verificate.

Albert Einstein, Boris Podolsky e Nathan Rosen

Le variabili nascoste

In particolare si può pensare a teorie in cui non esistano stati intrecciati, che sono alla base della "fantomatica azione a distanza", bensì solo *distribuzioni statistiche di stati separabili che riproducano le stesse probabilità previste dalla meccanica quantistica.* Un esempio concreto: Alice ha 50% di probabilità di ottenere 0 in una misura di polarizzazione verticale del suo fotone, sia che la sorgente produca un fotone nello stato intrecciato $1/\sqrt{2}\,|0\rangle|1\rangle - 1/\sqrt{2}\,|1\rangle|0\rangle$, sia che la sorgente produca, con probabilità 50%, uno dei due stati separabili

$|0\rangle|1\rangle$ oppure $|1\rangle|0\rangle$. In entrambi i casi il risultato 0 di Alice corrisponde sempre al risultato 1 di Bob e viceversa, e le probabilità di queste coppie anticorrelate di risultati sono 50% per (0,1) e 50% per (1,0).

La situazione nel secondo caso (distribuzione statistica di stati separabili) sarebbe analoga a quella di una persona eccentrica che decide di indossare ogni giorno un calzino rosso e uno blu, tirando a sorte (testa o croce) per scegliere tra piede sinistro o destro per il calzino rosso. Se incontriamo questa persona, abbiamo 50% di probabilità di indovinare il colore del calzino di un piede. Una volta scoperto il colore, sappiamo con certezza che il calzino dell'altro piede avrà il colore complementare. Mentre con la descrizione quantistica il risultato della misura non ci permette di risalire allo stato del sistema prima della misura, nella teoria statistica dei calzini invece sì: se si scopre un calzino rosso al piede destro vuol dire che c'era un calzino rosso al piede destro anche prima che lo scoprissimo! La proprietà "rosso" è una proprietà oggettiva, esistente indipendentemente e anche prima della misura.

È possibile trovare una teoria della fisica microscopica analoga alla teoria statistica dei calzini, e cioè che si riduca a una statistica di stati separabili e che riproduca le previsioni della meccanica quantistica? E poi, più ambiziosamente, si potrebbe anche pensare che il carattere statistico sia dovuto a una nostra ignoranza, e che esista una descrizione ancora più fondamentale capace di prevedere esattamente quando il calzino è rosso o quando è blu. Questa teoria ipotetica, da cui è assente ogni alea, viene detta *teoria a variabili nascoste*.

La ricerca delle teorie a variabili nascoste locali ebbe uno "stop" improvviso nel 1964 con il fondamentale lavoro[10] di John S. Bell, in cui veniva dimostrato *che nessuna teoria statistica locale con proprietà oggettive avrebbe mai potuto riprodurre i risultati della meccanica quantistica*.

La disuguaglianza di Bell

Il ragionamento di Bell coinvolge misure di quantità fisiche che in meccanica quantistica sono incompatibili, come per esempio la

---

[10] J.S. Bell, On the Einstein-Poldolsky-Rosen paradox, *Physics* 1(3): 195-200 (1964).

polarizzazione di un fotone lungo due direzioni diverse θ_A e θ_B. Bell riprende l'argomentazione di EPR e suppone che effettivamente le polarizzazioni di un fotone lungo due direzioni diverse possano essere entrambe elementi di realtà. Il fotone deve quindi essere in uno stato fisico tale che si possano prevedere con certezza i risultati di misure di polarizzazione lungo due direzioni diverse. Come abbiamo visto, questo stato non può esistere nella meccanica quantistica basata sulle regole del capitolo precedente, ma possiamo supporre, come EPR e come Bell, che esista una teoria più "fondamentale" e completa in cui questa descrizione del fotone sia possibile. Il problema è: questa ipotetica teoria può essere in accordo con le previsioni (verificate sperimentalmente) della meccanica quantistica?

Nel suo articolo Bell dimostra, con un "esperimento di pensiero", che una teoria del genere *è in conflitto, nelle sue conseguenze osservabili, con la meccanica quantistica.*

Qui diamo una versione semplificata del ragionamento di Bell.

John S. Bell

Consideriamo tre diverse direzioni di polarizzazione θ_A, θ_B, θ_C: in una teoria "locale e oggettiva" possiamo supporre come EPR che esistano fotoni sui quali sono prevedibili con certezza i risultati di misura su due di queste polarizzazioni. Indichiamo lo stato fisico di un fotone con (A=1,B=1) se i risultati di misure di polarizzazione lungo θ_A e θ_B danno per risultati rispettivamente 1 e 1 , e analogamente per gli altri casi. Quindi per un fotone nello stato (A,B) le polarizzazioni lungo θ_A e θ_B sono "proprietà oggettive" ciascuna con due possibili valori 0 e 1. Il fotone in (A=1,B=1) passerà sicuramente attraverso filtri orientati lungo θ_A e θ_B. I possibili altri stati dei fotoni, in questa ipotetica teoria, sono:

(A=1,B=0), (A=0,B=1), (A=0,B=0), (A=1,C=1), (A=1,C=0), (A=0,C=1), (A=0,C=0), (B=1,C=1), (B=1,C=0), (B=0,C=1), (B=0,C=0).

La situazione è identica a quella di un insieme di persone per le quali possiamo definire tre proprietà con due possibili "valori": statura (alto, basso), colore degli occhi (scuro, chiaro), colore dei capelli (nero, biondo). Se le persone di questo insieme sono tutte o alte o basse, o con occhi chiari o con occhi scuri, o con capelli neri o con capelli biondi, allora si può dimostrare che vale la seguente diseguaglianza:

$$\text{Num(alto, occhi chiari)} + \text{Num(occhi scuri, capelli biondi)} \geq \text{Num(alto, capelli biondi)}$$

dove Num(alto, occhi chiari) è il numero di persone alte e con occhi chiari, ecc. Questa disuguaglianza è uno dei modi per esprimere la celebre *disuguaglianza di Bell*. È divertente verificare la disuguaglianza durante una cena o durante una lezione in classe (bisogna allora convenire chi è alto e chi è basso, ponendo per esempio una soglia: sono alti coloro che superano x centimetri, ecc.).

Per tre generiche proprietà A, B, C la disuguaglianza può scriversi:

$$\text{Num(A, nonB)} + \text{Num(B, nonC)} \geq \text{Num(A, nonC)}$$

dove nonB è la proprietà complementare a B (per esempio se B = occhi scuri, allora nonB = occhi chiari). Nel caso che B sia una polarizzazione, nonB vale 0 se B vale 1 e viceversa. Una dimostrazione grafica[11] della disuguaglianza è data nella figura a pagina 94, dove le varie zone della figura individuano i possibili valori di A, B, C.

Supponiamo ora che A, B, C siano le polarizzazioni lungo tre direzioni θ_A, θ_B, θ_C : Num(A, nonB) è allora il numero di fotoni

---

[11] Chi preferisse una dimostrazione "aritmetica" può ragionare come segue: il numero Num(A, nonB) è uguale a Num(A, nonB, C) + Num(A, nonB, nonC) e similmente per Num(B, nonC) e Num(A, nonC). Sostituendo nella disuguaglianza si trova: Num(A, nonB, C) + Num(nonA, B, nonC)$\geq$ 0 che effettivamente è sempre verificata (il membro di sinistra è la somma di due numeri maggiori o uguali a zero).

con polarizzazione A lungo θ_A e polarizzazione nonB lungo θ_B. Supponiamo poi che questi numeri nascano da misure di polarizzazione su fotoni nello stato intrecciato $1/\sqrt{2}\,|0\rangle|1\rangle - 1/\sqrt{2}\,|1\rangle|0\rangle$, dove Alice fa misure sul primo fotone della coppia, e Bob sul secondo. Così facendo Alice e Bob producono fotoni in stati del tipo ipotizzato da EPR. Infatti se Alice misura la polarizzazione lungo θ_A ottenendo un valore A (A=0 oppure A=1) e Bob misura quella lungo θ_B ottenendo un valore B (B=0 oppure B=1), lo stato del fotone di Alice diventa, nell'ipotetica teoria "oggettiva", lo stato (A, nonB). Questo perché i fotoni sono anticorrelati: il valore B della polarizzazione lungo θ_B del fotone di Bob corrisponde al valore nonB della polarizzazione lungo θ_B del fotone di Alice. Con queste misure fatte su un gran numero di coppie di fotoni intrecciati, Alice e Bob possono stilare una lista dei loro risultati e contare quanti risultati corrispondano a (A, nonB), quanti a (B, nonC) e quanti a (A, nonC) per i fotoni di Alice. Questi tre numeri devono soddisfare, in un'ipotetica teoria "oggettiva", la disuguaglianza di Bell.

Ma questi numeri si possono anche calcolare con le regole della meccanica quantistica[12], e per alcune scelte di θ_A, θ_B, θ_C *violano la disuguaglianza di Bell*! Questo è il contenuto fondamentale del lavoro di Bell del 1964.

---

[12] Dalle regole della meccanica quantistica possiamo calcolare la probabilità che Alice ottenga A e Bob ottenga B, che corrisponde alla probabilità Prob(A,nonB) che il fotone di Alice si trovi nello stato (A, nonB) dell'ipotetica teoria "oggettiva". Questa probabilità dipende esclusivamente dalla differenza degli angoli di polarizzazione ed è data da $\frac{1}{2}\sin^2(\theta_A - \theta_B)$. Per esempio se questa differenza è di 30° si trova 1/8, se è di 60° si trova 3/8. Supponiamo che Alice e Bob si accordino per eseguire misure di polarizzazione lungo le tre direzioni $\theta_A = 0$, $\theta_B = 30°$, $\theta_C = 60°$, scegliendo sempre direzioni non coincidenti. Le probabilità diventano Prob(A,nonB)=1/8, Prob(B,nonC)=1/8, Prob(A,nonC)=3/8. Se Alice ha a disposizione un gran numero N di fotoni che fanno parte di coppie in stati intrecciati, troverà un numero di fotoni nello stato (A, nonB) all'incirca uguale a N Prob(A,nonB) = N/8. Quindi Num(A,nonB)=N/8. Analogamente Num(B,nonC)=N/8 e Num(A,nonC)=3N/8. Questi numeri violano la disuguaglianza di Bell: infatti *non è vero* che N/8 + N/8 $\geq$ 3N/8.

Il risultato di Bell implica che le previsioni della meccanica quantistica non sono spiegabili da una teoria locale e oggettiva, del tipo ipotizzato da EPR.

La disuguaglianza di Bell ha spronato i fisici a verificare sperimentalmente in modo diretto la sua violazione in ambito microscopico. Il primo esperimento che mise in luce in modo inequivocabile tale violazione risale al 1982, a opera del gruppo di Alain Aspect a Parigi. Da allora si sono susseguiti esperimenti via via più perfezionati. Nella maggior parte di questi esperimenti si eseguono misure su fotoni polarizzati, secondo uno schema simile a quello discusso in precedenza che fa uso di fluorescenza parametrica per la generazione di fotoni intrecciati. I due polarizzatori posti di fronte ai rivelatori permettono di eseguire misure di polarizzazione lungo direzioni arbitrarie, le quali possono essere scelte addirittura mentre i fotoni sono già "in volo" (questo per evitare qualunque interazione tra apparato di misura e fotoni). Tutti i risultati ottenuti in questi esperimenti confermano le predizioni della meccanica quantistica, evidenziando violazioni della disuguaglianza di Bell.

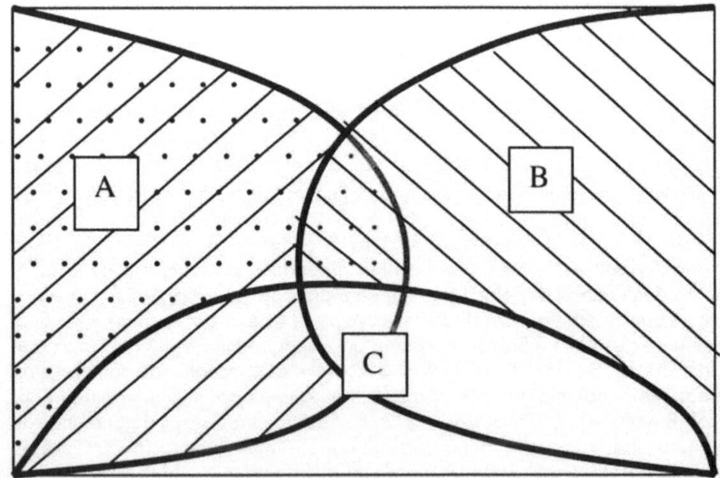

Dimostrazione grafica della disuguaglianza di Bell: l'area punteggiata è sempre contenuta nella somma delle aree tratteggiate

Intreccio, causalità, località

Vi è comunque una caratteristica dell'*entanglement* che sembra avvicinarsi più alla magia che alla realtà fisica. Tale caratteristica, insieme al principio di sovrapposizione, rende l'*entanglement* non *un* ma *il* tratto distintivo della meccanica quantistica, come lo definisce Schrödinger. Si tratta del fatto che ciascuna particella appartenente a una coppia intrecciata, anche se allontanata considerevolmente dall'altra, sembra in grado di "percepire" i cambiamenti di stato dell'altra a seguito di misurazioni. Le cose non stanno proprio così, visto che in un sistema intrecciato non ha senso parlare dello stato delle *singole particelle*, ma solo dello stato *complessivo* del sistema. Però rimane vero che una misura su una delle particelle induce un cambiamento nello stato del sistema, e quindi in qualche modo si riflette anche sulla seconda particella.

Alpha Centauri, la stella più vicina al Sole (circa 4 anni-luce)

Supponiamo di produrre una coppia di fotoni *entangled* sulla Terra[13] e di spedirne uno a un nostro amico su Alpha Centauri, il sistema solare più vicino.

Aspettiamo il tempo necessario alla particella per raggiungere la destinazione (poco più di quattro anni) e infine eseguiamo una misura di polarizzazione sul fotone che abbiamo conservato sulla Terra. Se misuriamo una polarizzazione orizzontale (cioè se il nostro fotone passa attraverso un filtro polarizzatore orizzontale) allora sappiamo che *istantaneamente* la polarizzazione del fotone su Alpha Centauri è verticale. Questo significa che, subito dopo la nostra misura, il nostro amico Centauriano misurerà sicuramente una polarizzazione verticale per il suo fotone. Abbiamo già argomentato che l'amico Centauriano non può *in nessun modo* accorgersi degli effetti della nostra misura sul sistema complessivo, e quindi non

---

[13] Per esempio nello stato $1/\sqrt{2}\,|0\rangle|1\rangle - 1/\sqrt{2}\,|1\rangle|0\rangle$

possiamo interagire *istantaneamente* con lui: è salvo il postulato fondamentale della relatività speciale, per il quale la velocità della luce è una velocità limite per qualunque interazione.

Ma c'è di più: sempre per la relatività speciale, il concetto di simultaneità di due eventi è *relativo*, cioè dipende da come si muove chi osserva questi due eventi. Spieghiamoci con un esempio proposto dallo stesso Einstein: un passeggero si colloca a metà corridoio di una carrozza ferroviaria che sta viaggiando sui binari a una certa velocità. A un certo punto, la carrozza passa davanti a un osservatore fermo a terra. Proprio quando il passeggero sfila davanti all'osservatore due fulmini colpiscono *simultaneamente* le estremità della carrozza, nel senso che all'osservatore a terra, che si trova a *uguale distanza* dai punti colpiti dai fulmini, arriva la luce del primo fulmine contemporaneamente alla luce del secondo fulmine[14]. Quindi i due fulmini sono simultanei *per l'osservatore a terra*. Ma lo sono anche per il passeggero? La risposta, per quanto sorprendente, è negativa! Infatti il passeggero, nell'istante in cui incrocia l'osservatore, sta viaggiando con una certa velo-

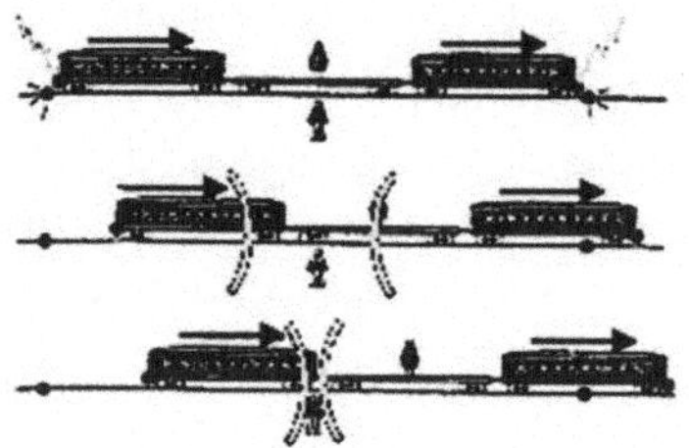

Fulmini simultanei per l'osservatore a terra non lo sono per il viaggiatore sul treno

cità, e quindi si sta spostando verso il punto in cui è caduto uno dei due fulmini e si sta allontanando dal punto in cui è caduto l'altro. Di conseguenza gli arriverà prima la luce del fulmine verso cui si sta avvicinando, e concluderà che quel fulmine è caduto *prima* dell'altro! I due eventi (caduta dei due fulmini) *non sono simultanei per il viaggiatore*!

Che il fluire del tempo, così come misurato da un orologio, dipenda *dallo stato di moto di chi osserva l'orologio*, lo si può anche capire dal seguente ragionamento. Usiamo un orologio particolare, chiamato *orologio di Einstein* e composto da due specchi paralleli, che si riflettono avanti e indietro un raggio di luce: quando il raggio colpisce uno specchio l'orologio fa "tic".

---

[14] Questa è la definizione *operativa* di simultaneità di due eventi, basata su segnali luminosi. Tale definizione può essere adottata da ogni osservatore che si trovi in un sistema di riferimento inerziale, dato che la velocità della luce è la stessa in tutti i sistemi di riferimento inerziali.

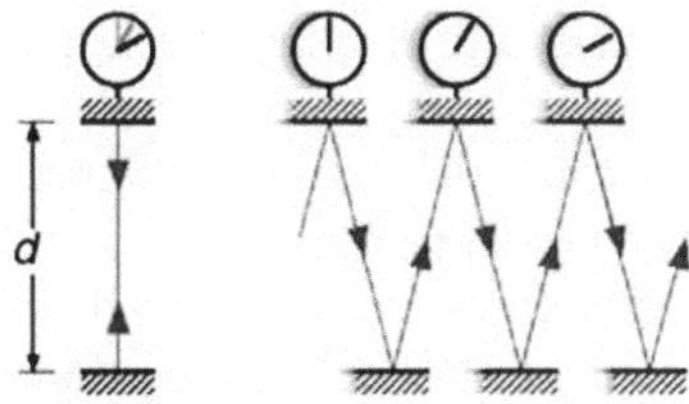

Orologio di Einstein

Se gli specchi sono a distanza di un metro, ci saranno circa 3×10^8 tic in un secondo. Supponiamo che il viaggiatore sul treno possieda un orologio di Einstein, e con questo misuri il tempo. Cosa vede l'osservatore fermo a terra? Come si evince dalla figura di sopra, egli vede un raggio che percorre una distanza *maggiore* di un metro, tra un tic e un altro, per effetto dello spostamento del treno. Ma per il secondo postulato della relatività ristretta la velocità della luce è uguale in tutti i sistemi di riferimento inerziali, quali sono appunto quello del viaggiatore (il treno si sposta a velocità costante) e quello dell'osservatore. Questo significa che, per l'osservatore a terra, il tempo che intercorre tra due tic dell'orologio del viaggiatore è maggiore di quello percepito dal viaggiatore, poiché per l'osservatore a terra la luce fa più strada tra un tic e l'altro, mantenendo la stessa velocità. Allora la frequenza dei "tic" per l'osservatore a terra diminuisce: l'orologio del viaggiatore, visto dall'osservatore a terra, rallenta! Questo effetto relativistico è stato effettivamente osservato su orologi atomici messi in orbita intorno alla Terra.

Ma torniamo all'amico Centauriano, con cui condividiamo una coppia di fotoni *entangled*. Supponiamo di eseguire misure simultanee di polarizzazione, sulla Terra e su Alpha Centauri. Abbiamo visto però che bisogna sempre specificare in quale sistema di riferimento si definisce la simultaneità delle due misure. Si può scegliere per esempio il sistema in cui è fermo il baricentro tra la Terra e Alpha Centauri. Essendo lo stato intrecciato, le misure avranno risultati correlati: se troviamo polarizzazione orizzontale, l'amico Centauriano troverà polarizzazione verticale e viceversa. Ora mettiamoci nei panni di un osservatore che si sposti (rispetto al baricentro) verso Alpha Centauri. Questo osservatore si trova in un diverso sistema di riferimento, e per lui le due misurazioni non sono simultanee, ma avviene prima quella del Centauriano. Quindi potrà ragionare così: il Centauriano ha fatto collassare il sistema intrecciato in uno stato separabile, e il risultato della misura sulla Terra è determinato da questo collasso. La causa del collasso è stata la misura su Alpha Centauri. Tuttavia, un altro osservatore che invece si sposti verso la Terra interpreta la situazione in modo opposto: per lui avviene prima la misura sulla Terra, ed è questa la causa del collasso dello stato del sistema. Nel caso di misure che avvengano simultaneamente in un sistema di riferimento è quindi impossibile ascrivere a una delle due misure la causa del collasso dello stato del sistema. Entrambe possono essere considerate causa del collasso. Fortunatamente non c'è nessun paradosso: non si può parlare di un rapporto fisico di causa/effetto tra i fotoni poiché non c'è interazione fisica tra i fotoni causata dalla misura di uno di questi. Se ci fosse dovrebbe essere superluminale, cioè propagarsi a velocità maggiori di c, ma questo è impossibile per la relatività speciale. Quindi: nessun paradosso, ma sicuramente qualcosa di *non locale* avviene nel sistema dei due fotoni, che senz'altro esula dalla nostra esperienza comune.

Siamo infatti abituati a una realtà in cui se una pallina da tennis è in volo è perché una racchetta l'ha appena colpita trasmettendo a essa un certo impulso. Se vediamo le fronde degli alberi muoversi è perché sono investite dal vento. Se riusciamo a parlare a persone lontane tramite un apparecchio "senza fili" è perché l'elettricità che attraverserebbe i fili è sostituita dalle onde elettromagnetiche che coprono la distanza tra due telefoni trasportando l'informazione vocale in una forma codificata. Siamo cioè abituati al fatto che ogni fenomeno fisico avviene *a causa* e a seguito di un'azione *locale* di un oggetto fisico (per esempio la racchetta) o come conseguenza di un concatenamento di azioni, l'ultima delle quali porta all'avvenimento del fenomeno fisico in questione. In altre parole siamo portati a pensare che processi fisici che avvengono in un posto non possono avere effetto immediato su elementi fisici in un altro luogo, separato dal primo. Questo è quanto afferma il *principio di località*, che a livello macroscopico oltre a essere intuitivo e ragionevole, basa salde fondamenta sulla relatività speciale di Einstein (abbiamo visto che ammettere interazioni superluminali porta a violazioni della *causalità*, rendendo ambiguo il rapporto tra una causa e il suo effetto).

Ma è davvero così importante il concetto di causalità nella costruzione del sapere scientifico?

Per rispondere prendiamo in prestito qualche considerazione sul concetto kantiano di causalità espresso da Grete Hermann agli inizi degli anni '30 del '900 durante una conversazione con Werner Heisenberg e Carl Friedrich von Weizsäcker. Secondo il filosofo Immanuel Kant la legge causale è la base stessa dell'esperienza: se infatti non ci fosse una regola per la quale certe impressioni devono necessariamente conseguire da altre precedenti, le impressioni sensibili sarebbero solo sensazioni soggettive, prive di ogni oggettività. L'esistenza di uno stretto rapporto tra causa ed effetto è un presupposto indispensabile per conferire oggettività alle nostre impressioni, e dato che la scienza si occupa di esperienze oggettive essa deve necessariamente presupporre una legge causale. La Hermann conclude quindi queste prime considerazioni ponendo ai due fisici e sostenitori della nascente teoria dei quanti la seguente domanda: "Stando così le cose, come può la meccanica quantistica mirare ad allentare il legame tra causa ed effetto e contemporaneamente sperare di rimanere nell'ambito delle scienze?"[15].

A questo proposito è opportuno ricordare che il fenomeno dell'*entanglement* (e quindi la meccanica quantistica) viola la località ma non la causalità, e pertanto questi due concetti non sono necessariamente legati tra loro. Chi misura la polarizzazione del fotone sulla Terra infatti non può in alcun modo comunicare istantaneamente il suo risultato all'amico di Alpha Centauri a cui è pervenuto il fotone. Affinché il Centauriano abbia una precisa informazione sul suo fotone, il terrestre deve usare un tipo di comunicazione che sottosta alle leggi della relatività ristretta, la cui velocità cioè non supera quella della luce, per esempio una telefonata via radio.

Quindi la meccanica quantistica non viola la causalità ma porta a fenomeni certamente non locali, come il collasso dello stato di un sistema intrecciato. Questa non località, insieme all'aspetto intrinsecamente probabilistico della descrizione quantistica, non fu mai accettata da Einstein, che appunto la definiva una "fantomatica azione a distanza".

Ancora su EPR e variabili nascoste[16]

Curiosamente nel 1921 Einstein riceve il premio Nobel non per i lavori che maggiormente lo resero famoso e che rivoluzionarono il nostro concetto di spazio e di tempo ma piuttosto per un lavoro

---

15 W. Heisenberg, *Fisica e oltre, incontri con i protagonisti 1920-1965*, Bollati Boringhieri, Torino, 2008, p. 139.
16 In questo paragrafo si approfondisce quanto è stato introdotto in un paragrafo precedente sul "paradosso" di EPR. Per comodità del lettore si ripetono alcune definizioni.

precedente. Come abbiamo già ricordato, nel 1905 egli pubblica un articolo in cui dà la corretta interpretazione dell'allora discusso effetto fotoelettrico, processo in cui i metalli emettono elettroni se colpiti da una radiazione elettromagnetica. Questo lavoro evidenziava l'aspetto corpuscolare ovvero *quantistico* della luce (e dell'energia), mentre all'epoca sembrava consolidata l'ipotesi ondulatoria. Per questo motivo Einstein viene a pieno titolo collocato tra i padri della meccanica quantistica. Egli tuttavia fin dagli albori di questa teoria dedicò buona parte delle sue energie a dare spiegazioni alternative dei fenomeni quantistici che meglio si conciliassero con la sua concezione del mondo fisico.

Einstein prese in prestito proprio l'*entanglement*, di cui si era inferita l'esistenza a partire da considerazioni puramente matematiche sui fenomeni quantistici, per sferrare quello che doveva essere il più potente attacco alla meccanica quantistica. Paradossalmente fu questo attacco, basato su un esperimento mentale e pubblicato nel 1935 insieme ai colleghi Boris Podolsky e Nathan Rosen, a permettere un miglioramento della comprensione della meccanica quantistica e a gettare le basi per un esperimento reale che portò anni dopo all'effettiva osservazione dell'*entanglement*.

Il titolo dell'articolo, che divenne in seguito noto semplicemente con il nome "EPR", è una domanda che suona come una sfida: *può la descrizione quantomeccanica della realtà fisica essere considerata completa?* L'articolo quindi inizia con la considerazione: "Per giudicare la bontà di una teoria possiamo chiederci: (1) la teoria è corretta? (2) la descrizione data dalla teoria è completa?"

A quanto si evince fin dal titolo, EPR metteva in dubbio non la correttezza ma la completezza della meccanica quantistica. Infatti l'articolo prosegue in questo modo:

> qualsiasi sia il significato che diamo al termine *completo* per una teoria completa sembra essere necessaria la seguente richiesta: *tutti gli elementi della realtà fisica devono avere una controparte nella teoria fisica* […] si può quindi rispondere facilmente alla seconda domanda non appena siamo in grado di decidere quali sono gli elementi della realtà fisica.

Poco dopo si trova la definizione di *elementi di realtà* fisica: "se, senza disturbare in alcun modo il sistema, riusciamo a predire con certezza [...] il valore di una quantità fisica, allora esiste un elemento della realtà fisica corrispondente a questa quantità fisica".

L'assunzione che il mondo fisico possa essere analizzato correttamente in termini di elementi di realtà distinti e separati viene chiamata *realismo locale*. L'articolo prosegue con l'esperimento mentale vero e proprio che riguarda i valori di posizione e velocità assunti da due particelle *entangled* (vedi il paragrafo sul paradosso EPR), e conclude che la teoria quantistica è incompleta non potendo contenere tutti gli elementi di realtà.

Diciassette anni dopo, nel 1952, David Bohm elabora una versione semplificata dell'esperimento mentale di EPR che rende più chiara e concisa l'esposizione del "paradosso", usando come grandezze fisiche incompatibili non più la posizione e la quantità di moto, che possono assumere valori continui, bensì due componenti ortogonali dello spin, che invece assumono solo valori discreti, e più precisamente valori binari: *su* o *giù* esattamente come la polarizzazione di un fotone può assumere solo due valori una volta scelta la base in cui misurarla.

La conclusione dell'articolo EPR è che non possono coesistere, senza contraddizioni, le ipotesi di realismo (esistenza di elementi di realtà), località e completezza. Einstein e collaboratori, non volendo abbandonare le ipotesi di realismo e di località, sostengono che la meccanica quantistica è una teoria incompleta e ipotizzano l'esistenza di una teoria, ancora da scoprire, contenente variabili che tengano conto di tutti gli elementi fisici di realtà; rispetto a tale teoria *completa* la meccanica quantistica giocherebbe un ruolo di approssimazione statistica. Naturalmente questa ipotetica teoria deve riprodurre tutti i risultati, confermati dagli esperimenti, della meccanica quantistica.

Ma come può una tale "teoria a variabili nascoste", per la quale le correlazioni tra particelle non sono più dovute all'*entanglement* ma a variabili non visibili di cui sono dotate le singole particelle, prevedere gli stessi risultati che si hanno in una situazione descritta dalla meccanica quantistica tramite l'*entanglement*?

Prendiamo per esempio la situazione, considerata in un paragrafo precedente di questo capitolo, di una sorgente di coppie di fotoni nello stato intrecciato $1/\sqrt{2}\,|0\rangle|1\rangle - 1/\sqrt{2}\,|1\rangle|0\rangle$. La meccanica quantistica prevede che Alice e Bob, che ricevono ciascuno un fotone della coppia e ne misurano la polarizzazione lungo la stessa direzione, ottengano risultati anticorrelati: se Alice misura una polarizzazione verticale (il fotone passa attraverso il polarizzatore verticale), Bob troverà una polarizzazione orizzontale (il fotone non passa attraverso il polarizzatore verticale) e viceversa. Questo succede qualunque sia la direzione di polarizzazione scelta per la misura: se Alice misura una polarizzazione lungo la direzione θ (il fotone passa attraverso il polarizzatore lungo θ), Bob troverà una polarizzazione lungo la direzione $\theta + 90°$ (il fotone non passa attraverso il polarizzatore lungo θ) e viceversa. Supponiamo che Alice e Bob si accordino per fare misure di polarizzazione lungo due possibili direzioni: direzione verticale, cioè con $\theta = 0°$, e direzione obliqua con $\theta = 45°$. Si hanno due possibili casi:

1. Alice e Bob eseguono la misura con polarizzatori lungo la stessa direzione (entrambi verticali o entrambi a 45°). I risultati che ottengono sono anticorrelati: se il fotone di Alice passa attraverso il suo polarizzatore, quello di Bob ne viene assorbito e viceversa.

2. Alice e Bob eseguono la misura con polarizzatori lungo direzioni diverse (uno verticale e l'altro a 45°). Allora se il fotone di Alice passa il polarizzatore, il fotone di Bob passa il polarizzatore con probabilità ½. Questo perché un fotone polarizzato a 45° rispetto alla direzione di un polarizzatore verticale ha probabilità ½ di attraversare il polarizzatore.

Dopo una lunga serie di misure, Alice e Bob troveranno che all'incirca metà dei fotoni emessi dalla sorgente passa attraverso i loro polarizzatori. Se poi confrontano i risultati, possono controllare le anticorrelazioni quando hanno usato la stessa orientazione per il polarizzatore, e la distribuzione con probabilità ½ quando usano direzioni diverse; in questo modo verificano le predizioni della meccanica quantistica.

Questi risultati possono essere riprodotti anche da una teoria con variabili nascoste: ipotizziamo che non esistano stati intrecciati, ma che esistano fotoni con *polarizzazioni definite in due direzioni diverse*, e precisamente fotoni che abbiano queste proprietà:

1. passano attraverso una polarizzazione verticale e passano attraverso un polarizzatore a 45°;

2. passano attraverso una polarizzazione verticale e vengono assorbiti da un polarizzatore a 45°;
3. vengono assorbiti da una polarizzazione verticale e passano attraverso un polarizzatore a 45°;
4. vengono assorbiti da una polarizzazione verticale e vengono assorbiti da un polarizzatore a 45°.

Possiamo immaginare allora una sorgente che emetta fotoni in due modi: di tipo 1) verso Alice e di tipo 4) verso Bob (o viceversa) oppure di tipo 2) verso Alice e di tipo 3) verso Bob (o viceversa). Così si riproducono le anticorrelazioni quando Alice e Bob usano per la misura polarizzatori orientati nella stessa direzione. Se poi la sorgente emette queste coppie di fotoni con la distribuzione statistica:

- con 25% di probabilità fotoni di tipo 1 verso Alice e 4 verso Bob;
- con 25% di probabilità fotoni di tipo 4 verso Alice e 1 verso Bob;
- con 25% di probabilità fotoni di tipo 2 verso Alice e 3 verso Bob;
- con 25% di probabilità fotoni di tipo 3 verso Alice e 2 verso Bob;

viene riprodotta *esattamente* la distribuzione dei risultati prevista dalla meccanica quantistica (e cioè circa metà dei fotoni passa attraverso i polarizzatori di Alice e di Bob, con le corrette correlazioni).

Notiamo che in questo caso la probabilità descrive una nostra ignoranza sul sistema (non sappiamo prevedere con certezza che tipo di coppia di fotoni emetterà la sorgente, esattamente come non sappiamo prevedere se il lancio di una moneta darà testa o croce) e non una proprietà intrinseca del sistema. Possiamo quindi sperare di riuscire a costruire una teoria che sia in grado di prevedere il comportamento della sorgente, e in questo modo verrebbe salvaguardato il determinismo della realtà fisica.

Se si restringono le misure solo a *due direzioni di polarizzazione*, la teoria delle variabili nascoste è sperimentalmente indistinguibile dalla teoria della meccanica quantistica. Come si può notare, tale spiegazione dell'*entanglement* risolve sia il problema della non-località, sia quello dell'indeterminismo della meccanica quantistica, dato che le proprietà di polarizzazione sono elementi di realtà ovvero determinate a priori e indipendentemente dalla misura. Almeno in linea di principio è possibile predire le proprietà di ogni oggetto fisico, dato che tali proprietà esistono indipendentemente dalla nostra misurazione. Di conseguenza anche la violazione della località non ha più senso di essere, dato che entrambi i componenti della coppia non comunicano a distanza ma "si accordano" sul valore da assumere nel momento nella loro comune creazione e quindi prima di essere allontanati.

Tuttavia, come abbiamo visto nel paragrafo sulla disuguaglianza di Bell, una teoria a variabili nascoste non è più in grado di simulare i risultati della meccanica quantistica quando si complica un po' la situazione. Se per esempio si prendono *tre* direzioni possibili per le misure di polarizzazione di Alice e Bob, una teoria realistica e locale implica una disuguaglianza che invece viene violata dalla meccanica quantistica. Si deve concludere che il mondo microscopico non può essere descritto da una teoria realistica e locale.

"Ciò a cui state per assistere non è magia, è pura scienza"[17]

Dopo il 1964, anno in cui John Bell pubblica l'articolo sulla disuguaglianza che lo renderà famoso, il dibattito comunque rimane aperto. Il fisico irlandese non si sbilancia né verso la teoria dei quanti né verso quella delle variabili nascoste, si limita piuttosto a fornire gli strumenti concettuali per effettuare un esperimento reale (non più mentale) dall'esito binario: la violazione della sua disuguaglianza avrebbe dato ragione una volta per tutte ai sostenitori della meccanica quantistica; la non violazione delle stesse al contrario avrebbe stabilito l'effettiva incompletezza della descrizione quantomeccanica del mondo microscopico.

L'unico problema a quel punto era ideare un apparato sperimentale tale da ricreare e mantenere la condizione di *entangle-*

---

[17] Frase con cui Robert Angier, protagonista del film *The Prestige*, si rivolge al proprio pubblico poco prima di entrare nella macchina per il teletrasporto umano.

Alain Aspect

ment fragile per sua natura: una qualunque interazione casuale con l'apparato sperimentale equivale infatti all'operazione distruttiva di misura; più interazioni di questo tipo portano alla *decoerenza* ovvero alla distruzione della correlazione tra le particelle.

I primi esperimenti volti a verificare l'esistenza o meno dell'*entanglement* fecero uso di coppie di fotoni (anziché di elettroni o di altre particelle), più facili da produrre, mantenere e analizzare. Un esperimento decisivo fu quello condotto nel 1982 a Orsay da un gruppo francese guidato da Alain Aspect.

Aspect utilizzò la cascata atomica per creare coppie di fotoni *entangled*. Si tratta di un fenomeno prodotto dall'interazione di un atomo di calcio con un fascio laser: il trasferimento di energia dal laser all'atomo comporta l'eccitazione degli elettroni atomici, cioè il salto di questi dai loro livelli energetici di partenza (stati fondamentali) ai livelli superiori. Spento il laser ciascun elettrone tende a tornare alla sua orbita originaria e nel fare questo emette, sotto forma di fotoni, l'energia che gli è stata trasferita dal laser. Talvolta esso emette due fotoni correlati che percorrono due cammini opposti rispetto alla sorgente. Di tutte le coppie create si selezionano, tramite due collimatori, solo quelle dirette verso i rivelatori predisposti dagli sperimentatori.

A pagina seguente è mostrato lo schema sperimentale utilizzato dal gruppo di Orsay.

Lungo il percorso di ciascuno dei due fotoni viene inserito un *polarizing beamsplitter* (separatore di fascio polarizzante), in grado di deviare o far proseguire indisturbato un fotone a seconda della direzione di polarizzazione del fotone stesso. Se il fotone arriva con polarizzazione (supponiamo) verticale viene lasciato proseguire indisturbato il suo percorso; se invece il fotone che arriva al *beamsplitter* ha polarizzazione orizzontale quest'ultimo devia la sua direzione di 90°. Se infine il fotone arriva in uno stato di polarizza-

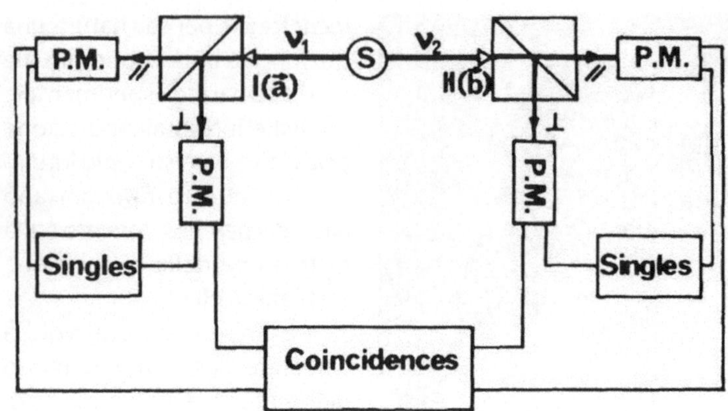

Verifica dell'entanglement di fotoni (gruppo di Orsay, 1982)

zione sovrapposto (con uguali coefficienti) non sappiamo a priori da che lato del *beamsplitter* esso uscirà poiché vi è una probabilità del 50% che esso venga deviato e una probabilità del 50% che venga lasciato proseguire indisturbato.

L'uso di uno strumento come il *beamsplitter* diede una marcia in più all'esperimento di Aspect rispetto ai precedenti tentativi di verificare le disuguaglianze di Bell. Questi ultimi infatti utilizzavano delle semplici lastre polaroid che potevano far passare oppure assorbire il fotone in arrivo. In questo modo però il 50% circa dei fotoni emessi veniva assorbito dalla lastra e quindi perso per sempre, con il risultato che si dimezzavano i dati utili alla statistica. Altri fotoni venivano poi persi a causa della bassa efficienza del sistema di rilevazione e del suo ristretto angolo di accettanza. In questo modo, nel caso in cui un fotone della coppia non veniva rivelato, non si poteva distinguere tra la perdita a causa della bassa efficienza dei rivelatori o a causa dell'assorbimento da parte di un polarizzatore. L'utilizzo di *beamsplitter* invece eliminò il problema dell'assorbimento da parte del polarizzatore aumentando così i dati utili.

Come mostrato nello schema, i rivelatori necessari in questo apparato sperimentale sono quattro: due per ogni fotone diretto verso un *beamsplitter*. Tutti e quattro i rivelatori sono poi collegati a un sistema di conteggio delle coincidenze: nel momento in cui questi rivelatori ricevono due fotoni contemporaneamente segnano un conteggio.

Una volta montato su banco ottico tutto il necessario all'esperimento, si trattava di osservare il comportamento dei fotoni al variare dell'orientazione dei *beamsplitter* montati su due meccanismi che ne permettevano la rotazione. L'operazione di ruotare i *beamsplitter* è equivalente a ruotare un filtro polaroid di un certo angolo. Lo scopo dell'esperimento era infatti quello di verificare il livello di correlazione, dato dal numero di coincidenze registrate tra le particelle in corrispondenza di precisi angoli che formavano le direzioni dei due analizzatori di polarizzazione. Gli angoli in cui le predizioni della teoria a variabili nascoste e le predizioni della meccanica quantistica si scostavano di più erano 22,5° e 67,5°. La teoria delle variabili nascoste prevedeva un andamento lineare della correlazione in funzione dell'angolo tra i due polarizzatori come mostrato nella figura di sinistra, mentre la teoria quantistica prevedeva un andamento del tipo mostrato nella figura a destra.

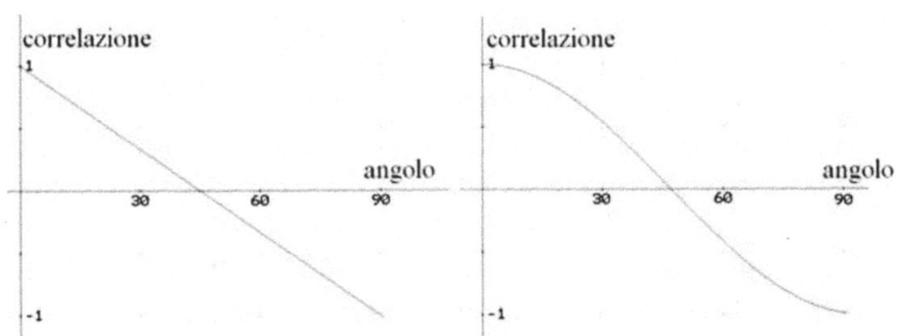

Predizione della teoria a variabili nascoste   Predizione della meccanica quantistica
per la correlazione in funzione dell'angolo tra i due polarizzatori

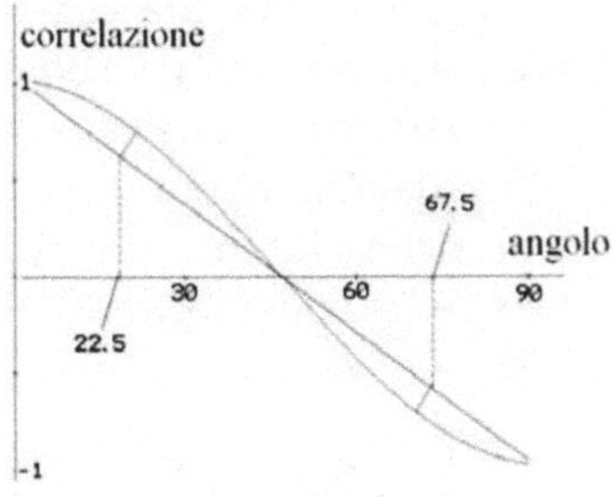

Comparazione delle predizioni

Come si vede poi dalla sovrapposizione dei due andamenti, mostrati qui a lato, si ha la maggiore distanza tra le due curve in corrispondenza degli angoli sopracitati.

Il grafico ottenuto dai risultati dell'esperimento del gruppo francese è il seguente.

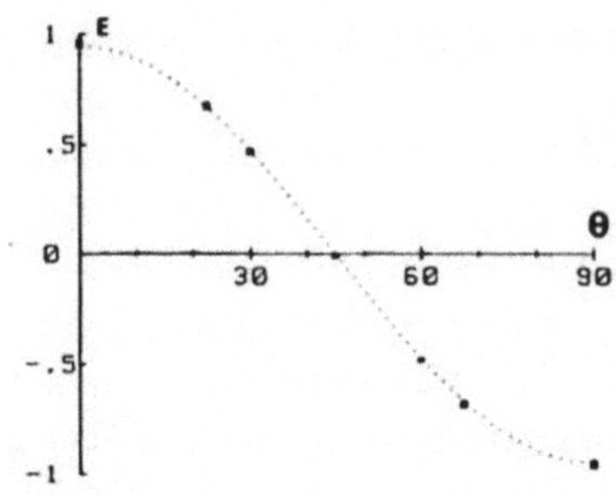

Risultati sperimentali (gruppo di Orsay, 1982)

Come si può notare l'accordo dei dati con la predizione quantistica è eccellente!

In base a questa descrizione dell'esperimento, qualcuno potrebbe sollevare un'obiezione: e se un fotone o un analizzatore mandasse qualche tipo di comunicazione all'altro fotone, in modo che quest'ultimo possa aggiustarsi simulando una correlazione? Allora potrebbe cadere la dimostrazione della non-località, secondo cui i fotoni *entangled* sono correlati senza dover comunicare tra loro. Lo stesso John Bell auspicava che l'apparato sperimentale costruito per verificare la disuguaglianza evitasse questa possibilità di aggirare la non-località. Egli infatti scrive:

> Le regolazioni degli strumenti vengono effettuate con un anticipo sufficiente da permettere loro di entrare in relazione reciproca per mezzo di uno scambio di segnali a una velocità minore o uguale a quella della luce. In un esperimento di questo tipo il risultato al polarizzatore 1 potrebbe dipendere dall'orientamento del polarizzatore lontano 2 e viceversa. La condizione di località, quindi, non varrebbe e non potrebbe nemmeno essere sottoposta a controllo.[18]

Considerando proprio queste parole, Aspect pone i due rivelatori a una distanza di 13 metri l'uno dall'altro e mette in atto un meccanismo di interposizione di lenti polaroid su entrambi i bracci dell'esperimento, l'orientazione delle quali varia in modo casuale ogni 10 nanosecondi. Il tipo di misura sulle particelle viene quindi deciso dopo che queste vengono emesse dalla sorgente e poco prima che esse siano misurate. Quindi se anche il fotone misurato provasse a comunicare all'altro o alla sorgente l'orientazione del

---

[18] A. Aczel, *Entanglement: il più grande mistero della fisica*, Cortina, Milano, 2004, p. 175.

filtro attraverso il quale è appena passato, a velocità luminale ci metterebbe 20 nanosecondi (miliardesimi di secondo) a raggiungere la sorgente, e 40 nanosecondi per arrivare all'altro ramo dell'esperimento: troppo per riuscire a influenzare sia la polarizzazione dell'altro fotone sia la sorgente affinché essa produca coppie di fotoni polarizzati in un certo modo.

Con questa modifica dell'esperimento non solo continua a verificarsi l'"azione a distanza" tra due fotoni ma, raccogliendo molti dati e facendone l'opportuna analisi statistica, Aspect trova che la diseguaglianza di Bell viene violata con uno scarto superiore a cinque deviazioni standard[19]! Questo vuol dire che, anche considerando le imprecisioni sperimentali, solitamente responsabili di uno scostamento più o meno ampio del valore misurato da quello atteso teoricamente, il risultato si scosta inequivocabilmente dalle previsioni della fisica classica. Si tratta quindi di un'eclatante conferma della meccanica quantistica e dei suoi fenomeni non locali.

Nel 1997 arrivò un'ulteriore conferma della non-località. Nicolas Gisin dimostra la permanenza dell'*entanglement* tra fotoni su una distanza di 11 chilometri, fotoni fatti viaggiare su fibre ottiche e non più in aria come era avvenuto per tutti gli esperimenti precedenti. Ulteriori esperimenti sull'*entanglement* vengono svolti a partire dalla fine degli anni '80. Molti di questi, soprattutto verso la fine degli anni '90, sono volti non tanto a verificare l'*entanglement* ma a usarlo per sondare un'altra possibilità straordinaria regalataci dal mondo microscopico… niente meno che il teletrasporto! Il Capitolo 7 sarà interamente dedicato a questo argomento.

Negli anni successivi, con il raffinamento delle tecniche ottiche, si susseguirono esperimenti sempre più precisi e con una maggiore efficienza di produzione e mantenimento di coppie *entangled*. Il metodo utilizzato per produrre coppie *entangled* fin dai primi tentativi di verifica della disuguaglianza di Bell fu quello della cascata atomica, lo stesso usato da Aspect. Successivamente i fisici sperimentali usarono altri metodi e attualmente quello maggiormente utilizzato viene chiamato *Spontaneous Parametric Down-Conversion* (SPDC) che in italiano prende il nome di *Fluorescenza Parametrica*.

---

[19] La deviazione standard è una quantità statistica che indica quanto i valori misurati sono lontani dal valore atteso.

Questa tecnica fa uso di cristalli detti *non-lineari* come il borato di bario e lo iodato di litio i quali, investiti da una luce laser, sono in grado di produrre occasionalmente fotoni *entangled* in frequenza, in polarizzazione e in direzione (ovvero nella posizione rispetto a un piano perpendicolare ai fasci). Infatti, poiché lo stato del cristallo non cambia durante il processo, i due fotoni prodotti devono conservare l'energia e la quantità di moto di quello che li ha generati. Questo determina, tra l'altro, un legame tra gli angoli di emissione dei due fotoni. In determinate condizioni, i fotoni fuoriescono dal cristallo con due angoli uguali e opposti rispetto alla direzione di propagazione del fotone originario.

Se si osserva il fenomeno inviando un fascio di molti fotoni attraverso il cristallo e si registrano le posizioni con cui i fotoni *entangled* prodotti dal cristallo impattano su uno schermo, si nota una loro distribuzione angolare uniforme e si osserva sullo schermo una serie di anelli concentrici di colori diversi (i colori infatti dipendono dalla frequenza legata a sua volta all'energia).

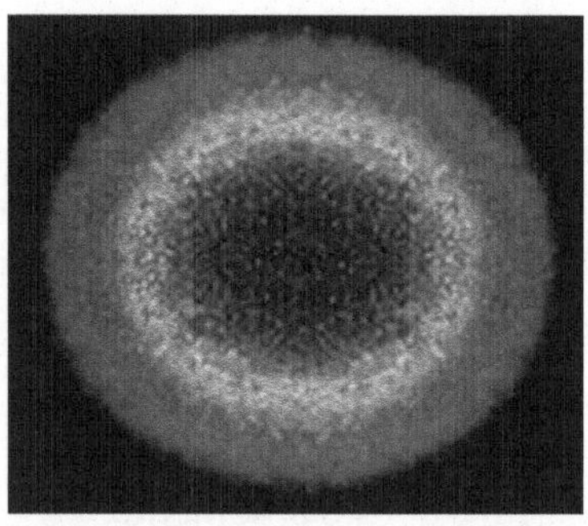

Luce emessa dalla fluorescenza parametrica (SPDC)

La distribuzione uniforme implica una totale incertezza sull'angolo di emissione di un singolo fotone. Tuttavia la misura dell'angolo di emissione di un fotone di una coppia *entangled* determina univocamente l'angolo di uscita, e quindi la posizione su uno schermo, dell'altro fotone della coppia.

Solo una piccola percentuale di fotoni del fascio laser genera coppie *entangled*: per aumentare la probabilità di questo evento si usa un laser ad alta potenza e ad alta frequenza, che produce un fascio di luce ultravioletta. I fotoni che fuoriescono dal cristallo viaggiano lungo due coni che possono essere concentrici (SPDC di tipo I, come nella figura precedente) oppure possono intersecarsi (SPDC di tipo II, come nella figura a pagina seguente). Nel primo caso le polarizzazioni dei fotoni appartenenti a due fasci diversi sono parallele, nel secondo caso perpendicolari.

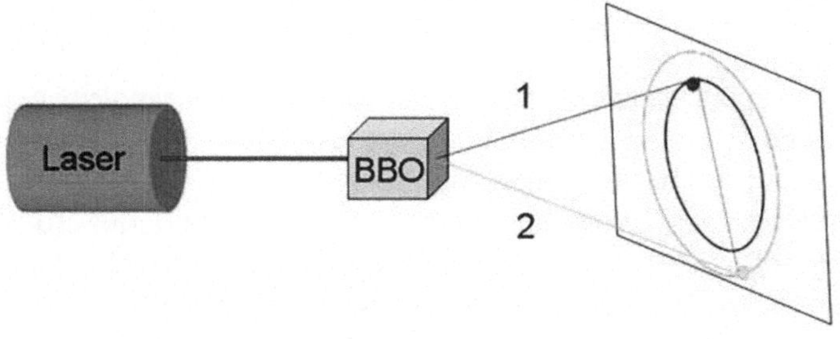

Conservazione di energia $\qquad \omega_{laser} = \omega_1 + \omega_2$

Conservazione del momento $\qquad k_{laser} = k_1 + k_2$

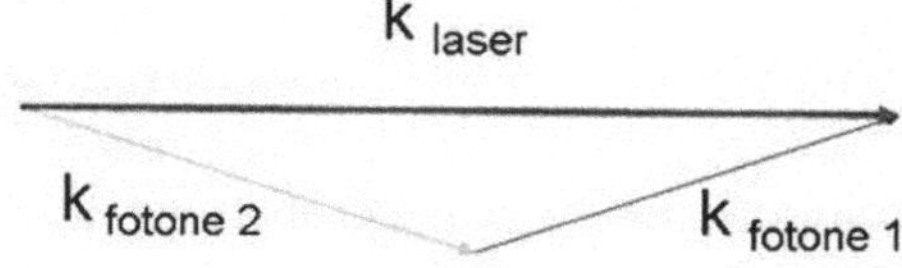

Conservazione dell'energia e dell'impulso dei fotoni nella SPDC

Nel caso mostrato in figura gli anelli sono di colore rosso (frequenza bassa nello spettro visibile) e blu (frequenza alta): la somma delle due frequenze dà all'incirca quella della luce ultravioletta. I fotoni dell'anello rosso sono polarizzati verticalmente mentre quelli dell'anello blu sono polarizzati orizzontalmente. I fotoni contenuti nelle due intersezioni tra i coni hanno polarizzazione non definita ma complementare: se i fotoni dell'intersezione di sinistra risultano (con una misura) avere polarizzazione

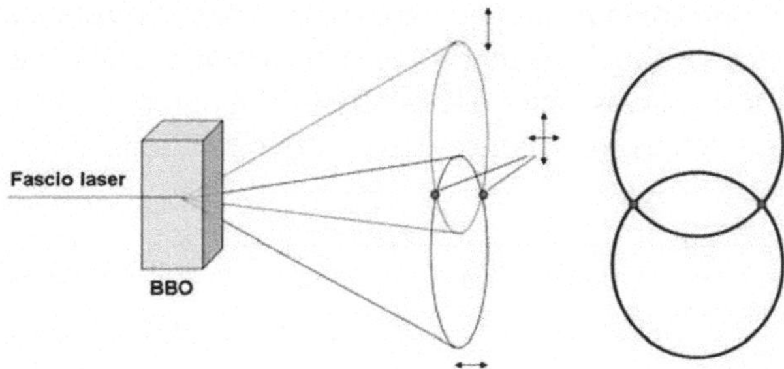

Fluorescenza parametrica di tipo II

verticale, allora quelli di destra avranno sicuramente polarizzazione orizzontale.

Il primo a usare questa tecnica per studiare l'*entanglement* fu Leonard Mandel insieme al suo studente di dottorato Rupamanjari Ghosh: i risultati degli esperimenti furono pubblicati nel 1987 in *Physical Review Letters,* e confermarono la validità di quanto già sostenuto da Bohm in una delle sue risposte alle critiche di Einstein alla teoria quantistica: non è corretto pensare a due particelle *entangled* come a due entità separate.

Concludendo...

L'*entanglement* quindi esiste. Esso è effettivamente il tratto distintivo della meccanica quantistica includendone tutte le caratteristiche: principio di sovrapposizione e di indeterminazione, effetto della misura, comportamento intrinsecamente statistico e non località. Aver provato l'esistenza di questo fenomeno equivale quindi a una riconferma dell'intera teoria. Il "paradosso" di EPR deriva dal fatto di voler insistere a descrivere classicamente, secondo i principi di località e realtà, un fenomeno che appartiene solo al mondo microscopico: le leggi che regolano questo mondo sono diverse da quelle che descrivono quello macroscopico[20].

La pubblicazione dell'articolo EPR, uscito sul numero del 15 maggio 1935 della rivista americana *Physical Review*, fece infuriare Wolfgang Pauli, uno dei fondatori della teoria quantistica e padre del "principio di esclusione" per gli elettroni atomici: egli era infatti preoccupato che l'opinione della comunità scientifica americana si volgesse contro la meccanica quantistica. In realtà la sfida lanciata da EPR è stata estremamente utile per una comprensione più profonda dei fenomeni quantistici, mettendo in evidenza la non località dei fenomeni a scala microscopica e le caratteristiche non classiche e anzi intrinsecamente probabilistiche del processo di misura.

---

[20] Le leggi della meccanica quantistica si riducono a quelle della meccanica classica quando vengono applicate a corpi macroscopici (matematicamente questo equivale a far tendere la costante di Planck a zero), quindi la meccanica classica può vedersi come una teoria "emergente" dalla meccanica quantistica a scale macroscopiche.

Werner Heisenberg, che fu tra i giovani pionieri della meccanica quantistica, di fronte a tutte le rimostranze mosse soprattutto dalla precedente generazione di fisici nei confronti della nascente meccanica quantistica scrive:

> Se mi chiedessero qual è stato, a parer mio, il più grande merito di Cristoforo Colombo, non risponderei la scoperta dell'America o l'idea di raggiungere l'Oriente viaggiando verso occidente – idea non nuova, basata com'era sulla sfericità della Terra – né la cura con cui preparò la sua spedizione o l'abilità con cui guidò la flottiglia [...]. La sua massima impresa fu invece la decisione di lasciarsi alle spalle le regioni note del mondo e di far vela verso ovest navigando oltre il punto di non-ritorno. Anche nelle scienze non si possono scoprire nuove terre se non si è pronti a lasciarsi indietro il porto sicuro delle conoscenze acquisite e a correr il rischio di avventurarsi nell'ignoto. [...] quando ci si accinge a indagare campi nuovi può avvenire che sia necessario mutare la struttura stessa del pensiero scientifico, e ciò va al di là delle possibilità di gran parte degli esseri umani.[21]

Il fisico statunitense Leonard Susskind, professore alla Stanford University, è solito iniziare le sue lezioni di relatività o di meccanica quantistica affermando che tramite i processi di evoluzione abbiamo ereditato un'intuizione che si applica bene solo al mondo fisico che sperimentiamo tutti i giorni. L'evoluzione infatti non ci ha provvisto dei mezzi per immaginarci cosa succede se ci spostiamo a velocità prossime a quella della luce, o per visualizzare un elettrone e il suo moto. La nostra rappresentazione mentale di particella come un oggetto caratterizzato da una determinata posizione e velocità a un certo istante è dovuta alla nostra esperienza quotidiana macroscopica. Perché dovremmo avere la capacità di "capire" il principio di indeterminazione se non fa parte della nostra esperienza ordinaria, né tanto meno è

---

[21] W. Heisenberg, *Fisica e oltre, incontri con i protagonisti 1920-1965*, Bollati Boringhieri, Torino, 2008, p. 90.

utile alla nostra quotidiana sopravvivenza? Per questo motivo i fenomeni appartenenti al mondo dell'infinitamente piccolo ci appaiono estremamente bizzarri.

Sebbene ormai la meccanica quantistica sia una teoria consolidata e abbia ottenuto solo conferme a livello sperimentale, sia tra i fisici che tra i filosofi della scienza rimane ancora aperto un dibattito riguardo la sua interpretazione. Il teorema (o disug-

---

MAY 15, 1935   PHYSICAL REVIEW   VOLUME 47

Can Quantum-Mechanical Description of Physical Reality Be Considered Complete?

A. EINSTEIN, B. PODOLSKY AND N. ROSEN, *Institute for Advanced Study, Princeton, New Jersey*

(Received March 25, 1935)

In a complete theory there is an element corresponding to each element of reality. A sufficient condition for the reality of a physical quantity is the possibility of predicting it with certainty, without disturbing the system. In quantum mechanics in the case of two physical quantities described by non-commuting operators, the knowledge of one precludes the knowledge of the other. Then either (1) the description of reality given by the wave function in quantum mechanics is not complete or (2) these two quantities cannot have simultaneous reality. Consideration of the problem of making predictions concerning a system on the basis of measurements made on another system that had previously interacted with it leads to the result that if (1) is false then (2) is also false. One is thus led to conclude that the description of reality as given by a wave function is not complete.

1.

ANY serious consideration of a physical theory must take into account the distinction between the objective reality, which is independent of any theory, and the physical concepts with which the theory operates. These concepts are intended to correspond with the objective reality, and by means of these concepts we picture this reality to ourselves.

In attempting to judge the success of a physical theory, we may ask ourselves two questions: (1) "Is the theory correct?" and (2) "Is the description given by the theory complete?" It is only in the case in which positive answers may be given to both of these questions, that the concepts of the theory may be said to be satisfactory. The correctness of the theory is judged by the degree of agreement between the conclusions of the theory and human experience. This experience, which alone enables us to make inferences about reality, in physics takes the form of experiment and measurement. It is the second question that we wish to consider here, as applied to quantum mechanics.

Whatever the meaning assigned to the term *complete*, the following requirement for a complete theory seems to be a necessary one: *every element of the physical reality must have a counterpart in the physical theory.* We shall call this the condition of completeness. The second question is thus easily answered, as soon as we are able to decide what are the elements of the physical reality.

The elements of the physical reality cannot be determined by *a priori* philosophical considerations, but must be found by an appeal to results of experiments and measurements. A comprehensive definition of reality is, however, unnecessary for our purpose. We shall be satisfied with the following criterion, which we regard as reasonable. *If, without in any way disturbing a system, we can predict with certainty (i.e., with probability equal to unity) the value of a physical quantity, then there exists an element of physical reality corresponding to this physical quantity.* It seems to us that this criterion, while far from exhausting all possible ways of recognizing a physical reality, at least provides us with one

Prima pagina dell'articolo di EPR

uaglianza) di Bell, ricavato da profonde riflessioni condotte sull'articolo EPR, pone al centro dell'attenzione i concetti di località e realtà. Se, come effettivamente accade, la disuguaglianza di Bell viene violata, allora una delle due o entrambe le assunzioni devono cadere a livello quantistico. Le opinioni a riguardo sono diverse: in ogni caso si può affermare che il mondo non è *localmente realistico*.

III.5 ON THE EINSTEIN PODOLSKY ROSEN PARADOX*

JOHN S. BELL†

I. Introduction

THE paradox of Einstein, Podolsky and Rosen [1] was advanced as an argument that quantum mechanics could not be a complete theory but should be supplemented by additional variables. These additional variables were to restore to the theory causality and locality [2]. In this note that idea will be formulated mathematically and shown to be incompatible with the statistical predictions of quantum mechanics. It is the requirement of locality, or more precisely that the result of a measurement on one system be unaffected by operations on a distant system with which it has interacted in the past, that creates the essential difficulty. There have been attempts [3] to show that even without such a separability or locality requirement no "hidden variable" interpretation of quantum mechanics is possible. These attempts have been examined elsewhere [4] and found wanting. Moreover, a hidden variable interpretation of elementary quantum theory [5] has been explicitly constructed. That particular interpretation has indeed a grossly non-local structure. This is characteristic, according to the result to be proved here, of any such theory which reproduces exactly the quantum mechanical predictions.

II. Formulation

With the example advocated by Bohm and Aharonov [6], the EPR argument is the following. Consider a pair of spin one-half particles formed somehow in the singlet spin state and moving freely in opposite directions. Measurements can be made, say by Stern-Gerlach magnets, on selected components of the spins $\vec{\sigma}_1$ and $\vec{\sigma}_2$. If measurement of the component $\vec{\sigma}_1 \cdot \vec{a}$, where $\vec{a}$ is some unit vector, yields the value $+1$ then, according to quantum mechanics, measurement of $\vec{\sigma}_2 \cdot \vec{a}$ must yield the value -1 and vice versa. Now we make the hypothesis [2], and it seems one at least worth considering, that if the two measurements are made at places remote from one another the orientation of one magnet does not influence the result obtained with the other. Since we can predict in advance the result of measuring any chosen component of $\vec{\sigma}_2$, by previously measuring the same component of $\vec{\sigma}_1$, it follows that the result of any such measurement must actually be predetermined. Since the initial quantum mechanical wave function does *not* determine the result of an individual measurement, this predetermination implies the possibility of a more complete specification of the state.

Let this more complete specification be effected by means of parameters λ. It is a matter of indifference in the following whether λ denotes a single variable or a set, or even a set of functions, and whether the variables are discrete or continuous. However, we write as if λ were a single continuous parameter. The result A of measuring $\vec{\sigma}_1 \cdot \vec{a}$ is then determined by $\vec{a}$ and λ, and the result B of measuring $\vec{\sigma}_2 \cdot \vec{b}$ in the same instance is determined by $\vec{b}$ and λ, and

*Work supported in part by the U.S. Atomic Energy Commission
†On leave of absence from SLAC and CERN

Originally published in *Physics*, *1*, 195-200 (1964).

Prima pagina dell'articolo di John S. Bell

Capitolo 5

Crittografia e crittoanalisi: una lotta eterna?

It may well be doubted whether human ingenuity can construct an enigma of the kind which human ingenuity may not, by proper application, resolve.

Edgar Allan Poe, *A Few Words On Secret Writing*, 1841

"È veramente da mettere in dubbio che l'intelligenza umana possa creare un cifrario che poi l'ingegno umano non riesca a decifrare con l'applicazione necessaria". Questa emblematica frase di Edgar Allan Poe riassume l'eterna lotta tra la crittografia e la crittoanalisi. Nella *crittografia* (dal greco κρυπτός "nascosto", e γράφειν "scrivere") si riuniscono tutti quei metodi utili a rendere un messaggio "offuscato", in modo da non essere comprensibile a persone non autorizzate a leggerlo. Questo messaggio prende il nome di *crittogramma*. La *crittoanalisi* tratta tutti quei metodi che cercano di penetrare codici e decifrare messaggi.

La gara tra queste due discipline è iniziata da quando si è avuta la necessità di comunicare messaggi segreti a pochi destinatari autorizzati. Tale lotta può essere paragonata a quella tra preda e predatore per la sopravvivenza: l'evoluzione assicura un miglioramento delle tecniche di entrambe le parti. Così nei millenni crittografia e crittoanalisi hanno convissuto, l'una superando di volta in volta l'altra, dando impulso allo sviluppo di nuove tecnologie in vari campi del sapere, dalla linguistica alla statistica matematica, alla teoria dei numeri, all'informatica.

È lecito chiedersi se questa lotta avrà una fine e se una delle due parti in gioco avrà la meglio. Nel corso del capitolo cercheremo di dare una risposta a questa domanda. Vedremo che oggi, almeno dal punto di vista concettuale, sembra vincere la crittografia. Questo grazie allo sviluppo della *crittografia quantistica*, che sfrutta il comportamento della materia a scala microscopica.

Metodi crittografici sempre più sicuri

Uno dei cifrari più semplici è quello che, a quanto pare, usava Giulio Cesare. Il cifrario, detto appunto "di Cesare", consiste nel sostituire ogni lettera del messaggio originario con la lettera che la segue di un numero fissato di posti nell'alfabeto. Il messaggio "ritirare le truppe" poteva essere cifrato per esempio nel modo seguente:

Chiave	spostamento di 5 lettere
Testo in chiaro	R I T I R A R E L E T R U P P E
Testo cifrato	W N Y N W F W J Q J Y W Z U U J

Tuttavia, con un'analisi frequenziale del testo cifrato è possibile risalire facilmente alla chiave e quindi rendere il testo trasparente. L'analisi frequenziale (o statistica) consiste nell'individuare, nel testo cifrato, le lettere che compaiono più frequentemente per poi andarle a sostituire con quelle più frequenti nella lingua del testo in chiaro. Nella lingua italiana le lettere più frequenti sono le vocali E, A, O, e I. Quindi la lettera più frequente nel testo cifrato potrebbe essere, ragionevolmente, quella che cifra la lettera E, la seconda lettera più frequente potrebbe cifrare la A e così via. Dopo alcune sostituzioni si può facilmente individuare la chiave usata. È chiaro che più è lungo il testo meglio riesce l'analisi statistica: nella fattispecie dell'esempio, infatti, la lettera R risulta più frequente della E; ciò porterebbe a decifrazioni scorrette. Anche in questo caso tuttavia è possibile fare una serie di sostituzioni di prova e fermarsi quando il testo assume un significato di senso compiuto. Tutte le varianti del metodo di Cesare si rivelarono col tempo inefficienti nei confronti dell'analisi frequenziale.

Il primo passo verso una crittografia davvero indecifrabile fu fatto nel '500 da un diplomatico francese, Blaise de Vigenère, il quale ideò un sistema crittografico in cui ogni lettera del testo in chiaro veniva sostituita servendosi di uno tra ventisei alfabeti diversi; ciascuno di questi era spostato di una lettera rispetto al precedente. In altre parole il cifrario di Vigenère non era più monoalfabetico come quello di Cesare, ma polialfabetico: questo, come vedremo, salva dal rischio di un'analisi frequenziale.

I ventisei alfabeti vengono rappresentati qui di seguito nella così detta tavola quadrata di Vigenère:

A	B	C	D	E	F	G	H	I	J	K	L	M	N	O	P	Q	R	S	T	U	V	W	X	Y	Z
B	C	D	E	F	G	H	I	J	K	L	M	N	O	P	Q	R	S	T	U	V	W	X	Y	Z	A
C	D	E	F	G	H	I	J	K	L	M	N	O	P	Q	R	S	T	U	V	W	X	Y	Z	A	B
D	E	F	G	H	I	J	K	L	M	N	O	P	Q	R	S	T	U	V	W	X	Y	Z	A	B	C
E	F	G	H	I	J	K	L	M	N	O	P	Q	R	S	T	U	V	W	X	Y	Z	A	B	C	D
F	G	H	I	J	K	L	M	N	O	P	Q	R	S	T	U	V	W	X	Y	Z	A	B	C	D	E
G	H	I	J	K	L	M	N	O	P	Q	R	S	T	U	V	W	X	Y	Z	A	B	C	D	E	F
H	I	J	K	L	M	N	O	P	Q	R	S	T	U	V	W	X	Y	Z	A	B	C	D	E	F	G
I	J	K	L	M	N	O	P	Q	R	S	T	U	V	W	X	Y	Z	A	B	C	D	E	F	G	H
J	K	L	M	N	O	P	Q	R	S	T	U	V	W	X	Y	Z	A	B	C	D	E	F	G	H	I
K	L	M	N	O	P	Q	R	S	T	U	V	W	X	Y	Z	A	B	C	D	E	F	G	H	I	J
L	M	N	O	P	Q	R	S	T	U	V	W	X	Y	Z	A	B	C	D	E	F	G	H	I	J	K
M	N	O	P	Q	R	S	T	U	V	W	X	Y	Z	A	B	C	D	E	F	G	H	I	J	K	L
N	O	P	Q	R	S	T	U	V	W	X	Y	Z	A	B	C	D	E	F	G	H	I	J	K	L	M
O	P	Q	R	S	T	U	V	W	X	Y	Z	A	B	C	D	E	F	G	H	I	J	K	L	M	N
P	Q	R	S	T	U	V	W	X	Y	Z	A	B	C	D	E	F	G	H	I	J	K	L	M	N	O
Q	R	S	T	U	V	W	X	Y	Z	A	B	C	D	E	F	G	H	I	J	K	L	M	N	O	P
R	S	T	U	V	W	X	Y	Z	A	B	C	D	E	F	G	H	I	J	K	L	M	N	O	P	Q
S	T	U	V	W	X	Y	Z	A	B	C	D	E	F	G	H	I	J	K	L	M	N	O	P	Q	R
T	U	V	W	X	Y	Z	A	B	C	D	E	F	G	H	I	J	K	L	M	N	O	P	Q	R	S
U	V	W	X	Y	Z	A	B	C	D	E	F	G	H	I	J	K	L	M	N	O	P	Q	R	S	T
V	W	X	Y	Z	A	B	C	D	E	F	G	H	I	J	K	L	M	N	O	P	Q	R	S	T	U
W	X	Y	Z	A	B	C	D	E	F	G	H	I	J	K	L	M	N	O	P	Q	R	S	T	U	V
X	Y	Z	A	B	C	D	E	F	G	H	I	J	K	L	M	N	O	P	Q	R	S	T	U	V	W
Y	Z	A	B	C	D	E	F	G	H	I	J	K	L	M	N	O	P	Q	R	S	T	U	V	W	X
Z	A	B	C	D	E	F	G	H	I	J	K	L	M	N	O	P	Q	R	S	T	U	V	W	X	Y

Cifrario di Vigenère

Per cifrare il messaggio in chiaro è necessario prima di tutto possedere una chiave, che supponiamo essere VERDE, la quale viene scritta ripetutamente sopra il messaggio, in modo che a ogni lettera del messaggio corrisponda una lettera della chiave. Quindi si va a cercare nella tavola di Vigenère la riga occupata da quell'alfabeto che ha come lettera iniziale la prima lettera della chiave; nel nostro caso si tratta della V. Poi si individua la colonna che ha come prima lettera a partire dall'alto, la prima lettera del testo in chiaro; nel nostro caso si tratta della R. L'intersezione di questa colonna con la riga trovata in precedenza individua la lettera che sostituirà la prima lettera del testo cifrato, nel nostro caso la M. Lo stesso procedimento dovrà essere seguito per ogni lettera del testo in chiaro.

Chiave	V E R D E V E R D E V E R D E V
Testo in chiaro	R I T I R A R E L E T R U P P E
Testo cifrato	M M K L V V V V O I O V L S T Z

Successivamente si optò per l'uso di una chiave lunga quanto il messaggio, in modo da evitare le ripetizioni sistematiche nella chiave, ma pur sempre di senso compiuto. Così per il testo precedente si potrebbe utilizzare come chiave parte della prima strofa della Divina Commedia: "Nel mezzo del cammin di nostra vita". Se poi il testo da cifrare fosse più lungo, basterebbe andare avanti con altre strofe dell'opera dantesca.

Chiave	N E L M E Z Z O D E L C A M M I
Testo in chiaro	R I T I R A R E L E T R U P P E
Testo cifrato	E M E U V Z Q S O I E T U B B M

Il destinatario del messaggio, in possesso della chiave e della tavola di Vigenère, dovrà percorrere la riga individuata dalla prima lettera della chiave (N) finché non trova la prima lettera del messaggio cifrato (E); quest'ultima a sua volta apparterrà a una colonna che ha come prima lettera in cima la prima lettera del messaggio in chiaro. Quindi dovrà procedere allo stesso modo con tutte le lettere del messaggio criptato.

In alternativa all'uso della tavola di Vigenère si può usare l'aritmetica modulare. Il processo, che porta esattamente allo stesso risultato, è il seguente: a ogni lettera viene fatto corrispondere un numero (magari lo stesso che, nella tavola di Vigenère, indicava la riga) A=0, B=1, C=2…; quindi si sfrutta l'operazione di somma circolare (o "modulare"), cioè quella per cui dopo la lettera Z c'è di nuovo la lettera A: quindi ad esempio A+C=0+2=2=C, B+C=1+2=3=D, Z+C=25+2=27=1=B, Z+Z=25+25=50=24=Y. Una volta tradotto il messaggio in una sequenza di numeri, si esegue una somma in colonna tra chiave e messaggio, il cui risultato è il testo cifrato. Il destinatario allora non dovrà fare altro che sottrarre la chiave al messaggio inviatogli.

Tale cifrario, seppure sia semplicemente una generalizzazione del cifrario di Cesare, a differenza di questo risulta inattaccabile da un'analisi frequenziale, in quanto ogni lettera viene cifrata tramite un alfabeto diverso.

Tuttavia ci si accorse che in questo caso era possibile eseguire un'analisi frequenziale non più delle singole lettere ma delle parole che in una determinata lingua sono più frequenti (in italiano potrebbero essere articoli e preposizioni, in inglese l'articolo "the"). Infatti si può provare a inserire nel testo cifrato una di queste parole, per esempio l'articolo "il", e si può cercare di dedurre che tipo di chiave potrebbe trasformare "il" in una parte del crittogramma; procedendo in questo modo un abile criptoanalista potrebbe arrivare alla chiave completa e quindi a decifrare totalmente il testo.

Secoli dopo Vigenère si arrivò a un'ulteriore evoluzione del sistema, grazie al contributo di Gilbert Vernam (1890-1960), un ingegnere americano che, durante la prima guerra mondiale, si trovava nei laboratori Bell Labs della AT&T (American Telephone and Telegraph Company). Anziché usare come chiave parole e frasi di senso compiuto, Vernam propose di usare chiavi composte da una sequenza *completamente casuale* di caratteri. Poco tempo dopo Joseph Mauborgne, capitano del corpo dei trasmettitori dell'esercito statunitense, si rese conto che era necessario usare una sola volta la chiave, in modo da evitare che più messaggi cifrati con la stessa chiave, una volta intercettati, potessero essere sovrapposti al fine di trovare delle strutture ripetute utili alla decrittazione. Da qui il nome *one-time pad* che fu dato a questa forma evoluta del cifrario di Vigenère: i due partner dello scambio devono possedere due quaderni (*pads*) identici e ciascuna pagina di questi contiene una sequenza casuale di lettere da usare come chiave per un solo messaggio. Una volta usata tale chiave il foglio deve essere distrutto e bisogna usare la pagina seguente per il messaggio successivo (*one-time* = una sola volta).

La sicurezza di tale cifrario fu provata matematicamente circa trent'anni dopo da Claude Shannon, ideatore della teoria dell'informazione. Per questo motivo a tutt'oggi il cifrario di Vernam è considerato concettualmente perfetto. Tuttavia, nella pratica, anche questo cifrario mostra dei punti deboli.

Il cifrario di Vernam richiede che il mittente e il ricevente abbiano una stessa chiave, la quale deve soddisfare le seguenti proprietà:

- avere la stessa lunghezza del messaggio da trasmettere;
- essere una sequenza completamente casuale di caratteri;
- non essere mai riutilizzata.

Se questi punti sono soddisfatti il cifrario di Vernam risulta inviolabile. Ci sono però tre ordini di difficoltà pratiche:

- può essere necessario scambiare molti messaggi in poco tempo (per esempio nel corso di una battaglia): bisogna avere a disposizione un gran numero di chiavi, e quindi un *pad* molto voluminoso;
- la generazione di numeri veramente casuali è un problema di non facile soluzione;
- occorre aver preventivamente inviato la chiave attraverso un canale che deve essere assolutamente sicuro. In altre parole, prima di poter comunicare un segreto occorre poter comunicare la chiave in segreto.

Per quanto riguarda la difficoltà di generare numeri casuali, si potrebbe pensare di sfruttare il comportamento casuale di alcuni fenomeni fisici come la radioattività di atomi instabili. Un atomo non stabile tende a decadere, ovvero a trasformarsi in altri atomi emettendo particelle come elettroni e fotoni. L'emissione di tali particelle avviene a intervalli di tempo la cui durata è del tutto casuale. Tramite un contatore Geiger possiamo contare il numero delle particelle emesse e fare in modo che a ogni emissione venga fermato a indicare una lettera un display che percorre ciclicamente tutto l'alfabeto. Viene registrata la lettera e fatto ripartire il display. Dopo un numero sufficiente di emissioni saremo in possesso di una chiave costituita da caratteri disposti in modo veramente casuale.

Rimane però insoluto il problema principale: lo scambio sicuro delle chiavi.

Verso una meccanizzazione della crittografia: Enigma

Nella prima metà del secolo scorso in Europa si svilupparono tentativi di meccanizzare il processo di cifratura. Il risultato più riuscito e più famoso di questi tentativi fu Enigma, una macchina elettromeccanica per cifrare e decifrare ideata da Arthur Scherbius già nei primi anni '20 e utilizzata dai tedeschi nel corso della seconda guerra mondiale. A questa macchina gli inglesi contrapposero Bomba, una seconda macchina che permise la meccanizzazione del processo di crittoanalisi di Enigma e contribuì alla vittoria degli Alleati sui tedeschi, determinando quindi il corso della storia.

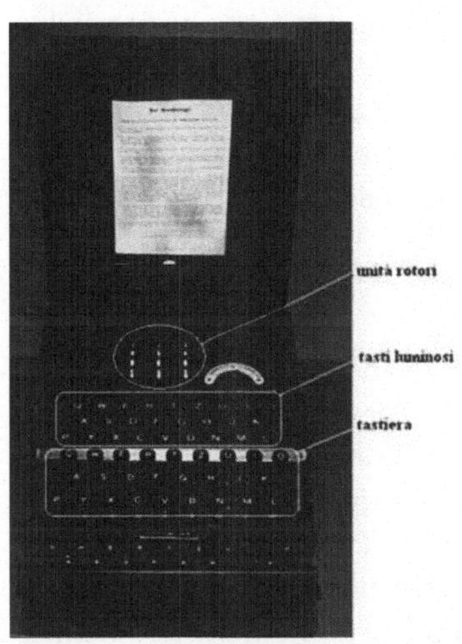

Enigma: macchina elettromeccanica per cifrare e decifrare messaggi

La tastiera di Enigma (immagine tratta dal film Enigma del 2001, regia di Michael Apted)

Immaginiamo di costruire due dischi che riportino sul bordo esterno l'intero alfabeto e di disporli parallelamente l'uno all'altro in modo che i loro assi di rotazione coincidano. Ruotando i dischi attorno a quest'asse è possibile far corrispondere a ogni lettera del primo disco una lettera del secondo disco. Se la rotazione è tale per cui i due alfabeti risultino sfasati di un certo numero di lettere, abbiamo un meccanismo che implementa il cifrario di Cesare, quindi un cifrario monoalfabetico (basta infatti assegnare a un alfabeto il ruolo di testo in chiaro e all'altro il ruolo di testo cifrato). Se poi ruotiamo i dischi, in modo da cambiare lo sfasamento dei due alfabeti a ogni lettera del testo in chiaro, stiamo implementando un cifrario polialfabetico. Se infine gli sfasamenti sono dati dalla posizione nell'alfabeto di ogni lettera di una chiave casuale e lunga quanto il testo, stiamo implementando il cifrario di Vernam.

Quindi immaginiamo di collegare con fili elettrici il primo disco a una tastiera su cui digitare il testo in chiaro; il secondo a una tastiera formata da lettere che s'illuminano a turno, a indicare la sequenza che costituisce il testo cifrato. Se infine colleghiamo i dischi tra loro, in modo tale che a ogni lettera battuta si abbia una rotazione di un disco rispetto all'altro, abbiamo costruito una rudimentale macchina Enigma.

In Enigma, in realtà, i fili elettrici che collegano le due tastiere attraversano tre dischi cablati, detti rotori. Questi determinano il percorso dell'impulso elettrico, dal tasto premuto fino alla lampadina che illumina la lettera sostitutiva. Ogni rotore ha ventisei cablaggi, uno per ogni lettera dell'alfabeto tedesco; la possibilità di ruotare i rotori gli uni rispetto agli altri comporta il cambiamento del percorso dell'impulso e, di conseguenza, aumenta il numero di possibilità che ha ogni lettera di essere crittata. L'iniziale posizione dei rotori dà la chiave, la quale deve essere cambiata ogni giorno secondo un registro che, durante la guerra, veniva distribuito ogni mese a tutti gli operatori impegnati nello scambio dei messaggi.

La stessa macchina Enigma serve anche per la decrittazione grazie all'aggiunta di un rotore particolare detto *riflettore,* che permette di invertire il processo di crittazione. Chi riceve il messaggio crittografato (in genere via radio) deve impostare i rotori secondo la chiave del giorno, battere il testo cifrato sulla tastiera e leggere il testo in chiaro costituito dalla sequenza di lettere illuminate.

A questo punto viene spontanea una domanda: e se il nemico s'impossessa di una macchina Enigma? In realtà il nemico in possesso della sola macchina non può far nulla senza la chiave, cioè senza l'indicazione dell'impostazione iniziale della macchina stessa; dovrebbe provare tutte le possibili impostazioni e verificare ogni volta se, inserendo in Enigma il testo cifrato sentito via radio, risulta qualcosa di sensato. Questo significa provare tutte le posizioni reciproche tra i rotori ovvero, avendo ogni rotore ventisei possibili posizioni, $26 \times 26 \times 26 = 17.576$ impostazioni! Inoltre il loro numero salì fino a $10.000.000.000.000.000$ quando, nel corso della guerra, si aggiunsero alla macchina ulteriori meccanismi che ne aumentarono la complessità.

Possiamo quindi capire che non risultava intrinsecamente impossibile decifrare Enigma: bastava eseguire un numero sufficiente di prove per trovare la chiave. Però nella pratica il tentativo di decifrare Enigma era destinato a fallire a causa del grande dispendio di tempo necessario a eseguire tutte le prove, senza considerare il fatto che ogni giorno si doveva ricominciare da capo.

L'indecifrabilità di Enigma non era data da una chiave impossibile da trovare, ma dall'enorme numero di chiavi possibili.

Tuttavia, grazie al contributo di un giovane matematico, la sfida di decifrare Enigma fu vinta dagli inglesi. Si tratta di Alan Turing, che durante la guerra lavorava a Bletcheley per il governo inglese. Egli, modificando un progetto già realizzato dal contro-spionaggio polacco, ideò una macchina che riusciva a decifrare i crittogrammi di Enigma. Una debolezza di Enigma era che nessuna lettera del testo in chiaro poteva essere sostituita con se stessa: ciò faceva già diminuire il numero di possibili impostazioni iniziali. Un'altra debolezza dei crittogrammi, su cui fece leva Turing, risiedeva nel modo in cui Enigma veniva usata dagli operatori tedeschi: i rotori non venivano cambiati sistematicamente e spesso l'inizio del messaggio era uguale per molti messaggi. Per esempio al mattino i messaggi contenevano indicazioni sul tempo atmosferico e, in genere, il messaggio iniziava con il nome e il grado militare del destinatario ("al generale Hoffman"). Queste conoscenze, acquisite anche durante azioni di spionaggio, permisero di diminuire notevolmente il numero di prove da eseguire. Tali prove venivano compiute da Bomba, nome dato alla macchina decrittatrice a causa del sinistro ticchettio che emetteva una volta messa in funzione. Essa eseguiva, tramite congegni elettronici, catene di deduzioni logiche basate proprio sui probabili messaggi; in questo modo le impostazioni che portavano a contraddizioni logiche venivano scartate per passare

Alan Turing

Bomba: macchina per decrittare i messaggi ideata da Alan Turing

subito alle impostazioni successive. Bomba si ispirava a quella che fu definita *macchina di Turing,* ovvero una macchina logica universale programmabile per mezzo di un algoritmo, la stessa che Turing aveva descritto qualche anno prima (1937) nell'articolo *On Computable Numbers.* Il funzionamento dei computer che usiamo oggi si basa proprio sui concetti espressi da Turing nel 1937, e per questo il matematico inglese è considerato tra i padri della moderna "computer science".

Seguendo il concetto di macchina universale di Turing, il suo collega Max Newman, sempre a Bletcheley, ideò Colossus, una macchina più veloce di Bomba e programmabile (Bomba non lo era), in grado di decifrare un codice più complesso di quello di Enigma, usato per le comunicazioni tra Hitler e i suoi generali. Colossus consisteva di 1.500 valvole elettroniche, che permettevano una velocità di calcolo decisamente maggiore rispetto a quella permessa dai lenti interruttori relè elettromeccanici di Bomba. Tuttavia, più che la sua velocità, è il fatto di essere stata la prima macchina programmabile a farla considerare il primo prototipo di computer moderno.

Qualche anno dopo, nel 1945, indipendentemente dal progetto di Newman, J. Presper Eckert e John W. Machly dell'università di Pennsylvania completarono ENIAC (Electronic Numerical Integrator and Calculator), che consisteva di 18.000 valvole, capace di eseguire 5.000 operazioni al secondo. Questo nuovo strumento si rivelò un'arma incredibilmente potente in mano ai crittoanalisti, permettendo loro di implementare più agevolmente metodi di forza bruta per la ricerca della chiave tra tutte quelle possibili. Per questo motivo i crittoanalisti, che contribuirono alla nascita del computer moderno, continuarono anche dopo la guerra a sviluppare e a impiegare la tecnologia del computer per rompere ogni tipo di codice.

La nuova tecnologia venne presto in aiuto anche ai crittografi. Agli inizi degli anni '70, per la necessità di avere un algoritmo sicuro, pubblico e comune alle varie organizzazioni governative statunitensi, venne sviluppato un metodo crittografico che si avvaleva proprio del computer per la sua implementazione. Si tratta di quello che, dapprima chiamato Lucifer e successivamente Data Encryption Standard (DES), venne adottato nel 1976 come standard ufficiale per la crittazione negli Stati Uniti.

Il messaggio, da crittare con DES, deve essere dapprima convertito in una stringa di numeri binari, costituiti dalle sole cifre 0 e 1, secondo il protocollo ASCII (American Standard Code for Information Interchange); il computer infatti lavora con numeri e non con lettere. La stringa di 0 e 1 risultante dal messaggio viene divisa in blocchi da 64 bit, cioè 64 numeri binari (bit = *binary digit*), i quali vengono mischiati tra loro e divisi ulteriormente in due blocchi. Ciascun blocco (da 32 bit) viene ulteriormente modificato tramite funzioni matematiche dette *mangler*. I dettagli di tali funzioni sono determinati di volta in volta dalla chiave – anch'essa una stringa binaria – la quale, come al solito, deve essere condivisa da entrambi i partner dello scambio. Una volta memorizzato il programma sul calcolatore, è molto facile implementare la crittazione: il mittente inserisce il numero che costituisce la chiave e il messaggio – che sarà poi tradotto in una stringa binaria dal computer stesso –, ottenendo come output del programma il crittogramma; il destinatario inserirà il crittogramma e la chiave, ottenendo come output il testo in chiaro.

Anche in questo caso, come in Enigma, la forza del cifrario consiste nel numero di chiavi possibili, numero che dipende dalla lunghezza della chiave stessa: maggiore è questo numero, maggiore sarà il tempo necessario a un crittoanalista per trovare la chiave giusta. Per Lucifer si decise di adottare chiavi di 56 bit – in decimale tale numero è dell'ordine di 100.000.000.000.000.000! Si ritenne infatti che nessuna organizzazione civile possedesse un computer sufficientemente potente da poter controllare ogni possibile chiave in tempo ragionevole. Il DES rimase il cifrario ufficiale negli Stati Uniti finché, nel 1998, l'Electronic Frontier Foundation dimostrò in modo inequivocabile la debolezza di DES a 56 bit decifrandolo in tre giorni tramite un calcolatore apposito. Il DES fu quindi sostituito con un altro standard ufficiale che si avvaleva di una chiave a un maggiore numero di bit.

Sebbene i vari cifrari sviluppati nel secolo scorso risultino ingegnosi e sufficientemente complessi per impedire una decrittazione in tempi ragionevoli, essi non risolvono il problema fondamentale: lo scambio delle chiavi. Sia in Enigma sia in DES è necessario che la chiave sia condivisa dai partner dello scambio; perché ciò avvenga, essi si devono incontrare di persona oppure affidarsi a un corriere. Nel primo caso si avrebbe la certezza sulla sicurezza dello scambio, nel secondo si avrebbero meno certezze, in quanto il corriere potrebbe essere corrotto; in entrambi i casi il beneficio della crittografia potrebbe "non valere la spesa", soprattutto se lo scambio di messaggi è molto frequente.

Crittografia a chiave pubblica: sono sicuri gli acquisti su internet?

Il problema della distribuzione sicura della chiave è stato risolto, almeno temporaneamente, dalla *crittografia a chiave pubblica*.

A metà degli anni '70, alla Stanford University in California, i due matematici Whit Diffie e Martin Hellmann scoprono un comune interesse per la crittografia e affrontano in particolare il problema dello scambio fisico della chiave.

In quegli anni si diffonde il proposito di connettere più computer anche molto distanti. Si prefigura una situazione in cui le persone comuni posseggono un proprio computer interconnesso telefonicamente con altri computer, in una rete di comunicazione che si diffonda a livello mondiale. Queste persone avranno la necessità di criptare i propri messaggi in modo da preservare la propria privatezza. Da qui l'intento di rendere la crittografia un sistema più democratico, usufruibile non solo dai governi e dai militari.

In effetti fu una previsione azzeccata e una giusta analisi di come sarebbe cambiato il volto e l'uso della crittografia. Oggi tutti noi facciamo uso di sistemi crittografici, a volte senza saperlo, in veste di clienti di banche o acquirenti di prodotti per via telematica.

Ma torniamo agli anni '70 e ai due matematici che con tenacia attaccavano un problema che la maggior parte dei loro contemporanei considerava di impossibile soluzione: evitare lo scambio fisico della chiave. Dopo mesi di tentativi falliti, finalmente trovano un metodo che in qualche modo dribbla il problema dello scambio della chiave. Infatti escogitano un sistema in cui Alice e Bob – così vengono abitualmente chiamati i due partner dello scambio – si creano la chiave simultaneamente, scambiandosi informazioni per telefono usando l'*aritmetica modulare* e sfruttando l'irreversibilità di alcune funzioni matematiche.

Tuttavia tale protocollo di scambio, descritto nell'articolo uscito nel 1976 con il titolo *New Directions in Cryptography*, sebbene di non difficile implementazione, risultò da subito poco pratico per le tecnologie disponibili allora. Alice e Bob avrebbero dovuto comunicare in simultanea per tutta la durata del processo di crittografia, cosa in genere assai scomoda, come per esempio nel caso di separazione geografica di vari fusi orari.

Di lì a poco, tre ricercatori in matematica e in informatica che si trovano a collaborare al MIT, ispirati dall'articolo di Diffie e Hellmann, sembrano risolvere definitivamente il problema dello scambio di chiavi, grazie a un metodo di più agevole implementazione. Si tratta di Ron Rivest, Adi Shamir e Leonard Adleman, e il frutto della loro collaborazione risulterà essere il sistema di crittografia a chiave pubblica più utilizzato nel mondo dai primi anni '80 fino a oggi: il cosiddetto RSA, acronimo dei cognomi dei suoi inventori. Si può dare un'idea di quale sia la logica sottostante a questo sistema servendoci di una metafora.

Alice è in possesso di un comune lucchetto: lo apre, usando la sua chiave, e lo invia *aperto* a Bob tenendosi la chiave. Bob pone il suo messaggio dentro una scatola e la chiude con il lucchetto inviatogli da Alice. Una volta che Alice riceve la scatola le basterà usare la chiave che ha conservato per aprire il lucchetto e quindi leggere il messaggio. Si può capire che intercettare il lucchetto aperto e farne una copia non ha alcuna utilità se non quella di poter inviare un messaggio ad Alice in un'altra scatola. In effetti Alice stessa può inviare a diverse persone una copia del lucchetto che ha mandato a Bob: in questo modo potrà ricevere messaggi riservati da più persone.

Un lucchetto con le chiavi: metafora del sistema di crittografia RSA

In questo sistema la chiave utile a cifrare il messaggio (metaforicamente rappresentata dal lucchetto) è diversa da quella necessaria a decifrarlo (rappresentata dalla chiave del lucchetto). Inoltre il lucchetto rappresenta quello che in matematica prende il nome di "funzione a senso unico". Per "funzione" s'intende un'operazione che trasforma un dato numero in un altro. La maggior parte delle funzioni matematiche è a "doppio senso": lo sforzo necessario a implementarle per ottenere un certo numero in output a partire da un numero in input è uguale a quello necessario a invertire l'operazione e ottenere il numero iniziale a partire da quello in output. Per esempio, calcolare la funzione "il doppio di" significa moltiplicare per 2 un certo numero a, ottenendo così in output il numero $b=2a$. Se $a=5$ allora $b=10$, se $a=9$, $b=18$ e così via. Fare l'inverso di questa funzione significa semplicemente dividere b per 2, così, se abbiamo $b=10$ ricaveremo che il nostro input era 5.

Per funzione a "senso unico" invece s'intende una funzione la cui implementazione sia più difficoltosa in un senso che nell'altro, ed è proprio quello che rappresenta il nostro lucchetto: il gesto di chiuderlo non richiede una gran forza, mentre il tentativo di aprirlo, senza servirsi della chiave, richiede molto più impegno. Una tipica operazione "a senso unico" è la moltiplicazione di due numeri primi[1] p, q molto grandi: mentre è semplice calcolare il prodotto $N = pq$ di questi due numeri, è molto difficile (o se non altro dispendioso come tempo) calcolare i fattori primi di un numero N molto grande.

Il procedimento proposto da RSA è il seguente. Alice è in possesso di una chiave da tenere segreta (la *chiave privata*) e di un'altra da mettere a disposizione di chiunque voglia inviarle un messaggio (la *chiave pubblica*). La chiave privata consiste in due numeri primi molto grandi, p e q. La chiave pubblica è una particolare funzione a senso unico che *dipende solo dal prodotto di p e q*. Questo prodotto N è pubblico, e Bob, conoscendo N, potrà criptare il proprio messaggio usando la chiave pubblica. La funzione a senso unico ha anche l'importante proprietà di diventare facilmente invertibile *se si conoscono p e q*, cioè se si è in possesso della chiave privata! Solo Alice sarà allora in grado di decrittare il messaggio di Bob, invertendo la funzione (cioè risalendo al messaggio in chiaro a partire dal messaggio criptato).

---

[1] Un numero *primo* è un numero maggiore di 1 che sia divisibile solamente per 1 o per se stesso. Sono quindi primi: 2,3,5,7,11,13,17,19 ecc. Ci sono infiniti numeri primi (la più antica dimostrazione risale a Euclide).

Facile!

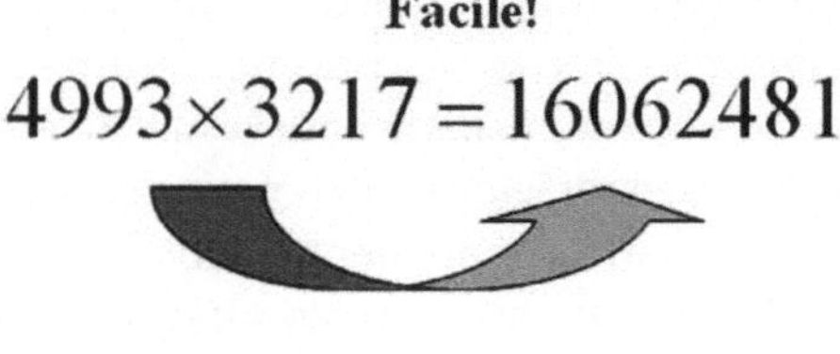

Difficile!

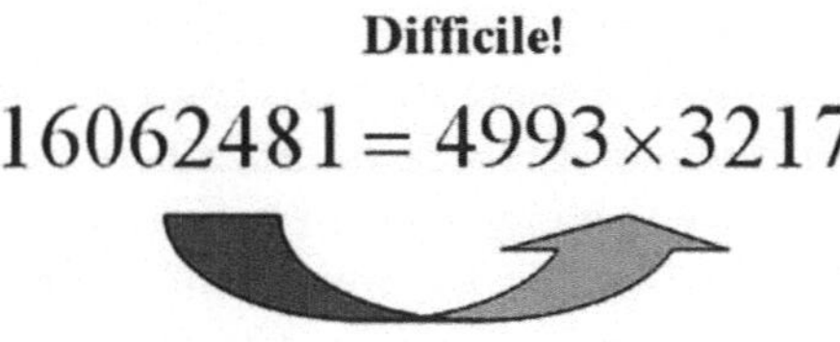

L'idea di Diffie e Hellmann, e di RSA, costituì una vera rivoluzione nel campo delle comunicazioni segrete.

Per la prima volta s'introduce il concetto di sistema crittografico *asimmetrico*. La crittografia dalla sua nascita fino ad allora (più di due millenni) era stata caratterizzata dal fatto che il sistema di decrittazione era semplicemente l'inverso del processo di criptazione: il mittente e il ricevente avevano la stessa conoscenza del sistema ed erano in possesso della *stessa chiave*. Questa caratteristica di simmetria è la causa dell'insicurezza intrinseca a ogni sistema crittografico simmetrico, in quanto rende necessario lo scambio delle chiavi, scambio che può essere intercettato esattamente come il messaggio. In un sistema asimmetrico invece, la chiave che serve a criptare il messaggio è *diversa* da quella necessaria a decrittarlo. Questo vuol dire che la prima può essere comunicata per telefono senza temere un'eventuale intercettazione, la quale, se anche dovesse aver luogo, non sarebbe di alcuna utilità a chi volesse scoprire il contenuto dei messaggi criptati che arrivano ad Alice. Non solo, se anche Charlie volesse criptare e inviare un messaggio ad Alice, può farlo con la stessa chiave che usa Bob e così può fare chiunque voglia comunicare con Alice. In questo modo la comunicazione non è più necessariamente svolta tra due parti: con la clausola di rimanere unidirezionale (solo verso Alice) essa può essere estesa a più parti in gioco. La comunicazione della chiave privata non è necessaria, ed è questo il fondamentale vantaggio dei sistemi asimmetrici.

Al giorno d'oggi è proprio al sistema di crittografia a chiave pubblica RSA che affidiamo la sicurezza delle nostre transazioni di denaro via internet. Questo sistema basa la sua "sicurezza" sulla difficoltà di invertire un'operazione matematica e, in particolare sul (lungo) tempo necessario a implementare un *algoritmo*[2] che effettui l'inversione. Finché non sarà trovato un algoritmo efficiente – cioè sufficientemente veloce – tutti i messaggi criptati con l'RSA potranno rimanere sicuri.

Tuttavia la sicurezza basata sulla difficoltà dell'operazione di fattorizzazione in numeri primi sembra vacillare a causa dell'imminente sviluppo di una nuova e rivoluzionaria tecnologia. Si tratta della realizzazione del *computer quantistico*, un computer il cui funzionamento sfrutta il comportamento della materia a scala molto piccola, descritto appunto dalla meccanica quantistica. La velocità di calcolo di un tale dispositivo, impensabile per un computer attuale – come vedremo più avanti – può rendere possibile la decrittazione di un messaggio, cifrato con il sistema RSA, in un tempo "ragionevole".

Proseguendo in questo capitolo ci renderemo conto che sarà la stessa teoria dei quanti a fornirci il "vaccino" necessario a combattere l'eventuale attacco agli attuali sistemi crittografici da parte dei calcolatori quantistici. La *crittografia quantistica* non solo si pone come soluzione alternativa al problema dello scambio delle chiavi, ma diventerà necessaria quando saranno realizzati calcolatori quantistici sui quali implementare algoritmi veloci per la fattorizzazione in numeri primi.

Crittografia quantistica: la QKD

La meccanica quantistica, la teoria che descrive i fenomeni fisici a scale nanometriche e inferiori ($<10^{-9}$ metri), permette la risoluzione di due problemi fondamentali della crittografia, discussi in precedenza:

---

[2] Per *algoritmo* si intende un metodo di calcolo che prevede un certo numero di passi successivi.

- la generazione di chiavi casuali;
- la distribuzione assolutamente sicura delle chiavi.

Abbiamo già visto come il decadimento di atomi possa in linea di principio generare stringhe casuali di lettere o numeri. Anche la misura della polarizzazione di fotoni può essere usata per la generazione di stringhe casuali. Illustreremo un protocollo di distribuzione quantistica di chiavi crittografiche (Quantum Key Distribution o QKD) proposto da Bennet e Brassard nel 1984, indicato con la sigla BB84 e realizzato con la trasmissione di fotoni polarizzati.

Trasmissione di chiave con fotoni polarizzati

Alice comunica la chiave a Bob inviandogli fotoni polarizzati, verticalmente od orizzontalmente, indicati con ↑ e →. Ogni fotone trasmesso contiene un bit di informazione: conveniamo di associare il numero 1 al fotone ↑, e il numero 0 al fotone →. Dopo aver inviato n fotoni Alice avrà trasmesso la chiave, composta da una stringa di n cifre binarie. Naturalmente Bob dovrà misurare la polarizzazione dei fotoni in arrivo per risalire alla stringa inviata da Alice, e dovrà quindi usare un filtro polaroid "verticale" che lasci passare con certezza i fotoni ↑ e assorba con certezza i fotoni → (Capitolo 3). Raccogliendo i fotoni su uno schermo fotosensibile posto dietro il filtro, Bob sarà in grado di stabilire se il fotone emesso da Alice è di tipo ↑ (lascia una traccia sullo schermo) oppure di tipo → (viene assorbito dal filtro), e registrerà rispettivamente il bit 1 o il bit 0.

Il sistema fin qui descritto è totalmente insicuro: un intercettatore (convenzionalmente chiamato *Eve*, da *eavesdrop*, ascoltare di nascosto) può scoprire la chiave intervenendo in qualche punto del percorso lungo il quale vengono trasmessi i fotoni. Basta che Eve misuri la polarizzazione dei fotoni in transito usando un filtro verticale e uno schermo fotosensibile, esattamente come Bob. Dopo la misura, Eve rispedisce a Bob un fotone dello stesso tipo di quello appena misurato: Bob non si accorge così dell'intercettazione e userà la chiave trasmessa da Alice per criptare (per esempio col cifrario di Vernam) il suo messaggio, illudendosi che possa rimanere segreto. Eve invece è in possesso della chiave, e potrà intercettare e decrittare il messaggio di Alice per Bob.

Ora però entra in gioco la meccanica quantistica: sfruttandone gli effetti, è possibile garantire una sicurezza praticamente assoluta nella trasmissione della chiave. Basta che Alice possa inviare a Bob quattro tipi di fotoni: ↑, → (polarizzazione verticale e orizzontale) e ↗, ↘ (polarizzazione a 45° e a 135°). Dal canto suo, Bob eseguirà misure con un filtro polaroid verticale oppure obliquo a 45°. Alice associa il bit 1 ai fotoni ↑ e ↗, e il bit 0 ai fotoni → e ↘. Bob continua ad associare il bit 1 al fotone che impressiona lo schermo, e il bit 0 al fotone assorbito dal filtro.

Si dice che Alice manda fotoni "nella base ⊕" se i fotoni sono ↑ o →, e "nella base ⊗" se i fotoni sono ↗ o ↘. Analogamente si dice che Bob misura la polarizzazione dei fotoni "nella base ⊕" se usa il filtro verticale, e "nella base ⊗" se usa il filtro obliquo a 45°. Dal Capitolo 3 sappiamo che se Alice e Bob usano la stessa base, al bit di Alice corrisponderà sempre un identico bit di Bob: per esempio se Alice manda un fotone ↑ e Bob usa il filtro verticale, il fotone andrà sempre a impressionare lo schermo di Bob, e Bob registrerà il bit 1.

Ma che succede quando le basi di Alice e di Bob sono diverse? La cosa diventa interessante: si manifesta il carattere probabilistico della meccanica quantistica. Supponiamo per esempio che Alice mandi un fotone ↑ e che Bob lo misuri con un filtro obliquo a 45° (quindi nella base ⊗): le regole della meccanica quantistica ci dicono che il risultato di Bob non è più certo, ma ha probabilità ½ di essere 1 (il fotone passa attraverso il filtro e impressiona lo schermo) e probabilità ½ di essere 0 (fotone assorbito dal filtro). Quindi al bit di Alice, che nel presente esempio vale 1, corrisponderà il bit 1 per Bob solo nel 50% dei casi. Questo effetto viene sfruttato nel protocollo BB84 come vedremo nel prossimo paragrafo.

Il protocollo BB84: a prova di intercettazione

Il protocollo consiste nella seguente successione di operazioni:

1. Alice manda fotoni a Bob, scegliendo casualmente tra le quattro possibilità ↑ → ↗ ↘. In altre parole sceglie casualmente la base, e poi sceglie casualmente di mandare il fotone corrispondente al bit 1 o al bit 0.

2. Per ogni fotone in arrivo, Bob sceglie casualmente in quale base misurarlo, e registrerà il bit 1 se il fotone in arrivo impressiona lo schermo, e il bit 0 se viene assorbito dal filtro polaroid.

3. Dopo una serie di fotoni emessi da Alice e misurati da Bob, Alice e Bob disporranno ciascuno di una tabella di 0 e 1, per esempio come la tabella A mostrata in figura (pagina seguente), dove per ogni fotone emesso da Alice o misurato da Bob viene indicata anche la base scelta.

4. Dopo la trasmissione dei fotoni, Alice e Bob si comunicano, anche pubblicamente, le basi scelte per ogni fotone inviato e misurato, senza ovviamente precisare la polarizzazione del fotone emesso da Alice e quella misurata da Bob.

5. Alice e Bob eliminano dalla loro tabella tutti i casi in cui hanno scelto basi differenti (tabella B). A questo punto Alice e Bob sono in possesso della stessa stringa di 0 e 1, data nella tabella C: infatti hanno conservato solo i casi in cui le basi coincidono, cioè i casi in cui i bit di Alice e Bob sono esattamente correlati.

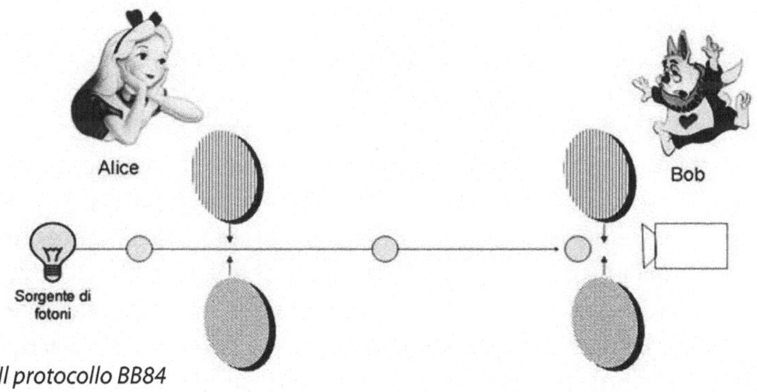

Il protocollo BB84

Alice e Bob hanno ora la stessa stringa di 0 e 1 (la chiave). Ma è sicura la trasmissione da Alice a Bob? Supponiamo che Eve sia "in ascolto", con un suo filtro e relativo schermo. Il problema per Eve è che *non conosce quale sia la base scelta da Alice* (Alice e Bob si comunicano le basi solo *dopo* aver trasmesso tutti i fotoni), e quindi non sa come orientare il suo filtro per avere risultati perfettamente correlati con i bit di Alice. Consideriamo solo i casi in cui Bob sceglie la stessa base di Alice (gli altri vengono comunque scartati). Eve può provare a indovinare la base di Alice scegliendo

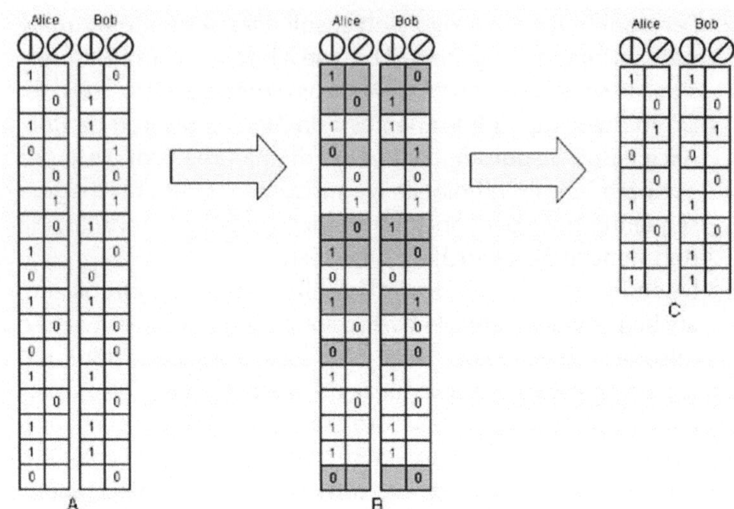

Passaggi utili ad Alice e Bob per procurarsi la chiave (in tabella C) secondo il protocollo BB84

a caso tra $\oplus$ e $\otimes$: in media nel 50% dei casi sceglierà la stessa base di Alice, otterrà correttamente il bit inviato da Alice e rispedirà a Bob un fotone con la stessa polarizzazione scelta da Alice. In questi casi Bob non si accorge di nulla, ed Eve è venuta a conoscenza del bit trasmesso. Però rimane l'altro 50% di casi in cui la spia sceglie una base diversa da quella di Alice: si dimostra facilmente che a causa dell'intrusione di Eve esiste una probabilità ½ che Bob misuri un bit diverso da quello originariamente mandato da Alice.

Ne consegue che, quando Eve è in "ascolto", solo nel 75% dei casi Alice e Bob avranno bit correlati, pur usando la stessa base. Ecco allora come possono accorgersi dell'intrusione della spia:

6. Alice e Bob riservano parte dei loro risultati con stessa base a un "controllo di sicurezza" (tabella D), comunicandoseli pubblicamente. Se alcuni dei dati resi pubblici non dovessero coincidere, Alice e Bob possono sospettare, a ragione, che la loro comunicazione sia stata intercettata da Eve.

Dedicando N bit a questo controllo, la probabilità che i bit risultino comunque perfettamente correlati è $(3/4)^N$, e questa è quindi la probabilità che Alice e Bob non si accorgano dell'intrusione. Basta scegliere un numero N abbastanza grande perché questa probabilità diventi trascurabile: con 100 bit si trova $(3/4)^{100} \approx 10^{-13}$, cioè una probabilità su diecimila miliardi!

7. Se i bit di controllo risultano tutti correlati, Alice e Bob possono ritenere sicuro il loro canale di trasmissione fotonica, e il messaggio segreto (la chiave) sarà costituita dai bit correlati rimanenti (tabella E).

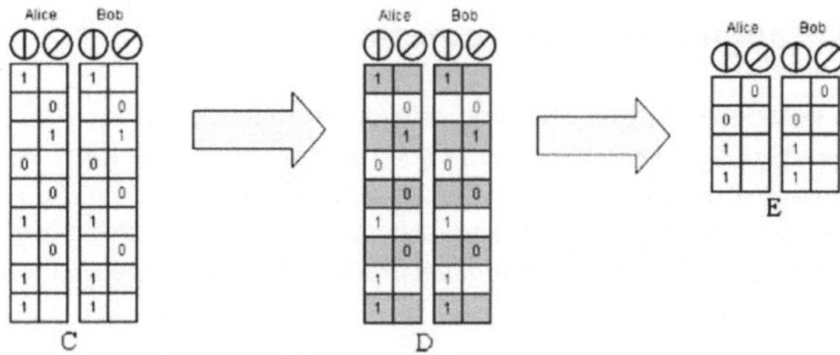

Passaggi necessari per verificare l'intrusione di una spia. La tabella E contiene la chiave risultante dopo il controllo

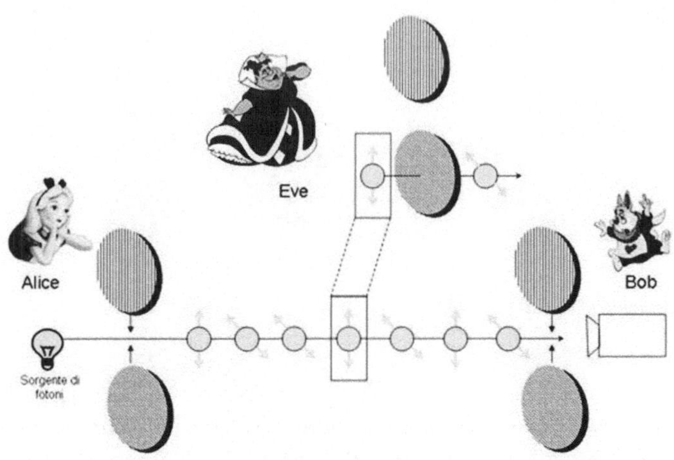

Caso di intercettazione: Eve misura di nascosto un fotone destinato a Bob

A questo punto si può procedere a realizzare un cifrario di Vernam, che risulta essere assolutamente inviolabile dato che lo scambio della chiave è diventato sicuro.

Infine il carattere probabilistico della misura di fotoni polarizzati con basi diverse in emissione e in ricezione può anche essere sfruttato da Alice per creare sequenze genuinamente casuali di 0 e 1. In tal modo la QKD diventa un sistema intrinsecamente sicuro perché si possono generare codici realmente casuali e perché permette di rilevare le intrusioni sul canale.

Entanglement e crittografia

Vale la pena citare un altro protocollo di crittografia, dovuto ad Artur Ekert, che utilizza fotoni *entangled* in polarizzazione generati durante il decadimento di un isotopo del calcio oppure tramite fluorescenza parametrica. In questo caso non sarà Alice a inviare i fotoni a Bob, piuttosto i fotoni *entangled* prodotti dalla sorgente viaggeranno su due cammini opposti uno verso Alice e l'altro verso Bob.

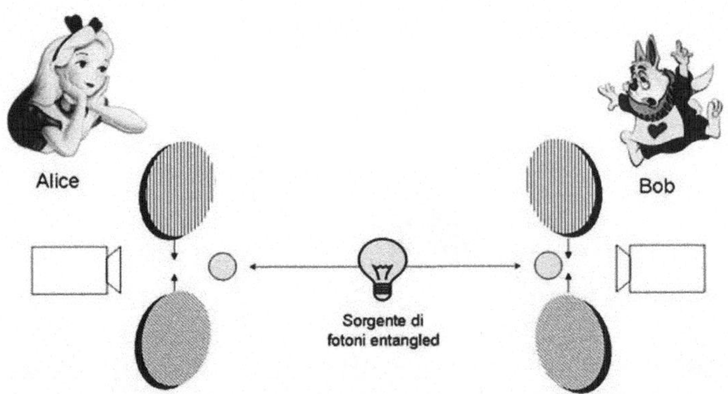

Il protocollo Ekert

Ciascun fotone della coppia *entangled* di per sé non ha una polarizzazione definita ma non appena viene misurato ne assume una. Se per esempio Alice antepone un filtro verticale al fotone in arrivo ed esso passa, vuol dire che sarà collassato in uno stato a polarizzazione verticale; Alice allora scriverà 1 nella sua tabella della chiave critto-grafica. A causa del legame esistente tra i due fotoni si avrà che, subito dopo la misura di Alice, il fotone diretto verso Bob assume una polarizzazione orizzontale, così che se egli misura il suo fotone con un filtro verticale ottiene 0 con certezza, se sceglie un filtro oriz-zontale invece ottiene con certezza 1. E se sceglie un filtro inclinato di 45°? Siamo di nuovo nel caso in cui si manifesta il carattere pro-babilistico della meccanica quantistica: Bob in questo caso ha una uguale probabilità di ottenere 1 o 0 come risultato della misura.

La costruzione della chiave può quindi procedere nello stesso modo in cui avveniva nel protocollo BB84. Per ricondursi a que-st'ultimo basta solo modificare nel seguente modo i primi due punti del procedimento esplicitato sopra:

1. La sorgente produce una coppia di fotoni *entangled* inviati uno ad Alice e l'altro a Bob.
2. Alice e Bob scelgono indipendentemente e casualmente tra i due filtri disponibili quello da utilizzare, segnando 1 se il fotone in arrivo impressiona lo schermo, e il bit 0 se viene assorbito dal filtro.

Tutto il resto del procedimento di creazione della chiave, compreso lo scarto dei casi in cui si sono scelte basi diverse e il controllo di sicu-rezza, prosegue esattamente nello stesso modo rispetto a prima.

Il decisivo vantaggio di entrambi i protocolli di crittografia quantistica qui riportati consiste nel fatto che la chiave non deve essere trasmessa ma viene creata contemporaneamente dai due partner dello scambio. Il protocollo di Ekert ha però un parametro di casualità aggiuntivo. Nel protocollo precedente il carattere pro-babilistico della misura di fotoni polarizzati con basi diverse pro-curava un certo grado di casualità. Rimane però da implementare una casualità "classica" (del tipo testa e croce) nella scelta della suc-cessione di fotoni polarizzati da inviare a Bob. Come abbiamo accennato in precedenza, la generazione completamente casuale di una successione di elementi diversi appartenenti a un insieme finito non è un problema di facile risoluzione. Nel protocollo di Ekert invece, oltre alla casualità introdotta dalla misura in basi diverse, si aggiunge quella dovuta alla sorgente: essa infatti pro-duce coppie di fotoni tali che il risultato della misura di polarizza-zione di ciascuno, considerato singolarmente, è del tutto casuale.

Fantascienza?

Viene spontaneo chiedersi se l'implementazione pratica del protocollo BB84, del protocollo Ekert, o di altri protocolli non discussi nel precedente paragrafo, sia ancora solo argomento di fantascienza. Se però digitiamo *quantum cryptography* su un qualsiasi motore di ricerca possiamo osservare come oltre ad articoli tecnici, risultino molti collegamenti a siti internet di aziende che si occupano di sviluppare nella pratica tecnologie crittografiche basate su trasmissione di fotoni polarizzati. Attualmente quattro aziende offrono sistemi commerciali di crittografia quantistica (vedi la figura di sotto per un prototipo). Tra queste una compagnia svizzera ha eseguito la crittazione quantistica della trasmissione, via fibra ottica, dei risultati elettorali del Cantone di Ginevra, da Ginevra a Berna, capitale della Confederazione, il 21 ottobre del 2007.

I principali centri di ricerca si trovano negli Stati Uniti, in Austria e in Svizzera. Recentemente sono sorti gruppi di ricerca anche in università e laboratori in Italia.

La distanza massima sulla quale è stata effettuata una distribuzione di chiavi quantistiche, usando propagazione di fotoni polarizzati in fibra ottica, è di 148,7 chilometri, record detenuto dai laboratori NIST di Los Alamos negli Stati Uniti. La massima distanza su cui sono stati usati fotoni *entangled* (protocollo di Ekert), con propagazione in aria, è stata di 144 chilometri tra due isole dell'arcipelago delle Canarie. La prima rete di calcolatori interconnessi e protetti da crittografia quantistica è stata realizzata nell'ottobre del 2008, in una conferenza scientifica a Vienna. La rete ha usato

Prototipo di crittografia quantistica operante su fibra ottica

200 chilometri di fibra ottica standard per connettere 6 siti in Vienna e la cittadina di St Poelten, 69 chilometri a ovest di Vienna.

Non dovremo stupirci perciò se in un futuro anche prossimo entreremo in contatto con questo tipo di tecnologia nelle nostre vite quotidiane, anche se per il momento vengono preferiti altri metodi (crittografia a chiave pubblica) per tutelare sicurezza e riservatezza nelle comunicazioni di dati delicati.

Alice (Elisa Salemi) e Bob (Ivano Ruo Berchera) stanno discutendo come procedere per scambiarsi la chiave. Prototipo di sistema crittografico BB84 costruito dal gruppo di ottica quantistica dell'INRiM di Torino in occasione del European Science Open Forum *svoltosi a Torino nel luglio 2010*

Capitolo 6

Calcolatori quantistici: la rivoluzione è alle porte

La maestra entra nell'aula della terza elementare, saluta la classe, appoggia i libri sulla cattedra, prende il gesso e scrive alla lavagna

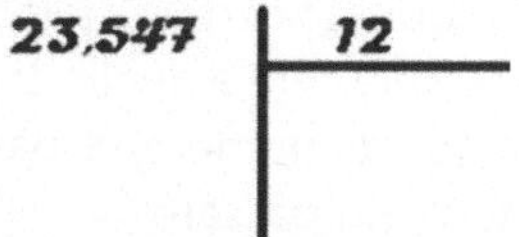

Quindi chiama Alice chiedendole di calcolare il risultato della divisione. Alice si alza dal suo banco e mestamente va alla lavagna. "Uffa!" pensa, "odio fare le divisioni! Già i conti non sono il mio forte, in più nelle divisioni devo fare tutte le operazioni insieme! Somma, addizione, sottrazione e moltiplicazione... ci metto un sacco di tempo!":

"Maestra?" domanda la bambina.

"Dimmi Alice" le risponde la maestra.

"Non posso moltiplicare questi numeri anziché dividerli? È più facile e faccio prima".

"No Alice, mi dispiace, devi imparare a fare le divisioni, e poi nelle divisioni ci sono tutte le operazioni insieme, anche la moltiplicazione! Dai, coraggio inizia" la sollecita la maestra.

Alice allora rassegnata inizia: "Il 12 nel 23 sta una volta col resto di 11…"

Alice esegue una divisione alla lavagna

Fattorizzare… un bel problema!

Chi di noi nella scuola elementare, più o meno bravo o veloce a fare i conti, alle prime armi con le divisioni, proprio come Alice, non ha trovato maggiore difficoltà a svolgere queste piuttosto che le moltiplicazioni? Altro problema affrontato dopo aver imparato le divisioni è stato quello della fattorizzazione, vale a dire la scomposizione di un numero nei suoi *fattori primi*, numeri interi cioè che non si possono ulteriormente fattorizzare come 2, 3, 5, 7, 11, ecc. In genere a scuola ci sarà capitato di dover fattorizzare un numero di al massimo quattro o cinque cifre e quello che ci hanno insegnato è di iniziare a dividere questo numero, se pari, per 2 (il più piccolo tra i numeri primi) altrimenti passare ai numeri primi successivi 3, 5, 7, 11, ecc. Ottenuto un certo quoziente si divide quest'ultimo per il più piccolo numero primo che lo divida esattamente, e così via per i risultati successivi, finché si arriva a un quoziente che è esso stesso un numero primo, il quale diviso per se stesso dà come risultato uno. Il numero potrà allora essere scritto come prodotto di tutti i numeri primi usati come divisori.

5.670	2
2.835	3
945	3
315	3
105	3
35	5
7	7
1	

$$5.670 = 2 \times 3^4 \times 5 \times 7$$

L'algoritmo appena descritto prende il nome di *metodo della divisione di prova*. Quante divisioni dobbiamo eseguire per fattorizzare un numero N? Nel peggiore dei casi il numero di divisioni di prova necessario è la radice quadrata di N, e questo succede quando N è uguale al quadrato di un numero primo. Altrimenti un qualunque fattore di N è sempre minore della sua radice quadrata (provare per esempio con N = prodotto di due numeri primi diversi).

Come abbiamo imparato nella scuola media, fattorizzare un numero è utile per trovare il massimo comune divisore (MCD) o il minimo comune multiplo (mcm) di due o più numeri, a loro volta indispensabili per eseguire le operazioni tra frazioni. Come ci comporteremmo però se il numero da fattorizzare fosse composto da dieci, cinquanta o addirittura cento cifre? Con l'algoritmo appena illustrato ci metteremmo ore se non giorni o anni. Il nostro compito si alleggerirebbe se ci armassimo di un computer potente per controllare un numero primo dopo l'altro finché non ne troviamo uno che divida il numero che stiamo cercando di fattorizzare. Tuttavia, per un numero di cento cifre dovremmo controllare nel peggiore dei casi 10^{50} numeri[1]. Supponendo di lavorare con il processore z196 uscito nel settembre 2010, in grado di eseguire 50 bilioni di divisioni al secondo, impiegheremmo 10^{30} (mille miliardi di miliardi di miliardi) anni per scomporre numeri di 100 cifre! Questa difficoltà a fattorizzare viene sfruttata abilmente nella crittografia e sta alla base del sistema RSA. In realtà c'è un modo per velocizzare i calcoli che consiste nel far lavorare più processori in parallelo sullo stesso problema. Se mettiamo a lavorare due processori il tempo si dimezza, con tre diventa un terzo e così via. In pratica il tempo impiegato da un computer viene diviso per il numero *n* di processori utilizzati. Il numero di passi necessari all'algoritmo di fattorizzazione viene quindi ridotto di un fattore moltiplicativo; non molto, se si considera che il tempo necessario a

---

[1] Se infatti supponiamo che L sia il numero di cifre che costituiscono un intero N, allora N sarà compreso tra 10^{L-1} e 10^{L}. Per esempio un numero di tre cifre come 153 è compreso tra $10^2=100$ e $10^3=1000$. Ponendo approssimativamente $N=10^{L}$, la radice quadrata di N è data da $10^{L/2}$, e quindi nel peggiore dei casi ci vogliono $10^{L/2}$ divisioni per trovare un numero primo che divida esattamente N. *Il tempo per completare l'algoritmo della divisione di prova cresce quindi esponenzialmente con il numero di cifre* di N.

completare il suddetto algoritmo cresce esponenzialmente con il numero di cifre da fattorizzare.

Esistono altri algoritmi più veloci in grado di fattorizzare un numero con molte cifre; anche per questi tuttavia la dipendenza dalla lunghezza dell'input è esponenziale. Per dare un'idea di ciò che oggigiorno è possibile: con centinaia di processori che lavorano in parallelo si riescono a fattorizzare numeri che raggiungono le 200 cifre (nel 2009 è stato fattorizzato un numero di 232 cifre, facendo funzionare i processori per due anni).

Individuare numeri primi molto grandi è una sfida appassionante per i matematici, ed è al tempo stesso necessario per avere sistemi di crittografia RSA sempre più sicuri. Si tratta di un problema non da poco: i numeri primi sono infiniti e sembrano distribuiti casualmente nell'insieme dei numeri interi; non si conosce a oggi una regola che individui tutti e soli i numeri primi. In altre parole non conosciamo tutti i numeri primi e, dato un numero costituito da molte cifre, a priori potremmo non conoscere nemmeno i numeri primi che lo fattorizzano. Il numero primo più grande oggi conosciuto è $2^{43.112.609} - 1$ ed è composto da 10^7 cifre ma la caccia a numeri primi sempre più grandi non ha fine e ha suscitato un tale interesse da far promettere premi in denaro per chi riuscisse a trovarne di nuovi. Nel 2000 sono stati assegnati 50.000 dollari per il raggiungimento di un milione di cifre e nel 2008 sono stati raggiunti dieci milioni di cifre con un compenso di 100.000 dollari. Attualmente l'*Electronic Frontier Foundation* ha messo in palio 250.000 dollari per chi troverà un numero primo con un miliardo di cifre!

Con l'attuale andamento tecnologico, in cui la potenza in continuo aumento dei calcolatori permette di eseguire gli algoritmi conosciuti in tempi sempre più brevi, la ricerca di numeri primi sempre più grandi è vitale per RSA. Infatti, i numeri usati come chiavi pubbliche non solo sono numeri grandi (di circa 200 cifre) ma sono anche scomponibili in due numeri primi vicini tra loro, ovvero con un numero di cifre simile (circa 100 cifre l'uno). In questo modo il programma di fattorizzazione, usato da una spia per decifrare il codice, si trova nel caso peggiore, quello in cui deve compiere un numero di divisioni pari a 10^{100}. Finché questo sistema crittografico avrà vita si vedrà un continuo aumento delle cifre dei numeri primi che compongono la chiave: è questo infatti

Euclide di Alessandria

l'unico modo per rendere il più lungo possibile il tempo necessario all'algoritmo di fattorizzazione.

Il problema della fattorizzazione di un numero nei suoi fattori primi è noto fin dai tempi di Euclide. Come si trova negli *Elementi*, l'opera principale del matematico greco, già allora si sapeva che un qualsiasi numero intero positivo può essere espresso come prodotto di numeri primi e che tale rappresentazione è unica a meno dell'ordine dei fattori. Oggi, oltre duemila anni dopo Euclide, continua a mancare l'equivalente matematico della spettroscopia (una tecnica che permette ai chimici di stabilire quali elementi della tavola periodica sono i costituenti degli elementi composti).

La fattorizzazione resta un problema arduo: non si conosce un algoritmo che sia in grado di fattorizzare un numero intero in un tempo *ragionevole*. Il tempo, in questo contesto, è misurato dal numero di "passi" necessari al completamento dell'algoritmo. Per "ragionevole" intendiamo tempi al più polinomiali, nel senso che è polinomiale la relazione che lega le dimensioni dell'input del problema (il numero di bit in ingresso) con il tempo necessario a eseguire l'algoritmo. Se chiamiamo n_b il numero di bit in ingresso e t il tempo richiesto per l'esecuzione, allora un esempio di relazione polinomiale può essere $t = n_b^2$ oppure $t = n_b^3$, mentre per relazione lineare o logaritmica intendiamo espressioni rispettivamente del tipo: $t = $ costante $\times\, n_b$ e $t = \log(n_b)$. In base all'andamento di tale relazione, e quindi a quanto "velocemente cresce" il tempo quando aumenta il numero di bit in ingresso, può essere stabilita la complessità e quindi la trattabilità del problema. In generale si ritengono *trattabili* i problemi per i quali la relazione tra tempo e numero di bit è al più polinomiale, *intrattabili* quelli per i quali tale relazione "cresce" più velocemente di qualsiasi polinomio in n_b. In quest'ultimo caso si dice che la relazione è *esponenziale* anche se il termine non è usato in senso stretto perché esistono funzioni che crescono più velocemente di qualsiasi polinomio, eppure più lentamente di un esponenziale.

Il grafico seguente evidenzia i diversi andamenti del tempo (asse verticale) in funzione del numero di bit (asse orizzontale).

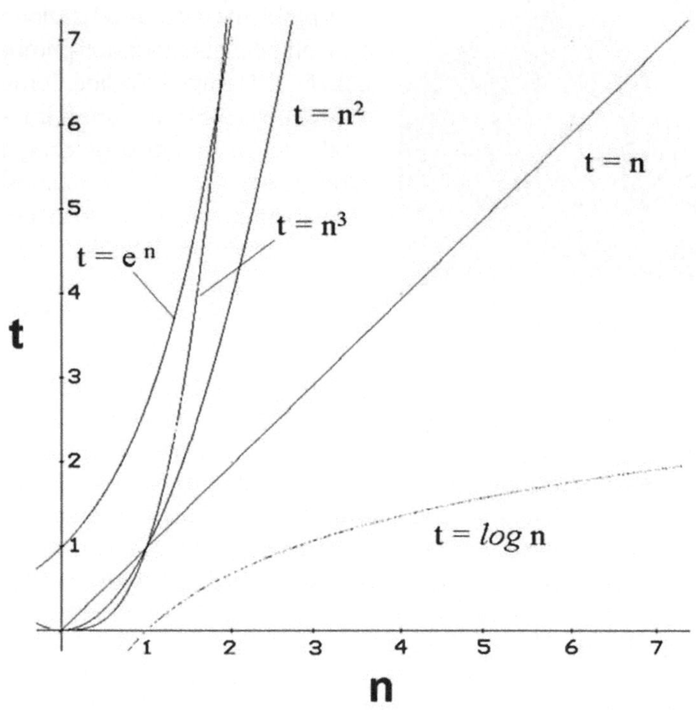

Diversi andamenti del tempo di implementazione di un algoritmo in funzione del numero di bit in ingresso

Mentre la moltiplicazione tra due numeri è risolubile in un tempo polinomiale, la fattorizzazione allo stato attuale ha tempi esponenziali se tentiamo di risolverla con gli algoritmi a nostra conoscenza. In altre parole, agli algoritmi di fattorizzazione conosciuti è associato un tempo di realizzazione che cresce con il numero di bit in ingresso più rapidamente di qualsiasi polinomio. In questo consiste la forza di un sistema crittografico come RSA, descritto nel precedente capitolo. Noi infatti conosciamo un algoritmo molto efficiente per la moltiplicazione (per cui è facile costruire una chiave con l'RSA), non altrettanto, a parte casi molto semplici, per la fattorizzazione (e quindi dalla chiave pubblica è difficile risalire a quella privata).

Gli informatici dividono i problemi in classi a seconda della loro trattabilità. Altri problemi, che come la moltiplicazione appartengono alla classe di problemi risolubili in tempi polinomiali, sono del tipo: data una mappa con n città, si può raggiungere una città da qualsiasi altra? Oppure, dato un numero intero, è primo o composto?

Un problema che invece può presentarsi quando partiamo per una vacanza è il seguente: supponiamo di conoscere le dimensioni di diverse valigie, come facciamo a sistemarle tutte nel bagagliaio? Se invece avessimo una mappa con diverse isole collegate da ponti, come facciamo a tracciare un percorso che tocchi ogni isola una volta sola? Si tratta di problemi di ottimizzazione che anche enti e aziende devono affrontare negli aspetti logistici delle loro attività, e la cui soluzione richiede tempi esponenziali esattamente come la fattorizzazione.

Calcolare con i quanti

Il ritmo di crescita della potenza dei calcolatori è stato quantificato nella cosiddetta *legge di Moore*, formulata nel 1965, e che grosso modo ha continuato a valere fino a oggi: *la potenza di calcolo delle macchine, a parità di costo, raddoppia all'incirca ogni due anni, mentre le dimensioni si dimezzano.* La rapida miniaturizzazione delle componenti dei calcolatori e delle memorie esterne è accompagnata da un rapido abbassamento dei prezzi di cui ci accorgiamo tutte le volte che cambiamo un calcolatore, un disco rigido o una macchina fotografica digitale. Per capire la relazione tra miniaturizzazione delle componenti informatiche e potenza di calcolo dei computer, dobbiamo considerare che i componenti essenziali dei processori sono i *chip*, griglie di interruttori elettronici connessi tra loro chiamati *transistor*. Mantenendo costante il numero di transistor ma diminuendo le dimensioni dei chip, le correnti elettriche percorrono distanze minori; ne segue un aumento di velocità dei processori e quindi un aumento della loro potenza di calcolo.

Tuttavia la legge di Moore cesserà di valere nel corso dei prossimi decenni. La miniaturizzazione, infatti, sta raggiungendo i suoi limiti fisici: riducendo ancora le dimensioni dei fili e dei transistor fino all'ordine delle decine di nanometri, si raggiungeranno le dimensioni dei singoli atomi. A questo punto gli effetti quantistici diventano tali da non poter più essere trascurati, rendendo problematico il funzionamento "classico" dei circuiti. Un modo di affrontare questa difficoltà è quello di sfruttare proprio gli effetti quantistici per consentire il funzionamento anche di dispositivi così miniaturizzati. Qui nasce la possibilità di utilizzare il limite nella miniaturizzazione (insorgenza di effetti quantistici) come una risorsa per un nuovo tipo di computazione, la *computazione quantistica*, che utilizzi i fenomeni peculiari del mondo quantistico.

Sebbene per la legge di Moore la potenza di calcolo raddoppi ogni anno, questo non basta per risolvere in tempi ragionevoli alcuni algoritmi, come quello per la fattorizzazione. Infatti quello indicato dalla legge di Moore è un aumento della velocità computazionale di un fattore *moltiplicativo*, che non cambia la dipendenza *esponenziale* fra dimensioni dell'input e tempo di calcolo. La computazione quantistica cambia invece radicalmente la trattabilità di determinati problemi, avendo in genere un'*efficienza esponenzialmente maggiore* rispetto alla computazione classica. Questo è reso possibile grazie alla capacità dei sistemi quantistici di stare in sovrapposizioni di più stati, capacità che permette a un *calcolatore quantistico* di effettuare calcoli in parallelo anziché in modo seriale.

La computazione quantistica combina due rivoluzioni scientifiche del XX secolo, la meccanica quantistica e la scienza dell'informazione. La seguente affermazione del canadese Gilles Brassard ne fa capire l'entità rivoluzionaria: "Con un computer quantistico, costruito con solo un migliaio di particelle subatomiche, potremmo eseguire velocemente un calcolo che un computer tradizionale della dimensione dell'universo non sarebbe in grado di completare prima della morte del sole" (D. Darling, *Teletrasporto. Il salto impossibile*, Bollati Boringhieri, Torino, 2008, p. 163).

Dal bit al qubit

Un bit classico rappresenta una scelta tra due alternative: sì o no, vero o falso, 1 o 0. Fisicamente si può immaginare di rappresentare un bit con un interruttore meccanico o con qualunque sistema che possa stare in due stati ben definiti, come lo sono per esempio gli

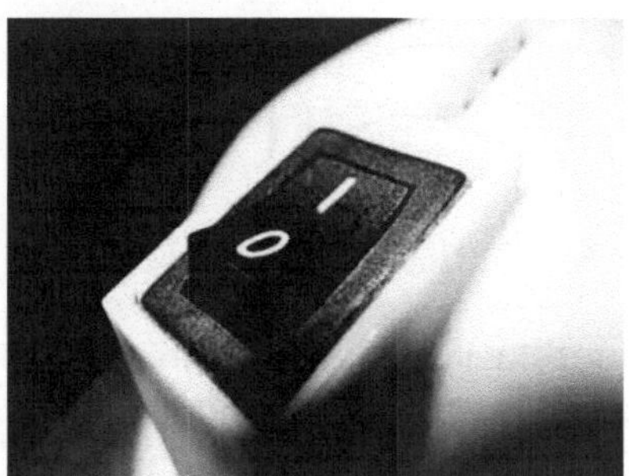

Interruttore di un piccolo elettrodomestico

stati "acceso" o "spento" di un elettrodomestico comandato da un interruttore.

Nei computer attuali i bit possono essere rappresentati da due livelli diversi di corrente o di tensione in un circuito elettrico (per esempio 0 Volt per il bit 0 e 5 Volt per l'1) oppure attraverso lo stato di un particolare circuito elettrico bistabile detto *flip-flop*. Per quanto riguarda l'immagazzinamento di memoria (di tipo *ram* o *flash*), attualmente i due valori di bit sono rappresentati da due livelli di carica elettrica immagazzinati in un condensatore. Nei dischi ottici come i *compact disk* (CD) e i *digital video disk* (DVD) i bit vengono rappresentati come la presenza (0) o l'assenza (1) di cavità non riflettenti su una superficie riflettente. Altri supporti di memoria sono di tipo magnetico: i bit vengono rappresentati dalle polarizzazioni magnetiche positive o negative di determinate aree di uno strato di materiale ferromagnetico.

Alcune tipologie di condensatore

Anche la polarizzazione orizzontale o verticale di un fotone può rappresentare uno 0 o un 1, all'incirca come un interruttore acceso o spento rappresenta un bit classico. La differenza sta nel fatto che il fotone è un *sistema quantistico*, capace di stare in stati sovrapposti di polarizzazione.

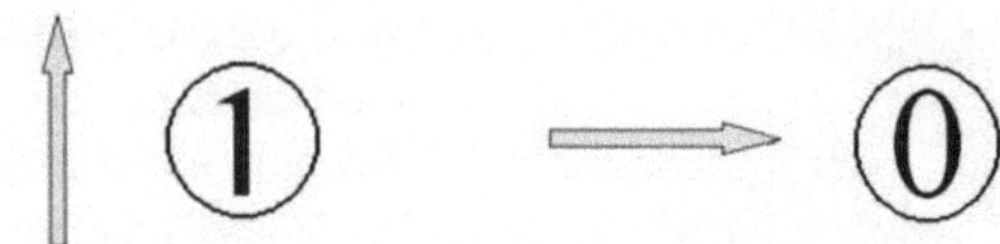

I qubit 1 e 0 rappresentati dalla polarizzazione verticale e orizzontale di un fotone

Il fotone può quindi rappresentare quello che viene definito *qubit* (dalla contrazione di *quantum bit*), il registro di memoria quantistico binario. In generale il qubit è realizzato da un sistema fisico quantistico "a due stati". Oltre allo stato di polarizzazione di un fotone, possono codificare un qubit anche lo spin posseduto dall'elettrone o da altre particelle, oppure l'energia in un atomo di idrogeno a due livelli, come discusso nel Capitolo 3. In quest'ultimo caso gli stati di energia E_0 ed E_1, descritti dai vettori $|0\rangle$ e $|1\rangle$ sono l'equivalente quantistico dei bit 0 e 1. Colpire con un fascio laser un atomo di idrogeno provocandone l'eccitazione (o la diseccitazione) corrisponde allora a scambiare lo stato di un qubit da 0 a 1 (o viceversa). Questa operazione equivale ad applicare una porta logica quantistica detta NOT di cui parleremo più avanti.

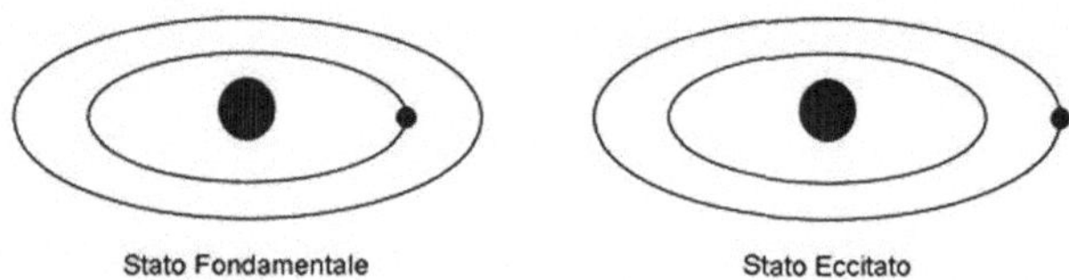

Rappresentazione dell'atomo come un sistema planetario il cui satellite è l'elettrone, che può stare in una sovrapposizione delle orbite corrispondenti allo stato fondamentale e allo stato eccitato

La principale differenza tra bit e qubit costituisce anche la distinzione fondamentale tra computer classico e computer quantistico, determinando la superiorità in velocità e potenza di quest'ultimo. Mentre i sistemi fisici che rappresentano i bit sono bistabili, possono cioè trovarsi in modo stabile in uno dei due stati possibili, gli stati fisici che rappresentano il qubit invece hanno la proprietà, tipicamente quantistica, di poter stare anche in una sovrapposizione di stati. Per esempio sappiamo dal Capitolo 3 che un fotone, in generale, può stare in una sovrapposizione di stati in cui esso non ha polarizzazione definita. Una rappresentazione grafica potrebbe essere:

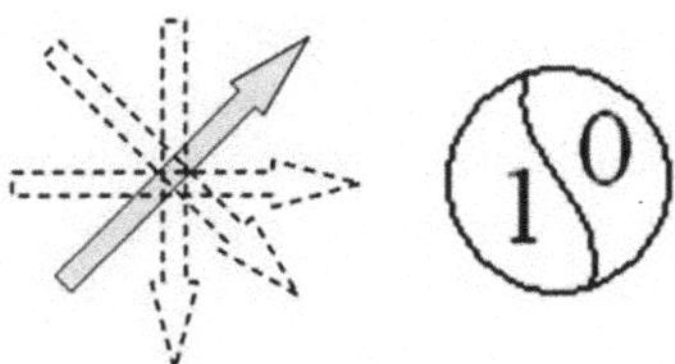

Un qubit in una sovrapposizione di stati 0 e 1

Gli stati "speciali" $|0\rangle$ e $|1\rangle$, la cui scelta particolare dipende dal sistema considerato, costituiscono la cosiddetta *base computazionale*, la stessa sulla quale Alice e Bob dovevano accordarsi scegliendo tra due possibilità (usando filtri polarizzatori ruotati di 45° tra loro), per misurare i fotoni in arrivo al fine di crearsi una chiave comune utile a criptare il messaggio. La sovrapposizione di stati verrà quindi descritta a partire dalla base computazionale.

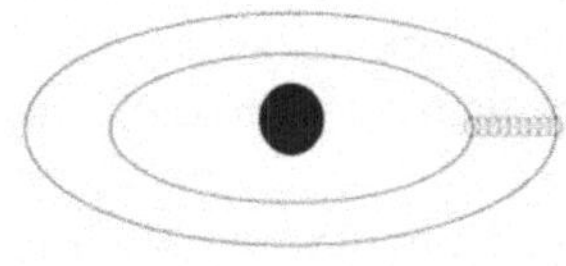

Un atomo di idrogeno in una sovrapposizione di stati 0 e 1

Se è l'atomo di idrogeno a rappresentare un qubit, la sovrapposizione di stati può ottenersi colpendo l'atomo con un laser per un tempo inferiore a quello che gli è necessario per effettuare la transizione da $|0\rangle$ a $|1\rangle$ o viceversa.

Quindi, mentre un bit può assumere solo due valori, il qubit può assumere un numero infinito di stati intermedi tra $|0\rangle$ e $|1\rangle$, ciascuno definito dai valori che assumono i coefficienti a e b nello stato $a|0\rangle + b|1\rangle$. Classicamente, un interruttore che sta "a metà strada" tra acceso e spento, o un livello di tensione elettrica a metà tra 'HIGH' e 'LOW' sono fonte di cattivo funzionamento e di errore nella codifica dell'informazione. Al contrario, a livello quantistico, la capacità di un qubit di trovarsi in una sovrapposizione di stati è una risorsa fondamentale per la computazione quantistica. Il vantaggio sta nel fatto che se noi effettuiamo un calcolo con un fotone o con un atomo a due livelli, vengono coinvolti simultaneamente gli stati $|0\rangle$ e $|1\rangle$: due calcoli al prezzo di uno. In altre parole, due calcoli in parallelo anziché uno di seguito all'altro, con una spesa di tempo dimezzata.

La questione si fa più interessante quando aggiungiamo altri fotoni. Un sistema di due fotoni, che rappresenta una coppia di qubit, può presentarsi contemporaneamente in quattro stati differenti, ciascuno dei quali porta con sé dell'informazione: 00, 01, 10, 11. Calcolare su questa coppia di qubit significa fare quattro calcoli contemporaneamente. Aumentando poi il numero dei qubit e l'informazione che essi portano cresce in modo esponenziale: con n qubit è possibile effettuare un singolo calcolo in parallelo su 2^n stati. Già per $n = 500$, il numero di stati è maggiore del numero stimato degli atomi presenti nell'intero universo! Questo si potrebbe rivelare utile non solo per riuscire a fattorizzare numeri grandi ma anche per aumentare la capienza di una memoria o per ottimizzare la ricerca di dati in un *database*.

L'entusiasmo a questo punto può però essere frenato da una considerazione: per vedere il risultato a cui un computer è arrivato dopo aver sondato in parallelo tutte le possibili soluzioni di un problema, bisogna leggere gli stati sovrapposti, ovvero misurarli. Per le regole della meccanica quantistica, a seguito della misura lo stato sovrapposto di molti qubit *decade casualmente in uno solo* mentre tutti gli altri vanno persi. Come possiamo fare in modo che il sistema decada proprio nello stato che corrisponde alla soluzione del nostro problema? Ancora una volta sono le regole del gioco della meccanica quantistica a venirci in aiuto. Come abbiamo accennato nel Capitolo 2, allo stato di ogni particella quantistica viene associata un'onda di probabilità. Quando un sistema è composto da più particelle, le loro onde di probabilità interferiscono producendo effetti costruttivi o distruttivi: nell'esperimento della doppia fenditura tali effetti corrispondono rispettivamente alle righe chiare e a quelle scure. Allo stesso modo si potrebbero far interagire con effetti distruttivi tutti i cammini computazionali che portano a una risposta sbagliata, in modo che essi si cancellino a vicenda e, al tempo stesso, far interagire costruttivamente quelli che portano a una risposta corretta, in modo che si amplifichi la probabilità di trovare la o le soluzioni desiderate. Tutto deve però essere fatto in un numero di passi minore di quanti ne servirebbero per risolvere il problema con un calcolatore classico, per giustificare gli sforzi e le risorse spesi per la costruzione di un computer quantistico. Per quali problemi si conoscono algoritmi quantistici, più efficienti di quelli classici, con cui programmare un calcolatore quantistico?

Nel 1994 Peter Shor, attualmente ricercatore del MIT, ha scoperto un algoritmo quantistico che prevede il tipo di interferenze appena descritto e che è in grado di fattorizzare un numero di L cifre *usando solo L^2 passi*. Il numero di passi che classicamente era esponenziale diventa ora polinomiale!

Altro algoritmo quantistico che potrebbe rivelarsi molto utile è quello che prende il nome dal suo scopritore Lov Grover, attualmente ricercatore presso i laboratori Bell. Si tratta di un algoritmo in grado di ottimizzare la ricerca di dati in un *database*. Un attuale calcolatore che cerca un argomento richiesto perso da qualche parte in un *database* contenente n argomenti esegue in media $n/2$ prove per trovarlo. L'algoritmo di Grover invece può indicare con esattezza l'argomento desiderato in un numero di prove che cresce come $\sqrt{n}$, e quindi con un miglioramento quadratico dell'efficienza. Con l'algoritmo di Grover un calcolatore a due qubit può trovare un certo argomento nascosto in una lista di quattro possibili argomenti in un solo passo. La soluzione classica al problema equivale a dover aprire un lucchetto a due bit: difficilmente si trova la combinazione alla prima prova; il metodo classico richiede in media tra le due e le

Lucchetto a combinazione classica

| condizione di inizio casuale | configura la prima combinazione | prova la combinazione successiva | e la successiva... | finché il lucchetto si apre |

Lucchetto a combinazione quantistica

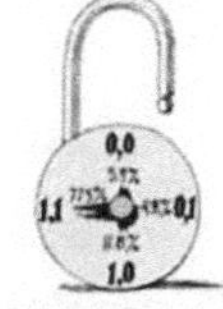

| condizione di inizio casuale | poni il lucchetto nei quattro stati contemporaneamente | applica l'algoritmo di Grover per trovare lo stato che apre il lucchetto |

|———— fase di preparazione ————|

Il metodo classico per aprire un lucchetto a due bit richiede dalle due alle tre prove. Un lucchetto quantistico invece potrebbe essere aperto alla prima prova!

tre prove. Invece un "lucchetto quantistico", posto in una sovrap-posizione dei quattro stati, potrebbe essere aperto alla prima prova! Il vantaggio è ancora più evidente se immaginiamo di avere un elenco di un milione di voci in cui si vuole trovarne una in particolare: mentre un computer classico dovrebbe fare in media 500.000 tentativi, a un computer quantistico basterebbero appena 1000 tentativi.

Al di là di un più o meno sbalorditivo potenziamento delle capacità di calcolo, il computer quantistico potrebbe svolgere un compito che anche il più avanzato computer classico non potrebbe svolgere in modo efficiente: simulare un sistema quantistico. Questa motivazione, che da sola basterebbe a giustificare tutti gli sforzi che si stanno facendo per realizzare un computer quantistico, fu avanzata per la prima volta nel 1981 al MIT da Richard Feynman durante la "Prima conferenza sulla fisica della computazione". Se si volesse calcolare l'evoluzione di un sistema quantistico, bisognerebbe eseguire un numero di operazioni ingestibile per un computer classico in un tempo ragionevole: il numero di passi necessari cresce infatti esponenzialmente con le dimensioni del sistema da simulare[2]. La simulazione di un sistema quantistico come un atomo o una molecola rappresenta un importante ambito di applicazioni per un computer quantistico. Molti infatti sarebbero i campi della scienza interessati al problema. Uno di questi è la chimica quantistica dove i calcolatori attuali incontrano difficoltà già nel simulare correttamente il comportamento di semplici molecole, e le difficoltà si aggravano se la simulazione coinvolge le complesse molecole dei sistemi biologici.

Possiamo quindi riassumere in breve i non pochi vantaggi che avrebbe un calcolatore quantistico rispetto a un calcolatore classico:

---

[2] Infatti una risoluzione numerica dell'equazione di evoluzione (equazione di Schrödinger) necessita di una discretizzazione dello spazio e del tempo: ogni coordinata assume P possibili valori discreti. Se il sistema è composto da N componenti, lo spazio è costituito da P^N punti. A ogni tempo t bisogna allora calcolare la funzione d'onda in P^N punti. Il numero di operazioni necessarie cresce quindi esponenzialmente con il numero di componenti del sistema.

- memorie molto più capienti (dal bit al qubit);
- velocità di calcolo esponenzialmente maggiore (2^n grazie al parallelismo);
- maggiore efficienza nella ricerca all'interno di una base di dati;
- possibilità di simulare un sistema fisico quantistico (essendo il calcolatore stesso un sistema fisico quantistico).

International Journal of Theoretical Physics, Vol. 21, Nos. 6/7, 1982

Simulating Physics with Computers

Richard P. Feynman

Department of Physics, California Institute of Technology, Pasadena, California 91107

Received May 7, 1981

1. INTRODUCTION

On the program it says this is a keynote speech—and I don't know what a keynote speech is. I do not intend in any way to suggest what should be in this meeting as a keynote of the subjects or anything like that. I have my own things to say and to talk about and there's no implication that anybody needs to talk about the same thing or anything like it. So what I want to talk about is what Mike Dertouzos suggested that nobody would talk about. I want to talk about the problem of simulating physics with computers and I mean that in a specific way which I am going to explain. The reason for doing this is something that I learned about from Ed Fredkin, and my entire interest in the subject has been inspired by him. It has to do with learning something about the possibilities of computers, and also something about possibilities in physics. If we suppose that we know all the physical laws perfectly, of course we don't have to pay any attention to computers. It's interesting anyway to entertain oneself with the idea that we've got something to learn about physical laws; and if I take a relaxed view here (after all I'm here and not at home) I'll admit that we don't understand everything.

The first question is, What kind of computer are we going to use to simulate physics? Computer theory has been developed to a point where it realizes that it doesn't make any difference; when you get to a *universal computer*, it doesn't matter how it's manufactured, how it's actually made. Therefore my question is, Can physics be simulated by a universal computer? I would like to have the elements of this computer *locally interconnected*, and therefore sort of think about cellular automata as an example (but I don't want to force it). But I do want something involved with the

467

La prima pagina dell'intervento di Richard Feynman durante la "Prima conferenza sulla fisica della computazione" del 1981

Come calcola un computer?

Calcolatore classico

Il trasferimento e il trattamento dell'informazione nei calcolatori attuali avviene attraverso circuiti composti da "fili" e da "porte logiche". I fili sono *canali di comunicazione* e possono essere effettivamente fili conduttori di segnali elettrici oppure altri canali quali le fibre ottiche. Le porte effettuano operazioni elementari su bit in ingresso, trasformandoli secondo una precisa regola in bit in uscita. Vediamo qualche esempio. La porta logica più semplice è la porta NOT, che trasforma il bit 0 nel bit 1 e viceversa, rappresentata nella figura di sotto.

$$a \longrightarrow\!\!\!\!\!\!\!\!\!\triangleright\!\!\circ \longrightarrow \quad \mathrm{NOT}(a)$$

Porta classica NOT

Il bit *a* viene cambiato in NOT(*a*), dove NOT è la negazione, cioè NOT(0) = 1 e NOT(1) = 0. Altre porte elementari sono le porte AND, OR e FANOUT:

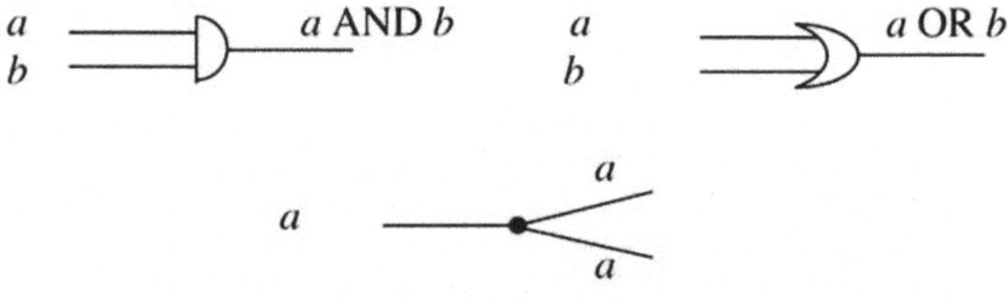

Esempi di porte classiche

Nella porta AND il bit di uscita (*a* AND *b*) vale 1 se entrambi i bit di ingresso *a* e *b* sono uguali a 1, altrimenti vale 0. Nella porta OR il bit di uscita (*a* OR *b*) vale 1 se almeno uno dei due bit di ingresso vale 1, altrimenti vale 0. La terza porta FANOUT è semplicemente un *duplicatore*: al bit di ingresso *a* corrispondono due bit di uscita entrambi uguali ad *a*. Combinazioni di queste porte elementari rendono possibile eseguire *qualunque operazione* che trasformi *n* bit di ingresso in *m* bit di uscita[3]. I circuiti logici dei calcolatori odierni sono quindi costituiti da porte elementari e da fili che trasportano i bit. Per convenzione nei circuiti i bit fluiscono da sinistra a destra.

Supponiamo di volere eseguire l'addizione binaria di due bit a e b, indicata con $a \oplus b$. Si ha:

$$0 \oplus 0 = 0$$
$$0 \oplus 1 = 1$$
$$1 \oplus 0 = 1$$
$$1 \oplus 1 = 0 \ .$$

Il circuito che esegue questa operazione sui due bit di ingresso è il seguente:

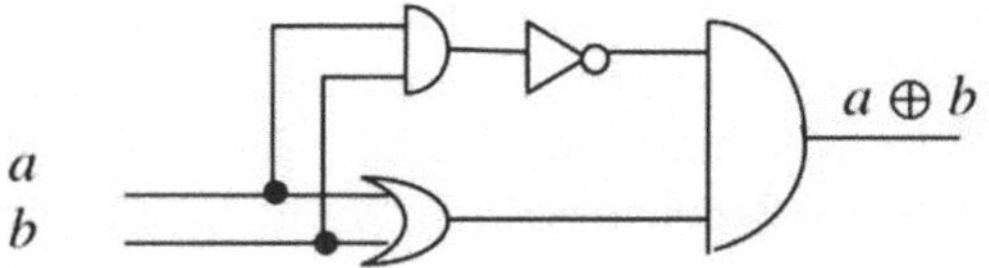

Circuito classico che esegue l'addizione binaria tra due bit

composto da due porte AND, due porte FANOUT, una porta NOT e una porta OR. L' operazione di questo circuito viene anche chiamata XOR.

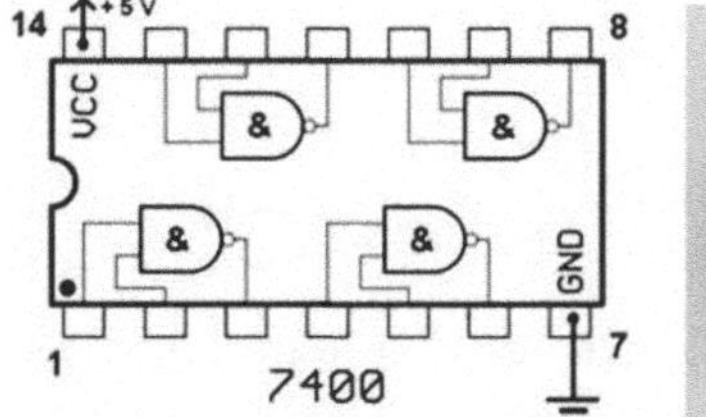

Schema circuitale e fotografia di un circuito integrato contenente porte logiche NAND

---

[3] Si dimostra che qualunque operazione può effettuarsi con combinazioni di sole due porte: la porta NAND, che si ottiene dalla porta AND facendole seguire la porta NOT, e la porta FANOUT. Si dice allora che l'insieme NAND e FANOUT è *universale* per la computazione classica.

Calcolatore quantistico

Un calcolatore quantistico agisce su qubit di ingresso trasformandoli in qubit di uscita, dove il qubit è il *quantum bit*, ovvero un qualunque sistema fisico quantistico a due stati di base, che continueremo a denotare con i simboli $|0\rangle$ e $|1\rangle$. Lo stato più generale di un qubit è una sovrapposizione dei due stati di base

$$a\,|0\rangle + b\,|1\rangle.$$

Anche il calcolatore quantistico è fatto di fili e porte: i fili trasmettono i qubit, le porte li trasformano secondo precise regole in altri qubit. Per esempio i fili possono essere fibre ottiche che trasportano i qubit sotto forma di fotoni polarizzati. Le porte quantistiche trasformano qubit di ingresso in qubit di uscita. Essendo i qubit stati fisici di sistemi quantistici, e quindi rappresentati da vettori di lunghezza 1, le porte quantistiche sono tali da conservare la lunghezza del vettore su cui agiscono. L'azione di una porta quantistica sarà quindi una rotazione sul vettore di ingresso:

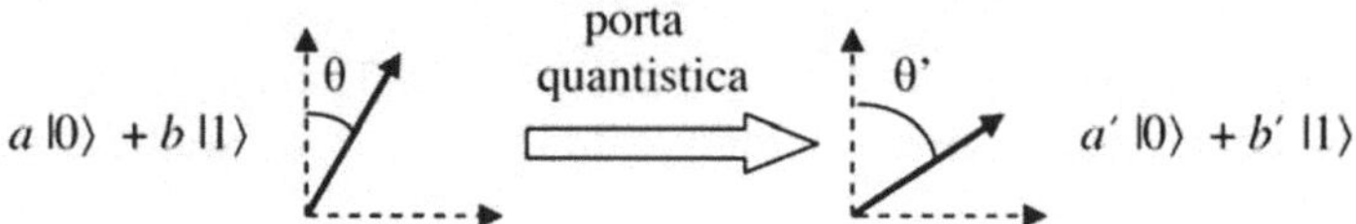

La rotazione di una somma di vettori è uguale alla somma dei vettori ruotati, come risulta visivamente:

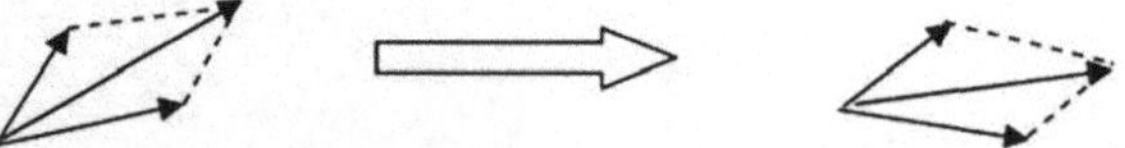

e quindi le rotazioni fanno parte di quelle operazioni su vettori che si dicono *lineari*: se indichiamo con ROT $|z\rangle$ il vettore $|z\rangle$ dopo la rotazione, si ha ROT$(a\,|v\rangle + b\,|w\rangle) = a$ ROT $|v\rangle + b$ ROT $|w\rangle$. Ne segue che per caratterizzare questo tipo di operazioni basta sapere come agiscono sui vettori di base, poiché ROT$(a\,|0\rangle + b\,|1\rangle)$ $= a$ ROT $|0\rangle + b$ ROT $|1\rangle$.

Per esempio le tre porte chiamate X, Z e H agiscono nel modo seguente:

$$a\,|0\rangle + b\,|1\rangle \longrightarrow \boxed{X} \longrightarrow b\,|0\rangle + a\,|1\rangle$$

$$a\,|0\rangle + b\,|1\rangle \longrightarrow \boxed{Z} \longrightarrow a\,|0\rangle - b\,|1\rangle$$

$$a\,|0\rangle + b\,|1\rangle \longrightarrow \boxed{H} \longrightarrow \frac{1}{\sqrt{2}}(a+b)\,|0\rangle + \frac{1}{\sqrt{2}}(a-b)\,|1\rangle \;.$$

Come risulta dalle definizioni, la porta X scambia tra loro i vettori di base (equivalente a quello che faceva la porta classica NOT), la porta Z cambia segno al vettore $|1\rangle$ e la porta H agisce sui vettori di base come segue: $H\,|0\rangle = 1/\sqrt{2}\,(|0\rangle+|1\rangle)$, $H|1\rangle=1/\sqrt{2}\,(|0\rangle-|1\rangle)$. Questi sono esempi di *porte a singolo qubit*.

Un esempio di *porta a due qubit* è la porta CNOT che agisce sul generico stato a due qubit come segue:

$$\alpha\,|0\rangle|0\rangle + \beta\,|0\rangle|1\rangle + \gamma\,|1\rangle|0\rangle + \delta\,|1\rangle|1\rangle$$

$$\text{CNOT} \Downarrow$$

$$\alpha\,|0\rangle|0\rangle + \beta\,|0\rangle|1\rangle + \delta\,|1\rangle|0\rangle + \gamma\,|1\rangle|1\rangle$$

cioè scambia i due vettori di base $|1\rangle|0\rangle$ e $|1\rangle|1\rangle$ nello spazio (a quattro dimensioni) degli stati di due qubit. La porta CNOT ha la rappresentazione grafica:

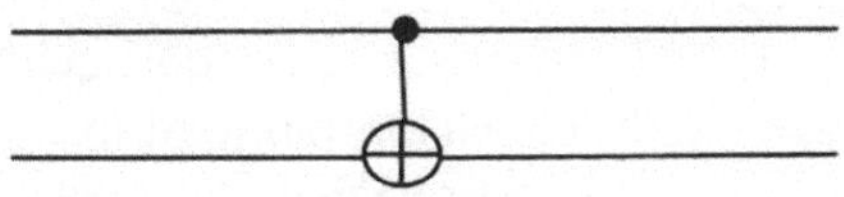

Rappresentazione grafica della porta CNOT

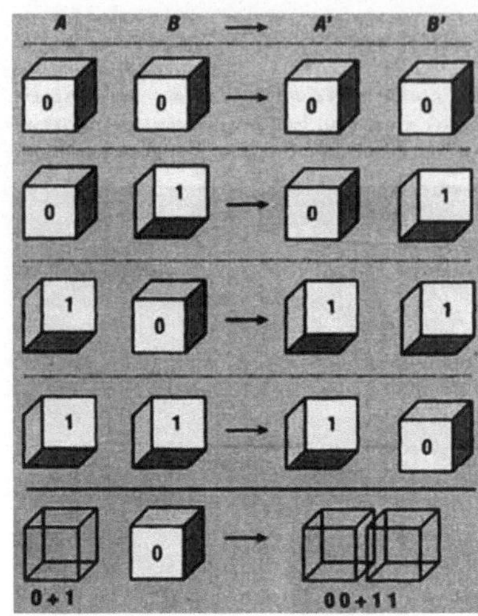

Tabella di verità della porta CNOT

dove le due linee rappresentano uno stato a due qubit sia in ingresso sia in uscita. La linea superiore corrisponde al primo qubit, detto *qubit di controllo*, la linea inferiore al secondo qubit, detto *qubit di target*. Questo perché quando CNOT agisce su $|0\rangle|0\rangle$ o $|0\rangle|1\rangle$, cioè su stati nei quali il qubit di controllo è $|0\rangle$, il qubit di target non viene modificato, mentre viene modificato se il qubit di controllo è $|1\rangle$. Si capisce allora la denominazione CNOT, ovvero Controlled NOT: quando il qubit di controllo è $|1\rangle$, sul secondo qubit agisce una porta NOT quantistica chiamata anche X (come definita sopra).

L'interesse della porta CNOT risiede nel fatto che con le porte a singolo qubit e la porta CNOT può realizzarsi qualunque circuito di calcolatore quantistico. L'insieme di queste porte è quindi *universale* per la computazione quantistica.

La porta CNOT *produce anche stati intrecciati*. Infatti, se applicata a uno stato sovrapposto del qubit di controllo, crea uno stato intrecciato dei due qubit:

$$\frac{|0\rangle + |1\rangle}{\sqrt{2}}|0\rangle \quad \xrightarrow{\text{CNOT}} \quad \frac{|0\rangle|0\rangle + |1\rangle|1\rangle}{\sqrt{2}} \ .$$

Realizzazione delle porte quantistiche fotoniche

Usando fotoni come "supporto" di qubit, sono immediatamente disponibili tutte le porte quantistiche a singolo qubit. Queste sono costituite da lamine di cristalli birifrangenti, in cui la luce si propaga a velocità diverse a seconda della sua polarizzazione (o più precisamente a seconda dell'angolo tra polarizzazione e asse ottico del cristallo). Questo fa sì che il cristallo sfasi tra loro le componenti polarizzate verticalmente e orizzontalmente dell'onda elettromagnetica che lo attraversa. In figura è rappresentata l'azione di una lamina che sfasa di mezza lunghezza d'onda le due componenti (chiamata anche *lamina lambda mezzi*), facendo così ruotare la polarizzazione dell'onda uscente di 90°.

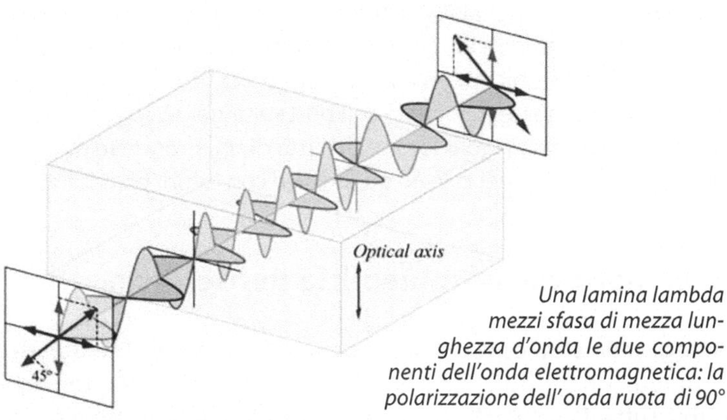

Una lamina lambda mezzi sfasa di mezza lunghezza d'onda le due componenti dell'onda elettromagnetica: la polarizzazione dell'onda ruota di 90°

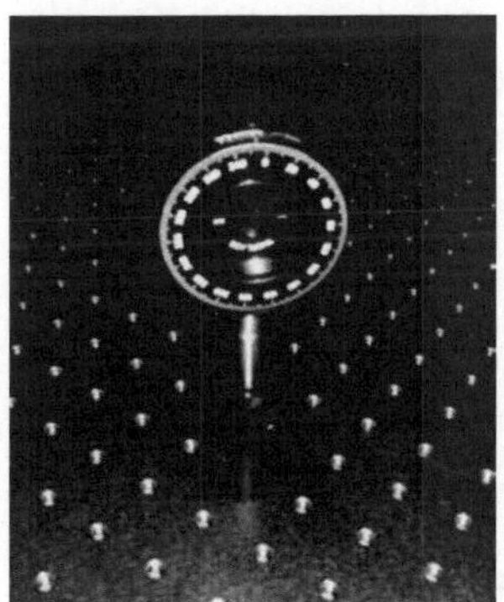

Lamina lambda mezzi con supporto rotante

Si dimostra che se θ è l'angolo tra polarizzazione e asse ottico, una lamina lambda mezzi ruota la polarizzazione dell' onda entrante di un angolo 2θ. Abbiamo così la possibilità di ruotare di un angolo arbitrario la polarizzazione dei fotoni, realizzando quindi l'azione di una qualsiasi porta[4] a singolo qubit.

Le difficoltà nascono per realizzare le porte a più qubit: questo perché i fotoni interagiscono molto debolmente tra loro. Tale caratteri-

---

[4] In realtà sono necessarie anche le cosiddette *lamine lambda quarti*, che trasformano fotoni polarizzati linearmente in fotoni polarizzati circolarmente. Per descrivere lo stato di questi ultimi sulla base $|0\rangle$, $|1\rangle$ sono necessari coefficienti complessi.

stica, molto importante per il mantenimento degli stati sovrapposti, è invece di notevole impiccio per la realizzazione, per esempio, della porta CNOT. Come abbiamo visto, questa porta è di importanza fondamentale: è universale (insieme alle porte a singolo qubit) e produce stati *entangled*. Una soluzione comunemente adottata consisteva nel fare ricorso a un cristallo non lineare, che mediasse l'interazione fotone-fotone, con lo svantaggio però che questa interazione avviene con bassissima probabilità. Recentemente è stato proposto da Knill, Laflamme e Milburn[5] un modo ingegnoso, che fa uso del teletrasporto di stati fotonici, per realizzare una porta CNOT senza nessun elemento non lineare, e cioè solo con porte a singolo qubit, e con sorgenti e rivelatori a singolo fotone. Si tratta di un progresso decisivo per la realizzazione del calcolo quantistico con fotoni polarizzati.

Non mancano i problemi: la decoerenza

A oggi sono stati costruiti solo i componenti più elementari dei computer quantistici: porte logiche che possono elaborare pochi qubit. Tuttavia, prima di arrivare all'assemblaggio di un vero e proprio calcolatore quantistico, bisogna superare alcuni ostacoli. La prima sfida è trovare il sistema fisico che meglio si addica a essere un qubit: tra i candidati, oltre ai fotoni, ci sono atomi, elettroni ma anche molecole e nubi (cioè gruppi) di atomi. Un secondo problema, in parte legato al primo, è il mantenimento e la corretta manipolazione di stati intrecciati. Infine per costruire un computer quantistico è indispensabile lavorare con sistemi quantistici il cui numero di componenti possa aumentare senza comprometterne il funzionamento (si dice allora che sono *scalabili*), deve cioè essere possibile lavorare con molti qubit insieme senza che questi interagiscano tra di loro in modo non controllato.

I qubit rappresentati dai fotoni hanno sicuramente il vantaggio di mantenere facilmente e per lungo tempo il loro stato (per esempio di polarizzazione), dato che interagiscono pochissimo tra di loro e si possono agevolmente isolare dall'ambiente che li circonda. Pro-

[5] E. Knill, R. Laflamme, G.J. Milburn, A scheme for efficient computation with linear optics, *Nature* 409: 46-52 (2001).

prio a causa di questa loro caratteristica, è difficile fare interagire due qubit tra di loro nella realizzazione di una porta CNOT. Si rivela invece molto più facile fare interagire due atomi. Inoltre, se disponiamo in fila a formare una catena un certo numero di atomi, abbiamo a disposizione una stringa di qubit con la quale poter fare dei calcoli (scalabilità). Questo è possibile per gli atomi carichi elettricamente, che possono essere immobilizzati dall'applicazione di un forte campo elettrico in un tubo a vuoto. Risulta invece impossibile immobilizzare una stringa di fotoni, i quali viaggiano a velocità c (o poco minore in un cristallo) e, essendo privi di carica elettrica, non sentono l'influenza di un campo elettrico. L'unico modo di confinare fotoni fa uso di cavità ottiche, nelle quali essi percorrono continuamente avanti e indietro lo spazio tra pareti riflettenti. D'altra parte la maggiore facilità degli atomi di interagire con altri atomi comporta dei problemi di scalabilità, cioè al crescere del numero degli atomi costituenti una stringa di qubit, diventa difficile evitare le interazioni non volute tra di essi. Mentre i computer attuali usano milioni di transistor concentrati nei microchip, a oggi si riesce a far lavorare solo poche unità di qubit per eseguire semplici calcoli. È chiaro che per arrivare a una computazione quantistica utile ci sarà bisogno di un gran numero di qubit stabili e facilmente controllabili.

Le sbalorditive capacità di cui si è parlato in precedenza dunque non sono immuni da difficoltà di realizzazione soprattutto con l'aumentare del numero di qubit. Inoltre i dati memorizzati come correlazione e sovrapposizione di stati quantistici sono intrinsecamente fragili a causa delle scale alle quali si lavora. In un computer quantistico infatti le informazioni vengono memorizzate a livello atomico-molecolare, vale a dire a scale dell'ordine dell'Angstrom (10^{-10} metri), dove anche la più piccola interazione con l'ambiente ha un effetto del tutto simile a quello della misura: modifica il sistema stesso e quindi degrada o distrugge del tutto l'informazione quantistica. Per esempio un atomo contenente un qubit, e quindi informazione utile, potrebbe scontrarsi con un altro atomo dello stesso sistema, modificando così il suo stato e perdendo l'informazione in esso codificata. Tale processo è noto come *decoerenza*. Citando Sergio Doplicher[6], dell'Università di Roma La Sapienza:

---

[6] S. Doplicher, Scienza e conoscenza, etica e cultura: la prospettiva della fisica, *Rivista della Unione Matematica Italiana* (I) III: 271-309 (agosto 2010).

La coerenza viene completamente distrutta nell'amplificazione al mondo macroscopico, in quanto ogni parte di apparato di amplificazione è composta da miriadi di particelle: le quali danno luogo ad incontrollabili interferenze, complessivamente distruttive, sì che dopo l'amplificazione l'alternativa è solo del tipo testa/croce per la moneta.

Sebbene si tratti di un annoso problema che devono affrontare i fisici e gli ingegneri che tentano di progettare e costruire prototipi di computer quantistici, è proprio grazie alla decoerenza che nel mondo macroscopico vigono le leggi della meccanica classica che sperimentiamo ogni giorno. È grazie all'interazione delle particelle con l'ambiente circostante che il libro che state leggendo non è contemporaneamente nello stato aperto *e* chiuso (e voi in una sovrapposizione schizofrenica di stati tra "leggo" *e* "non leggo"!)

Nel 1935, in un carteggio tra Einstein e Schrödinger sull'articolo EPR, Schrödinger propone la seguente situazione, che sembra *trasferire a livello macroscopico di un essere vivente la sovrapposizione di uno stato quantistico.* Un gatto viene chiuso in una scatola insieme a una piccola sorgente radioattiva e un contatore Geiger. La sorgente radioattiva è tale che in un'ora un suo atomo decade o non decade con probabilità ½ . Se l'atomo decade, il contatore Geiger lo rileva e aziona, tramite un relè, un martelletto che rompe un'ampolla di acido cianidrico. Quindi il povero gatto ha probabilità ½, in un'ora di soggiorno nella scatola, di morire avvelenato.

Il gatto di Schrödinger

Per un osservatore esterno, che vede solo la scatola chiusa, in che stato è il gatto dopo un'ora? La prima risposta potrebbe essere: nello stato sovrapposto.

$$\frac{|\,gatto\,vivo\rangle + |\,gatto\,morto\rangle}{\sqrt{2}}$$

Sia Einstein sia Schrödinger ritenevano assurdo questo stato per il gatto, e soprattutto ritenevano assurdo sostenere che solo dopo aver aperto la scatola (e quindi "misurato" lo stato di vita o di morte del gatto), il gatto precipiti in uno dei due stati "classici" possibili. Da qui prendevano le mosse per una critica alla cosiddetta "interpretazione di Copenhagen" della meccanica quantistica. Oggi si ritiene per lo più che, a causa della decoerenza che si ha inevitabilmente nel passare dal microscopico al macroscopico (tranne in alcuni casi eccezionali), il gatto non possa stare in una sovrapposizione quantistica. In qualche modo la decoerenza si pone come linea di confine tra mondo classico e mondo quantistico. Dove finisce il mondo governato dalle leggi quantistiche e dove inizia quello governato dalle, a noi più note, leggi della meccanica classica? Sappiamo che le particelle come elettroni, fotoni e atomi isolati sottostanno ai principi di indeterminazione e di sovrapposizione e sono influenzate dai tentativi di misura dei loro stati. Invece sappiamo bene che tutti gli oggetti macroscopici, dalla pallina da tennis al più grande aereo mai costruito, obbediscono alle più rassicuranti leggi newtoniane. Ma quando esattamente, nel passaggio dal micro al macro, spariscono gli effetti quantistici? Si tratta di un dilemma teorico intricato, a cui non si è ancora trovata una risposta. A prima vista sembrerebbe esserci un confine a livello di ordine di grandezza o di numero di particelle che compongono un determinato sistema: una particella da sola può stare in una sovrapposizione di stati ma tante particelle insieme interagiscono e il vettore che descrive lo stato di ciascuna decade in uno stato preciso definendo un determinato stato macroscopico. Un gruppo dell'università di Vienna nel 2003 ha invece scoperto che le molecole di fluoro fullerene, composte da 108 atomi l'una, mostrano comportamenti ondulatori se fatti passare attraverso una doppia fenditura! Allora anche questo

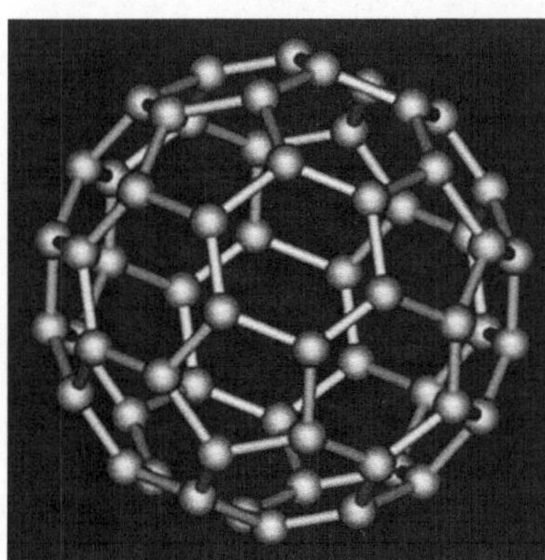

Molecola di fullerene

tipo di "confine", oltre il quale ci sembrava lecito usare descrizioni fisiche tipicamente newtoniane, diventa assai ambiguo.

I tentativi di realizzare un computer quantistico impongono comunque di dover arginare, per quanto possibile, la decoerenza.

Realizzazione dei calcolatori quantistici

In diversi laboratori del mondo sono in corso sperimentazioni che tendono a realizzare prototipi di calcolatori quantistici. Abbiamo già discusso delle porte quantistiche operanti su fotoni polarizzati. Gli sviluppi più recenti della computazione quantistica fotonica includono la costruzione di un chip al silicio lungo 26 millimetri da parte di un gruppo di ricerca di Bristol (UK), nel quale circolano fotoni invece che elettroni. Il chip, costruito da Jeremy O'Brien, Jonathan Matthews e Alberto Politi, è in grado di eseguire l'algoritmo di Shor, limitatamente a casi molto semplici, del tipo $15 = 3 \times 5$.

Altri candidati promettenti come prototipi di computer quantistico sono le trappole a ioni, i centri N-V del diamante e i prototipi che sfruttano la risonanza magnetica nucleare. Qui di seguito parleremo solo dei primi due prototipi che sono sufficienti a dare un'idea di come possa realizzarsi fisicamente un computer quantistico.

Trappole a ioni

Uno dei modi per contrastare il fenomeno della decoerenza è abbassare molto la temperatura del sistema in esame. Essa è infatti legata in modo direttamente proporzionale all'energia cinetica e quindi ai movimenti delle molecole e degli atomi costituenti il sistema. Quindi abbassare la temperatura equivale a minimizzare la probabilità che avvenga un' interazione non voluta tra particelle.

Gli ioni, messi in una camera a vuoto e sottoposti a raffreddamento laser per contrastare la decoerenza, sono tra i candidati favoriti nella gara al miglior supporto per eseguire calcoli quantistici. Gli ioni sono atomi a cui sono stati sottratti uno o più elettroni; essi acquistano quindi una carica positiva, rispetto all'atomo originario, che li rende sensibili ad applicazioni di campi elettrici. Tipici esempi di ioni sono il cloro e il sodio che si legano a formare, con legame ionico, il cloruro di sodio ovvero il sale da cucina.

Se si applica una differenza di potenziale opportuna nello spazio in cui è contenuto uno di questi ioni, esso leviterà e si orienterà in modo che la sua carica positiva, vale a dire il nucleo atomico, sia rivolta verso l'elettrodo negativo, mentre le orbite degli elettroni che costituiscono la parte elettronegativa dell'atomo tenderanno a spostarsi parzialmente dalla parte opposta. Lo ione sottoposto a un campo elettrico si atteggia allora come una piccola barretta che, orientandosi in modi diversi, può rappresentare gli stati $|0\rangle$ e $|1\rangle$ di un qubit. Le sovrapposizioni di stati in questo caso sono da pensare come orientazioni intermedie tra $|0\rangle$ e $|1\rangle$ dovute all'applicazione di un campo elettrico non sufficientemente intenso da far orientare in su o in giù lo ione. Christopher Monroe dell'università del Maryland e David Wineland del NIST a Boulder in Colorado hanno sperimentato la così detta "trappola a ioni", un tubo a vuoto in cui gli ioni levitano in fila a formare una stringa di qubit. Il raffreddamento laser poi assorbe l'energia cinetica degli atomi, tramite la diffusione di fotoni, e li rende così più facilmente maneggiabili. A questo punto usando fasci laser molto focalizzati, dal diametro minore di quello di un capello, si possono manipolare i singoli ioni.

Il passo successivo è accoppiare gli ioni tra loro per creare porte logiche. Nel 1995 Ignacio Cirac e Peter Zoller dell'università di Innsbruck proposero di sfruttare il fenomeno della repulsione coulombiana tra atomi aventi la stessa carica elettrica. Uno ione, che denominiamo con la lettera A, costretto a stare immobile nella trappola, e isolato dal resto dell'ambiente, non potrà comunque fare a meno di "sentire" la carica positiva degli altri ioni. Se un suo vicino, che chiamiamo B, viene colpito e fatto oscillare da un fascio laser, anche A tenderà a oscillare. Utilizzando poi un fascio laser generato in modo opportuno si può fare in modo che B influenzi A solo se l'orientazione di A corrisponde allo stato 1. In questo modo relativamente semplice è stata realizzata una porta CNOT.

Attualmente i ricercatori hanno realizzato porte logiche la cui probabilità di svolgere un'operazione in modo errato è inferiore all'1%. Per aumentare l'affidabilità delle porte logiche si deve mini-

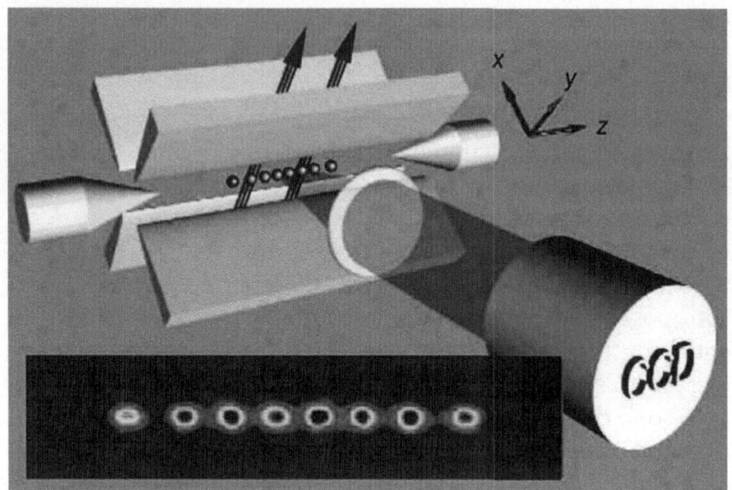

Raffigurazione di una trappola contente ioni $^{40}Ca^+$. Le frecce indicano i fasci laser utili al raffreddamento. L'immagine in basso mostra la stringa di otto ioni come fotografata da una fotocamera CCD. La distanza dei due ioni centrali è di circa 8 micrometri

mizzare il rumore di fondo che in questo prototipo è costituito dalle interazioni non volute tra gli ioni.

Un'importante caratteristica che devono possedere i candidati qubit è una memoria affidabile. Gli ioni sono abbastanza "robusti" dato che, una volta sottoposti a campi elettromagnetici, sono in grado di mantenere inalterato il loro stato per tempi superiori ai dieci minuti.

Il problema principale che affligge un prototipo a ioni consiste nel fatto che stringhe composte da più di una ventina di ioni intrappolati diventano *instabili* a causa dell'interferenza dei numerosi modi di moto collettivo degli ioni stessi. Quindi la scalabilità del prototipo è compromessa. Per risolvere questo problema ci sono varie proposte. Una di queste consiste nel mantenere le stringhe corte e farle spostare all'occorrenza all'interno del computer tramite l'applicazione di campi elettrici che non disturbino i loro stati interni e quindi preservino i dati che contengono. Per controllare gli spostamenti di queste stringhe in modo preciso ci sarebbe bisogno di elettrodi molto piccoli, intorno a 100 milionesimi di metro. Fortunatamente i ricercatori hanno a disposizione tecniche di microfabbricazione, sistemi microelettromeccanici (MEMS) e la litografia, già utilizzata per le componenti dei computer attuali. A questo proposito è interessante notare come le applicazioni della meccanica quantistica vengano in aiuto a se stesse in un circolo virtuoso: a fianco della litografia classica infatti si sta facendo strada la litografia quantistica che, sfruttando l'*entanglement*, è in grado di superare i limiti di quella classica dovuti a fenomeni diffrattivi, come discuteremo più avanti.

Ricercatori delle università del Maryland e del Michigan hanno realizzato, negli ultimi anni, trappole ioniche integrate su strutture a semiconduttore di arseniuro di Gallio. Al NIST hanno sviluppato una geometria di intrappolamento in cui gli ioni fluttuano sulla superficie del chip quantistico. Infine i gruppi dell'Alcatel-Lucent e dei Sandia National Laboratories hanno fabbricato microchip quantistici al silicio. I problemi legati a questi chip sono ancora relativi al rumore generato dalle interazioni atomiche tra i componenti di questi prototipi. Per esempio è necessario raffreddare gli elettrodi con azoto liquido o elio liquido per evitare di scaldare gli ioni e quindi rendere instabili le informazioni che essi contengono.

Un approccio alternativo che cerca di evitare il problema del surriscaldamento consiste nell'utilizzo dei fotoni come mediatori

Esempio di trappola lineare per confinare ioni tramite un intenso campo elettrico ad alta frequenza

tra diverse stringhe. In questo modo si può effettuare *entangle-ment* tra gli ioni facendo interagire i fotoni che essi hanno emesso. Secondo idee descritte nel 2001 da Cirac, Zoller, Luming Duan dell'università del Michigan e Mikail Lukin della Harvard University, gli ioni intrappolati emettono fotoni con caratteristiche, come la polarizzazione o la frequenza, accoppiate allo stato dello ione emettitore.

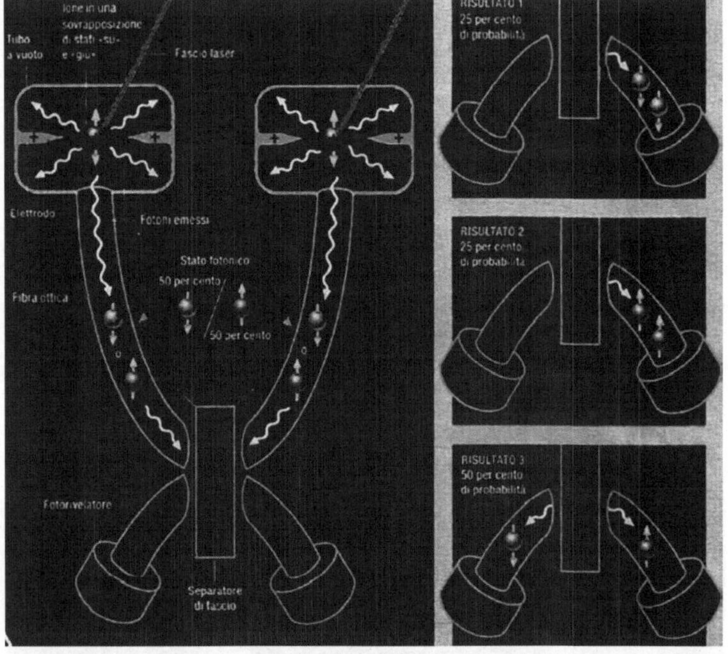

Due ioni possono risultare intrecciati se i fotoni da essi emessi vengono fatti interagire all'interno di un separatore di fascio

Una volta emessi, i fotoni viaggiano in fibra ottica verso un separatore di fascio orientato in modo da agire al contrario, vale a dire unendo i fasci anziché separandoli. Questo può produrre un *entanglement* tra i fotoni e in tal caso anche gli ioni che li hanno prodotti, e con i quali rimangono legati, restano tra loro correlati.

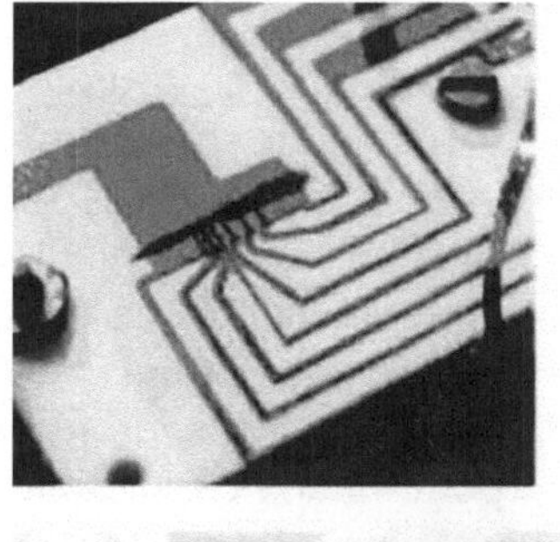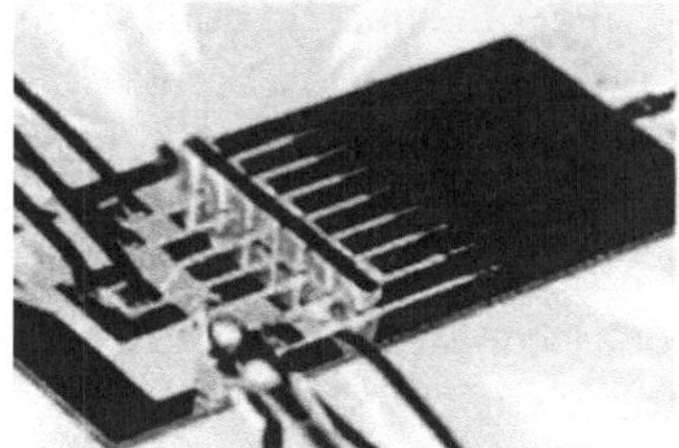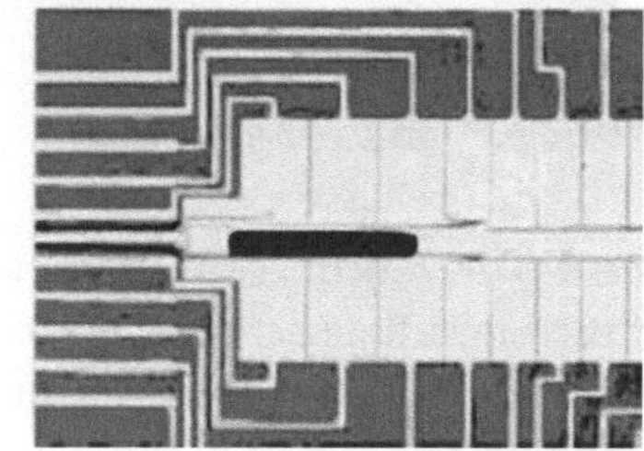

Esempi di trappole ioniche

Computer a diamanti

Mentre il problema principale dei prototipi di computer quantistici finora ideati è il raffreddamento, indispensabile per minimizzare il rumore in qualsiasi sistema microscopico, si è scoperto che il diamante è in grado di mantenere la correlazione tra particelle senza necessariamente dover essere raffreddato.

Quanto costeranno i computer quantistici se verranno costruiti con i diamanti? Se è questo che vi state chiedendo, niente paura. I diamanti che vengono usati per questi tipi di applicazioni sono sintetici e hanno un aspetto molto diverso dalle pietre preziose utilizzate per i gioielli. Pur essendo molto meno costosi di questi ultimi, sono altrettanto preziosi dal punto di vista scientifico grazie alla loro versatilità in molte applicazioni ingegneristiche. I progressi recenti nelle scienze dei materiali hanno permesso di costruire pellicole di diamante di alcuni centimetri quadrati e spesse poche decine di nanometri (miliardesimi di metro). Quello che queste pellicole hanno in comune con le pietre preziose è la struttura molecolare a reti-

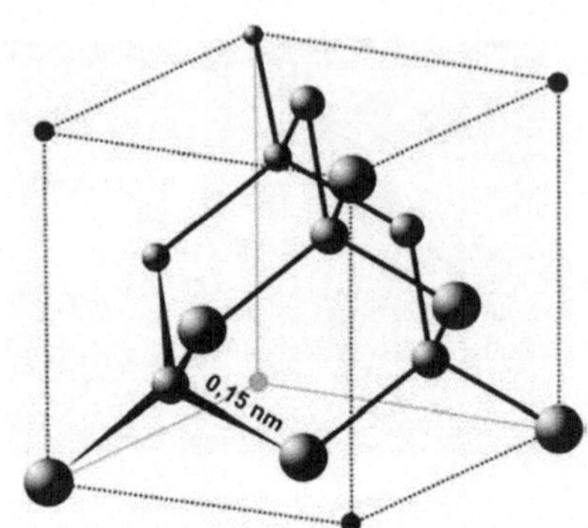

Struttura tetraedrica del diamante

colo cristallino: gli atomi di carbonio che costituiscono il diamante sono disposti a formare strutture tetraedriche simili a quella raffigurata nell'immagine. Questa struttura può diventare l'unità di supporto di uno o più qubit. Per preparare un qubit a partire da una molecola di cristallo, è necessario innanzi tutto sostituire due atomi di carbonio al centro del reticolo con un atomo di azoto (la sferetta indicata dalla freccia nella figura che segue) e con una lacuna (sferetta grigio chiaro al centro); questa zona della molecola viene così chiamata "centro azoto-lacuna" o "centro N-V" (ovvero *nitrogen-vacancy center*).

L'operazione di sostituire atomi di carbonio con altri atomi all'interno di un reticolo cristallino viene chiamata *drogaggio*, e quando la si esegue si dice che "si inserisce un' impurità nel diamante". Se il diamante è puro, quindi costituito da molecole contenenti solo atomi di carbonio, è un isolante elettrico, in grado di bloccare la corrente. Quando viene drogato, il diamante può diventare un semiconduttore, cioè può assumere una capacità di condurre corrente che è intermedia tra quella dei conduttori e degli isolanti. In un centro N-V di diamante gli elettroni hanno orbite che comprendono la lacuna, l'atomo di azoto e i tre atomi di carbonio adiacenti.

I centri di questi reticoli, se colpiti da luce alle frequenze del visibile, appaiono per fluorescenza come punti luminosi con due intensità diverse, corrispondenti a due diversi stati di spin: ai punti più luminosi si assegna l'1 e a quelli meno luminosi lo 0.

Onde radio di opportune frequenze sono in grado di commutare questi centri tra 0 e 1, facendoli passare attraverso stati di transizione che sono sovrapposizioni quantistiche di questi due stati e che, se illuminati con luce visibile, appaiono con luminosità intermedie. Ma questo non basta: tali strutture permettono anche di eseguire calcoli. Se infatti si inserisce un secondo atomo di azoto al posto di un atomo di carbonio in prossimità di un centro, si avranno

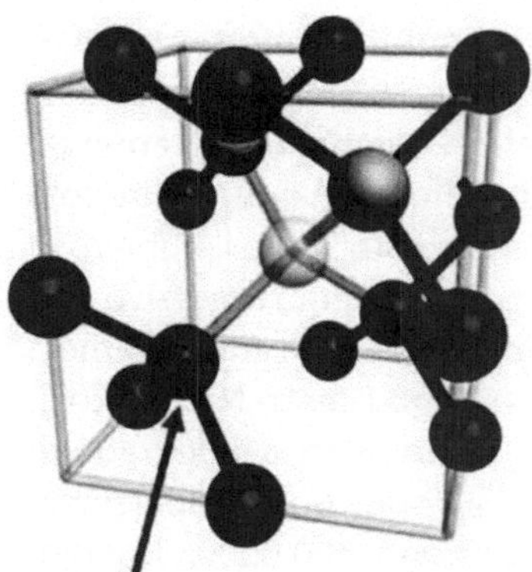

Qubit creato in una molecola di cristallo. Con la freccia è indicato l'atomo di azoto che ha sostituito un atomo di carbonio. La sferetta in grigio chiaro al centro del cubo rappresenta invece la lacuna

a disposizione due qubit in grado di eseguire calcoli logici. La presenza del secondo atomo modifica la differenza di energia presente tra gli stati 0 e 1 del primo. Di conseguenza, la frequenza necessaria per commutare il centro N-V dipende dallo stato del secondo atomo di azoto. Usando le onde radio anziché radiazione nel visibile, e quindi diminuendo la frequenza, è possibile commutare il primo qubit solo se l'atomo di azoto è nello stato 1. Se invece quest'ultimo è nello stato 0, le onde radio non hanno influenza sullo stato di spin del centro N-V. Abbiamo di nuovo una porta CNOT! È quindi nuovamente a disposizione la possibilità di svolgere tutti i calcoli possibili.

Qual è però la carta vincente del diamante rispetto ad altre proposte di supporti al calcolo quantistico? È la stabilità degli spin di diamante rispetto a disturbi ambientali *anche a temperatura ambiente*. In genere gli spin dei materiali solidi hanno due tipi di interazione: la prima è un'interazione detta "accoppiamento spin-orbita" per cui l'orbita nella quale si trova l'elettrone è in grado di influenzarne lo spin; la seconda è l'interazione magnetica con altri spin, per esempio quelli dei nuclei degli atomi che formano il reticolo. Nel diamante entrambi gli effetti sono deboli per una caratteristica intrinseca degli atomi di carbonio-12: i loro nuclei hanno spin nullo e quindi non influenzano in alcun modo lo spin del centro N-V anche a temperatura ambiente. Nonostante questa notevole stabilità, lo stato quantistico di un centro N-V è in grado di sussistere immutato "solo" per un millesimo (10^{-3} s) di secondo. Sembrerebbe poco per eseguire dei calcoli. Un'onda radio indirizzata sul centro N-V è però in grado di modificarne lo spin nel modo desiderato nel giro di soli 10 nanosecondi ($10 \times 10^{-9} = 10^{-8}$ s). Ne deriva che, durante il millesimo di secondo di vita del qubit, si possono implementare ben ($10^{-3}/10^{-8} = 10^{5} =$) 100.000 operazioni su di esso.

La vita abbastanza duratura di un qubit permette anche di effettuare una correzione degli errori come per i computer classici. Questa è possibile solo se gli errori compaiono raramente. Nel caso quantistico una regola di massima è che può fallire solo una operazione su 10.000; se si supera questo limite il numero di errori introdotti nel corso delle operazioni diventa eccessivo e va a inficiare una corretta computazione. Nel caso in cui abbiamo a che fare con qubit i cui supporti fisici sono i centri N-V, la possibilità di errore è al di sotto della soglia in quanto il degrado di uno spin di diamante avviene in media dopo 100.000 operazioni e quindi la possibilità di errore è di uno ogni 100.000, vale a dire 10 volte al di sotto della soglia.

Oltre a eseguire operazioni, un computer deve essere in grado di memorizzare dati. Com'è possibile immagazzinare dati in un diamante per tempi superiori al millisecondo? Il gruppo di Milkhail Lukin all'università di Harvard ha sviluppato un metodo di memorizzazione basato sui nuclei degli atomi di carbonio-13 i quali, avendo un neutrone in più rispetto ai nuclei del carbonio-12, possiedono uno spin non nullo. Trasferendo l'informazione codificata in un centro N-V nello spin di questo nucleo, il gruppo di Harvard è riuscito a rileggere l'informazione dopo 20 millisecondi; sembra inoltre che l'informazione possa mantenersi inalterata per alcuni secondi.

Dato che un computer quantistico per funzionare ha bisogno di molti qubit, sono necessari più centri N-V che possano interagire tra loro anche a distanza utilizzando i fotoni come mediatori. Un modo per favorire le interazioni tra fotoni e centri N-V è stato ideato dal gruppo del Center for Spintronics and Quantum Computation dell'università della California a Santa Barbara. Si tratta di inserire i centri N-V in cavità ottiche e controllare le interazioni fotoni-centri N-V attraverso elettrodi che inducono differenze di potenziale. Il chip quantistico ideato dal gruppo dell'università della California è così costituito da milioni di cavità ottiche, ognuna delle quali formata da una struttura di fori incisa nel diamante.

Sembra quindi che il diamante possa offrire un valido supporto per processare informazione quantistica ed essere quindi un valido candidato per la progettazione di un computer quantistico. Notiamo anche che non è solo la computazione quantistica a trarre beneficio dalle potenzialità del diamante. La capacità del centro N-V di emettere un singolo fotone alla volta, se eccitato da un fascio laser, ha fatto assumere al centro N-V anche il ruolo di sorgente a singolo fotone, indispensabile ai protocolli di crittografia quantistica. I fotoni prodotti per fluorescenza dagli elettroni di un centro N-V hanno infatti una polarizzazione definita in quanto legata al determinato spin dell'elettrone che lo ha emesso.

E se anziché evitare le interazioni ambientali le sfruttassimo?

Come afferma Vlatko Vedral dell'università Nazionale di Singapore e Oxford, l'ambiente può avere una funzione positiva se sfruttato in modo appropriato. Un approccio in questa direzione è stato suggerito da Jianming Cai e Hans J. Briegel dell'istituto di ottica quantistica e informazione quantistica di Innsbruck in Austria e da Sandu Popescu dell'università di Bristol in Inghilterra.

Supponiamo di avere una molecola a forma di "V" che si può aprire e chiudere come un paio di pinzette; quando la molecola si chiude i due elettroni sulle estremità dei bracci della V diventano *entangled*. Se a questo punto la molecola rimanesse chiusa, l'ambiente circostante interverrà per rompere irreparabilmente la correlazione. Se invece, una volta stabilito l'*entanglement*, aprissimo la molecola lasciando i due elettroni ancora più esposti all'ambiente, per poi richiuderla, l'*entanglement* si riformerebbe esattamente come prima. Se apriamo e chiudiamo in modo sufficientemente veloce la molecola, l'intervallo di tempo in cui non vi è correlazione diventa trascurabile ed è come se l'*entanglement* non si interrompesse mai. Questo tipo di *entanglement*, definito "dinamico", nonostante l'oscillazione può fare le stesse cose di quello statico.

Un approccio alternativo usa gruppi di particelle per immagazzinare dati che agiscono collettivamente come una sola particella. Data la sua dinamica interna il gruppo può avere diversi stati di equilibrio corrispondenti a stati di energia tra loro comparabili. I dati possono così essere immagazzinati in questi stati di equilibrio piuttosto che nelle singole particelle. Tale approccio, proposto circa dieci anni fa da Alexei Kitaev, è conosciuto come "correzione passiva di errori" perché non richiede di controllare in modo attivo le particelle: se il gruppo devia dall'equilibrio, è l'ambiente stesso a riportarlo all'equilibrio; solo una temperatura particolarmente alta porta l'ambiente a distruggere lo stato di equilibrio del gruppo. In pratica, data la condizione di equilibrio dinamico del sistema, l'ambiente aggiunge errori tanto quanto li rimuove.

"Information is physical"

Abbiamo visto che l'interazione di un qubit con l'ambiente circostante lo modifica facendogli perdere l'informazione che ha immagazzinato. Vi è uno stretto e affascinante legame tra l'informazione e il suo supporto fisico e quindi tra la teoria dell'informazione e la fisica. Come afferma Rolf Landauer, ricercatore dei laboratori IBM, "Information is physical" ovvero "l'informazione è una quantità fisica". In effetti l'informazione è contenuta in oggetti che possono essere del tutto diversi: le parole pronunciate sono convogliate dalle variazioni di pressione dell'aria, quelle scritte dalla disposizione delle molecole di inchiostro sulla carta, perfino i pensieri corrispondono a particolari configurazioni dei neuroni e delle sinapsi. Come per alcune quantità della fisica, l'informazione viene lasciata immutata da certe trasformazioni. L'energia proveniente dalla combustione di zuccheri e grassi utilizzati dai vostri muscoli quando pedalate su una bicicletta diventa energia cinetica che fa muovere le ruote, la quale, a sua volta, diventa energia elettrica che fa accendere la lampadina tramite la dinamo: la quantità fisica costante è l'energia, essa si trasforma assumendo varie forme di volta in volta.

Allo stesso modo l'informazione che trasmette un'insegnante durante una spiegazione si propaga e arriva fino agli studenti tramite onde sonore generate dalle sue corde vocali, diventa poi informazione scritta con carta e penna nei loro appunti e può essere anche

L'energia prodotta dalle contrazioni muscolari del ciclista diventa energia cinetica, la quale a sua volta diventa in parte energia elettrica che fa accendere il faretto

tradotta in un'altra lingua se necessario: si tratta sempre di informazione, espressa in modi diversi tramite diversi supporti fisici. L'informazione stessa si comporta in qualche modo come una grandezza fisica, che può essere conservata, trasformata, misurata e dissipata.

Ogni processo di manipolazione e trasmissione dell'informazione, cioè quello che fa ogni calcolatore, è un processo fisico e come tale obbedisce alle leggi della fisica: nei computer quantistici sono quelle della fisica quantistica.

Ma come sarà fatto un computer quantistico?

Tutti hanno più o meno un'idea di come sia fatto, almeno esternamente, un attuale computer. Ma se si potesse osservare un computer quantistico che cosa si vedrebbe? Certamente qualcosa di molto diverso da un computer tradizionale. Probabilmente si riconoscerebbero ancora uno schermo e una tastiera, ma il resto sarebbe molto differente. Si vedrebbero dispositivi dalle forme inconsuete, come generatori di onde elettromagnetiche o di impulsi *laser* o, ancora, complessi dispositivi di raffreddamento. La maggior parte dei prototipi di circuiti quantistici finora realizzati sono aggregati di atomi o molecole, talora sospesi nel vuoto o immersi in sostanze liquide, e sottoposti a campi magnetici o a radiofrequenze. Nulla di simile, quindi, a un tradizionale *chip* all'interno del quale circolano microscopiche correnti.

La differenza è, in realtà, più profonda. Il computer quantistico non è un'evoluzione di quello classico ma una macchina del tutto diversa. Come viene spiegato da due esperti nel campo, Neil Ger-

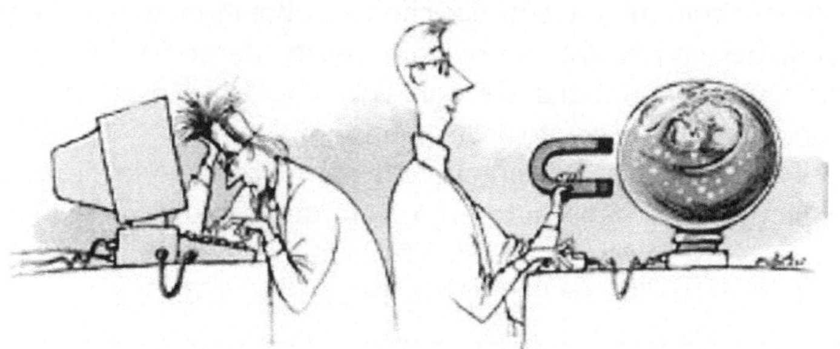

Un computer quantistico potrebbe non avere nulla da spartire con un computer attuale

shenfeld e Isaac L. Chuang, autori dell'articolo *Quantum Computing with Molecules* uscito sulla rivista *American Science*:

> Forse l'aspetto più soddisfacente è il fatto che la costruzione di un tale computer non richiederà la fabbricazione di alcun circuito in miniatura o di qualche altro progresso nelle nanotecnologie. In effetti la natura ha già completato la parte più impegnativa del processo assemblando le varie componenti. Fino a ora le ordinarie molecole hanno saputo come fare un significativo tipo di computazione. La gente non stava facendo loro le domande giuste.

Ma c'è di più. Seth Lloyd, professore di ingegneria meccanica al MIT (Massachusetts Institute of Technology), è tra i pionieri della computazione quantistica e ha scritto un libro con un titolo che sembrerebbe metaforico: *Programming the Universe*. Come afferma l'autore in un'intervista pubblicata sul sito della *Technology Review* nel giugno 2006, tale titolo non è una metafora:

> non potremmo costruire un computer quantistico a meno che l'universo non fosse *quantistico* e *computabile*. Noi possiamo immagazzinare e trattare informazione nel regno quantico. Quando costruiamo computer quantistici, stiamo dirottando la computazione basilare in corso al fine di fare le cose che vogliamo: calcoli tramite le porte logiche AND, OR, NOT. Stiamo facendo funzionare l'universo come un programma informatico.[7]

In pratica, sempre citando Lloyd, è possibile immaginare le leggi della fisica come programmi informatici e l'universo come un immenso computer quantistico che sta elaborando se stesso evolvendo nel tempo. Gli elettroni, i fotoni e altre particelle elementari immagazzinano bit di dati e, ogni volta che due di esse interagiscono, vengono eseguite delle operazioni.

L'esistenza fisica e il contenuto d'informazione sono inestricabilmente legati. "Computo ergo sum" direbbe un Cartesio dei giorni nostri. Oppure come dice il fisico John Wheeler in un inglese molto conciso: "it from bit", ovvero "l'essere nasce dal bit".

---

[7] http://www.technologyreview.com/Infotech/17091/page2/

Capitolo 7
Il teletrasporto nella realtà

Veronica Quaife: "Non credo di arrivarci, cos'è accaduto?"
Seth Bundle: "Ci è arrivata ma non lo accetta"
(dopo che Seth Bundle ha azionato il teletrasporto spostando
una calza della giornalista da una cabina all'altra).
David Cronenberg, *La Mosca*

Nel Capitolo 1 abbiamo parlato di teletrasporto nella sua tradizionale "veste" fantascientifica, come un trasferimento senza moto intermedio. Lo abbiamo anche assimilato a qualcosa di simile a un fax tridimensionale, un'idea in linea di principio concepibile per la fisica classica (pre-quantistica): si acquisisce informazione sull'oggetto da teletrasportare e, a partire da questa informazione, si modella del materiale "grezzo" per creare una copia dell'oggetto di partenza. Più precisamente si ordinano atomi e molecole nello spazio e nel loro spettro di energia nello stesso modo in cui lo sono nell'oggetto di partenza. Il risultato di questa operazione è aver prodotto una copia dell'oggetto originale. Un esempio schematico di questo procedimento è mostrato nello schema sottostante dove l'oggetto da teletrasportare è un gatto.

Abbiamo anche accennato alle difficoltà che si incontrerebbero tentando di teletrasportare oggetti macroscopici secondo questa idea di teletrasporto. In linea di principio sarebbe comunque possibile, per la meccanica classica, acquisire un'informazione

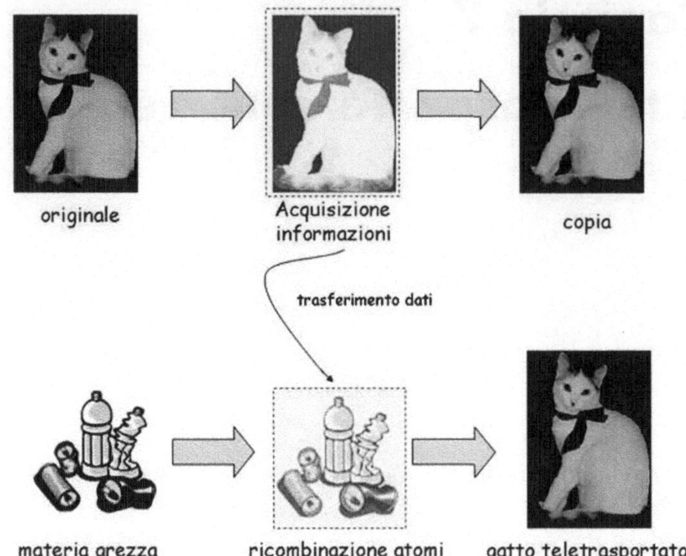

Schema di teletrasporto assimilato al processo di creazione di un fax tridimensionale

completa sull'oggetto da teletrasportare. Questo invece è impossibile quando si scende a scala molecolare, perché la misura disturba ineluttabilmente il sistema microscopico che vogliamo "scansionare": per "guardare" una particella bisogna farla interagire con fotoni che ritornino al nostro occhio, e ognuno di questi fotoni darà una "spinta" alla particella, rendendo del tutto impredicibile la sua velocità. È come cercare di individuare al buio la posizione di un candelabro agitando in aria una scopa. Nel momento in cui lo troviamo lo avremo spostato in una direzione ignota! L'effetto della misura su una particella è tale che, se la particella si trova in uno stato sovrapposto, *la misura costringe la particella a "scegliere" uno dei vari stati della sovrapposizione*. Qui viene alla mente il matematico e filosofo Gottfried Leibniz con i suoi infiniti mondi possibili, dei quali quello in cui viviamo è il migliore; oppure il filosofo danese Søren Kierkegaard con la sua angoscia di fare una scelta che esclude inevitabilmente tutte le altre possibilità preesistenti. Dalla Regola 3 (nel Capitolo 3) discende che, se consideriamo gli atomi che compongono l'oggetto che vorremmo teletrasportare, ciascuno di essi starà in un generico stato sovrapposto[1] del tipo $a\,|0\rangle + b\,|1\rangle$ e quindi una misura di energia su quell'atomo lo costringerà ad assumere uno dei due stati con energia E_0 oppure E_1. Come conseguenza si ha la *distruzione* dello stato atomico originale, oltre al fatto di non poter dedurre in alcun modo quale era lo stato quantistico dell'oggetto prima della misura.

Si può quindi concludere che il fax 3D come modello di teletrasporto è impraticabile a causa dell'impossibilità di copiare lo stato quantistico di una particella su un'altra mantenendo imperturbato l'originale. Questa è l'essenza del cosiddetto *teorema di non clonazione*: è impossibile duplicare uno stato quantistico sconosciuto. L'equivalente quantistico della porta FANOUT classica non esiste.

Alla luce di questo, due passaggi dello schema tipo fax 3D non sono più praticabili:

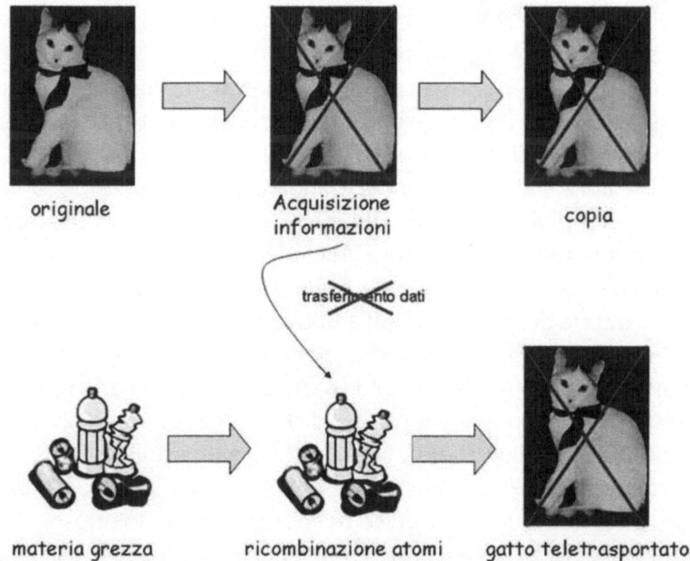

Lo schema di fax tridimensionale diventa impraticabile a causa dei limiti imposti dalla meccanica quantistica

---

[1] Bisogna precisare che gli atomi il cui stato è descrivibile attraverso il vettore $a\,|0\rangle + b\,|1\rangle$ sono atomi di idrogeno semplificati, con soli due livelli di energia. Gli atomi "veri" hanno descrizioni vettoriali più complicate.

Allora? Dobbiamo rinunciare all'idea di un teletrasporto realizzabile? No, è proprio qui che possiamo sfruttare le "regole del gioco" del mondo microscopico!

Abbiamo parlato in precedenza di *entanglement*, un fenomeno puramente quantistico che non ha corrispondente a livello classico e che può diventare la "rotaia" sulla quale teletrasportare le nostre informazioni. In effetti il teletrasporto quantistico non prevede un flusso di materia o energia, non funziona "smaterializzando" e "rimaterializzando" in un altro luogo un qualche oggetto, ma trasferendo informazione quantistica. Questa può essere identificata come lo stato quantistico di un sistema come per esempio la polarizzazione di un fotone. Come vedremo, l'uso dell'*entanglement* è indispensabile per poter trasportare l'informazione senza "leggerla".

Il teletrasporto quantistico di fatto non è altro che un *particolare esempio di calcolo quantistico*, ovvero di "funzionamento" di un circuito quantistico. Si tratta, più precisamente, di un meccanismo realizzato in parte con un circuito quantistico per trasferire stati quantistici da un punto a un altro, anche molto distante, senza necessità di usare un canale di comunicazione quantistico (un "filo del circuito") per il trasferimento.

Alice abita sulla Terra e vuole mandare a Bob, che risiede su un pianeta di Alpha Centauri, un qubit $a\,|0\rangle + b\,|1\rangle$. Per rendere apparentemente più difficile la cosa, Alice nemmeno conosce il qubit che vuole mandare, cioè ignora i valori di a e b. La soluzione più ovvia sarebbe di spedire il qubit a Bob lungo un canale di comunicazione quantistico: per esempio spedire un fotone (nello stato di polarizzazione $a\,|0\rangle + b\,|1\rangle$) nello spazio e sperare che arrivi a Bob. Questo può funzionare per piccole distanze, per esempio nel caso di comunicazioni crittografate tra la Terra e un satellite in orbita. Risulta però del tutto irrealizzabile su distanze interstellari. Si tratterebbe comunque di semplice trasporto e non di teletrasporto!

Se Alice conoscesse a e b potrebbe comunicarli a Bob via radio (Bob riceverebbe questa informazione solo dopo circa quattro anni, essendo quattro anni-luce la distanza tra la Terra e Alpha Centauri), e Bob potrebbe ricostruirsi questo stato sovrapposto nel suo laboratorio. Il qubit di Alice può essere realizzato per esempio con un fotone polarizzato, e Bob potrebbe così ricostruire un fotone polarizzato esattamente identico a quello in possesso di Alice. Il lettore obietterà che non si tratta di teletrasporto, ma di duplicazione da parte di Bob di un fotone in possesso di Alice, e grazie alle istruzioni mandate per radio da Alice! Ma davvero Alice riuscirebbe a comunicare lo stato di un qualunque fotone polarizzato a Bob? La cosa è facile se *a* e *b* sono numeri che possono esprimersi semplicemente, del tipo 1/2. Ma se sono numeri reali con infinite cifre dopo la virgola che non hanno un'espressione compatta del tipo 0,5? Alice ci metterebbe un tempo infinito a comunicare a Bob la sequenza di cifre. Fermandosi dopo un certo numero di cifre, Bob avrebbe un'informazione solo approssimata dello stato che Alice vuole trasmettere. Questa situazione ricalca quella ben nota nella fantascienza "classica": per teletrasportare un oggetto macroscopico (o una persona), bisogna acquisire un'informazione *completa* sui costituenti elementari dell'oggetto. Poi bisogna trasmettere questa informazione (possono essere miliardi di gigabit) via radio a un terminale in grado di decodificarla e ricostruire l'oggetto. Compito non facilissimo e non privo di pericoli, quali errori di trasmissione come nel film *La mosca*, e di paradossi, come la duplicazione di coscienze. Per evitare questa duplicazione tra persona "copiata" e persona "ricostruita", la prima deve essere distrutta, come accade nel film *The Prestige*.

Possiamo comunque lasciare da parte queste preoccupazioni, perché la tecnica del teletrasporto quantistico permette di trasmettere un oggetto (per ora solo microscopico) *senza dover conoscere il suo stato*. Inoltre lo stato oggetto del teletrasporto quantistico viene sempre distrutto da un'operazione di misura da parte di Alice, e quindi non può esservi duplicazione.

Per mettere in atto il teletrasporto quantistico Alice e Bob devono condividere uno stato intrecciato, per esempio uno stato intrecciato di due fotoni:

$$\frac{|0\rangle|0\rangle + |1\rangle|1\rangle}{\sqrt{2}}$$

dove il primo fotone è in possesso di Alice e il secondo in possesso di Bob. Con questa risorsa quantistica, il teletrasporto di uno stato $a\,|0\rangle + b\,|1\rangle$ sconosciuto ad Alice avviene secondo uno schema in cui i due "fili" superiori rappresentano i due qubit di Alice (il qubit da trasmettere e il qubit della coppia intrecciata) e il filo inferiore rappresenta il qubit di Bob.

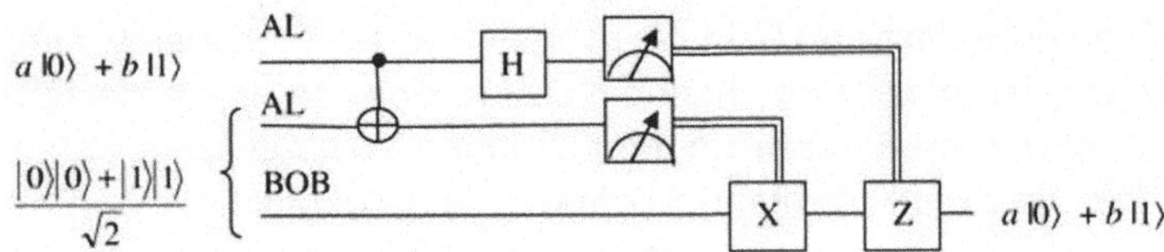

Schema circuitale del teletrasporto

Il simbolo rappresenta una misura sul qubit, il cui risultato può essere 0 o 1, e l'effetto della misura sul qubit è di trasformarlo in $|0\rangle$ o $|1\rangle$ a seconda del risultato. Si indica questo stato dopo la misura con un "doppio filo", e può essere assimilato a un bit classico (il qubit dopo la misura può infatti essere in uno dei due stati di base, ma non in una loro sovrapposizione). Dopo aver fatto passare i suoi qubit attraverso una porta CNOT e una porta H, Alice li misura entrambi, facendoli collassare in stati di base. Poi Alice comunica a Bob, su un canale classico (per esempio via radio), il risultato di questa doppia misura. A seconda del risultato comunicatogli da Alice, Bob esegue delle operazioni specifiche sul suo qubit trasformandolo *esattamente* nel qubit di Alice $a\,|0\rangle + b\,|1\rangle$! E il qubit originale di Alice? È sparito dopo la misura di Alice, collassando in uno stato di base. Il lettore curioso può verificare che Bob ottiene $a\,|0\rangle + b\,|1\rangle$ con le seguenti operazioni: non applica nessuna operazione se il risultato di Alice è (0,0); applica X se è (0,1); applica Z se è (1,0); applica X e poi Z se è (1,1). Riportiamo i vari passaggi del "calcolo quantistico" nella nota a fine capitolo.

Osserviamo che, senza una comunicazione *classica* via radio, il teletrasporto non potrebbe effettuarsi. Questo significa che il teletrasporto "viaggia" comunque a velocità non superiori a quelle della luce, e quindi non viola l'assunto di base della relatività. Inoltre lo stato di Alice viene distrutto, e questo è in accordo col teorema di non duplicazione di uno stato quantistico sconosciuto.

Riassumiamo il meccanismo di teletrasporto quantistico con l'aiuto della figura a pagina seguente.

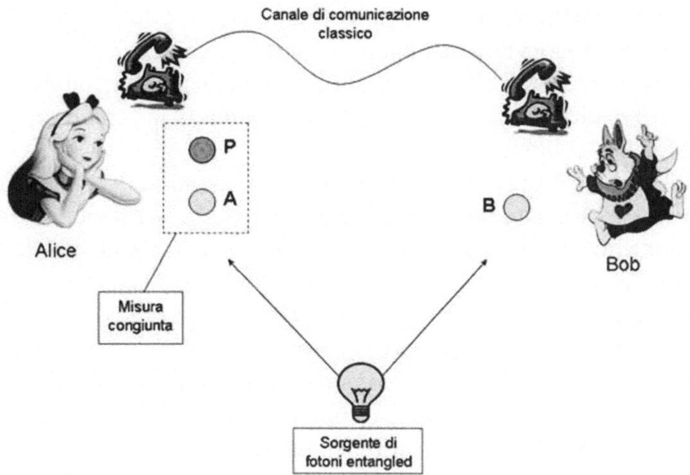

Teletrasporto quantistico del fotone P

Per attuare il teletrasporto di uno stato di polarizzazione di un fotone, abbiamo bisogno di tre fotoni, di cui:

- due fotoni "intrecciati tra loro" che chiamiamo per comodità A e B;
- un fotone portatore dell'informazione da teletrasportare che chiamiamo P.

Consegniamo un fotone intrecciato ad Alice e uno a Bob. Diamo ad Alice anche il terzo fotone P contenente come informazione un certo valore di polarizzazione che a priori non conosciamo. Ora Alice deve in qualche modo far "salire" questa informazione sul "treno" dell'*entanglement* e quindi fare interagire P con A. Questa operazione si effettua applicando la porta CNOT e H ai due fotoni, come indicato in precedenza. Nella pratica questo vuol dire far interagire tra loro i fotoni tramite i circuiti ottici corrispondenti alle due porte quantistiche (vedi capitolo precedente). Durante quest'operazione il fotone di Bob risente del cambiamento del suo gemello e si pone istantaneamente in uno stato collegato allo stato originale di P. Tuttavia Bob non può sapere nulla del suo fotone finché non riceve una telefonata o una comunicazione radio da parte di Alice che gli comunica il proprio risultato di misura. Solo allora Bob può effettuare una certa operazione sul suo fotone, scelta appositamente dopo aver ricevuto il risultato di Alice. Il risultato di quest'operazione è quello di far assumere al fotone B la polarizzazione di P.

Il risultato è che ora B è uguale a P prima dell'inizio del processo, P invece è cambiato, non essendo più nel suo stato originario. Inoltre bisogna notare che nessun qubit è stato *fisicamente* inviato da Alice a Bob. Gli unici oggetti che si sono mossi sono quelli appartenenti alla coppia *entangled*: uno viene inviato ad Alice e l'altro a Bob, ma questo avviene prima del processo vero e proprio del teletrasporto.

Per riprendere il nostro ragionamento sull'impossibilità di effettuare un fax 3D di un oggetto (o un essere vivente, nella fattispecie un gatto), uno schema ipotetico del teletrasporto quantistico potrebbe essere il seguente:

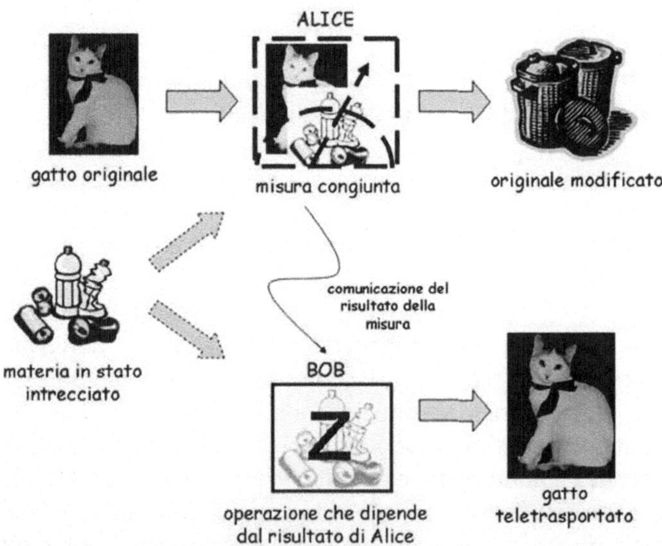

Teletrasporto quantistico di un gatto

In questa seconda figura si vede come l'oggetto originale sia stato in qualche modo distrutto e quello teletrasportato ne sia una copia identica. Così viene realizzato il teletrasporto in laboratorio, per ora solo di sistemi fisici microscopici. Si potrebbe obiettare che il fotone non è stato teletrasportato nel senso che intende la fantascienza, ma piuttosto è stato trasferito il suo stato di polarizzazione a un altro fotone. Ma poiché quest'ultimo caratterizza completamente il fotone, teletrasportare lo stato quantico è come teletrasportare la particella.

Si noti inoltre che, tramite l'*entanglement*, viene meno la necessità di conoscere lo stato da teletrasportare. Infatti lo stato del fotone è stato trasferito senza che né Alice né Bob sapessero nulla di esso. Il risultato della misura di Alice è del tutto casuale e non dice nulla sullo stato quantistico dei suoi fotoni prima della misura.

L'informazione quantistica poi non viaggia materialmente: ciò che viene trasferito è solo il messaggio sul risultato della misurazione di Alice, il quale indica a Bob come modificare il suo fotone, senza alcuna indicazione sullo stato del fotone originale.

Un simile schema di teletrasporto è concepibile anche per altre particelle (come elettroni, protoni, neutroni) che possiedono uno spin anziché una polarizzazione. Nel caso di particelle massive, una coppia di particelle *entangled* in spin prenderebbe il posto dei fotoni *entangled* in polarizzazione, e potremmo effettuare il teletrasporto di uno stato (sconosciuto) di spin con le stesse procedure seguite nel caso dei fotoni.

Il teletrasporto in laboratorio

La prima proposta teorica di teletrasporto quantistico, che prevede un canale quantistico per distribuire i fotoni *entangled* ad Alice e Bob, e uno classico per trasmettere i risultati della misura di Alice, fu opera di C.H. Bennett, G. Brassard, C. Crépeau, R. Jozsa, A. Peres e W.K. Wootters, i quali pubblicarono nel marzo 1993, sul *Physical Review Letter*, un articolo dal titolo *Teleporting an Unknown Quantum State via Dual Classical and Einstein-Podolsky-Rosen Channels* (Teletrasporto di uno stato quantistico ignoto mediante doppio canale classico ed EPR). Si trattò della prima pubblicazione accademica che usava il termine *teletrasporto* in un contesto scientifico, e questo accadde non senza qualche rimostranza tra gli stessi autori, soprattutto da parte di Asher Peres. Egli contestava il fatto che quello che avevano in mente non corrispondeva a quello che si trovava sul vocabolario in corrispondenza della parola *tele-trasporto*, e cioè "trasporto teorico di materia attraverso lo spazio convertendola in energia e poi riconvertendola in materia nel punto di ricezione".

Quattro anni dopo il teletrasporto passa definitivamente dalla "realtà" fantascientifica a quella scientifica a opera di un gruppo di ricercatori di Innsbruck guidati da Anton Zeilinger, i quali trasferirono lo stato di polarizzazione di un fotone a un altro fotone alla distanza di un metro. Lo schema dell'esperimento di Innsbruck viene presentato qui sotto.

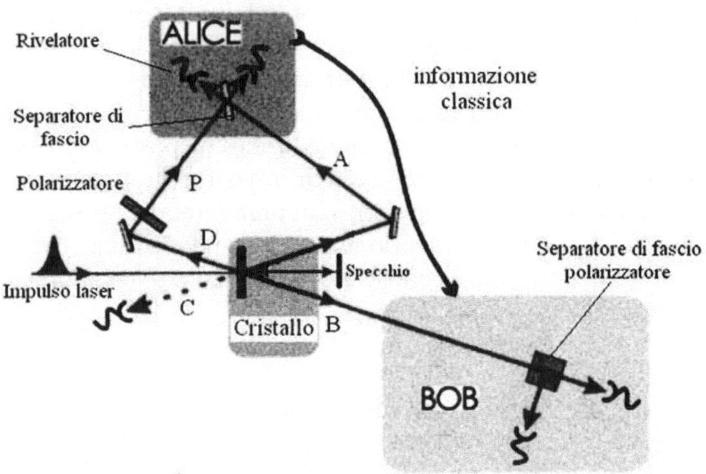

Schema dell'esperimento di Innsbruck

Un impulso laser ultravioletto passa attraverso un cristallo non lineare e produce, tramite fluorescenza parametrica, due fotoni intrecciati: il fotone A viene diretto verso Alice, il fotone B verso Bob. L'impulso laser viene poi riflesso nuovamente verso il cristallo che produce così altri due fotoni C e D. Un polarizzatore prepara il fotone D, diretto verso Alice, in uno specifico stato P di polarizzazione; nel frattempo il fotone C viene rivelato confermando che il fotone D è stato mandato ad Alice. Alice quindi fa una misura combinata di A e P utilizzando un separatore di fascio; questo passaggio equivale ad applicare ai due qubit la porta CNOT e la porta

Hadamard viste in precedenza, e a misurare la polarizzazione dei due fotoni. Se a questo punto i due rivelatori di Alice ricevono un fotone ciascuno, il risultato di Alice è equivalente allo (0,0) discusso sopra, e di conseguenza lo stato del fotone di Bob diventa proprio P. Questa situazione si verifica nel 25% dei casi: quando si verifica (cioè quando i rivelatori di Alice registrano ciascuno un fotone in coincidenza), Alice lo comunica a Bob, il quale usa un separatore di fascio polarizzatore per verificare che il proprio fotone abbia acquisito la polarizzazione P, dimostrando così il successo del teletrasporto.

Nel 2004 sempre il gruppo di Zeilinger a Vienna riuscì a teletrasportare lo stato di alcuni fotoni lungo una distanza di 600 metri attraverso il Danubio.

Teletrasporto quantistico attraverso il fiume Danubio

Nello stesso anno dell'esperimento attraverso il Danubio, un gruppo di ricercatori del NIST e uno di Innsbruck realizzarono indipendentemente il teletrasporto di *atomi*. Entrambi gli esperimenti rappresentarono un notevole passo avanti nella realizzazione del teletrasporto, in quanto il procedimento sperimentale risultava per la prima volta deterministico anziché probabilistico. Infatti, dato che il processo di fluorescenza parametrica è di tipo probabilistico e solo una piccolissima porzione del fascio laser produce coppie di fotoni intrecciati, durante il procedimento di teletrasporto con fotoni è indispensabile controllare se effettivamente la coppia di fotoni è stata prodotta. Infatti, come si vede nello schema dell'apparato sperimentale di Innsbruck, è necessario che venga rivelato il fotone C per essere sicuri che il suo gemello D sia diretto verso Alice. Nel caso di esperimenti di teletrasporto con atomi questo controllo non è necessario in quanto gli ioni *entangled* possono essere prodotti in modo deterministico.

Recentemente è stata raggiunta la distanza di 16 chilometri per un esperimento di teletrasporto con fotoni. Un gruppo di ricercatori dell'università di Scienza e Tecnologia della Cina e dell'univer-

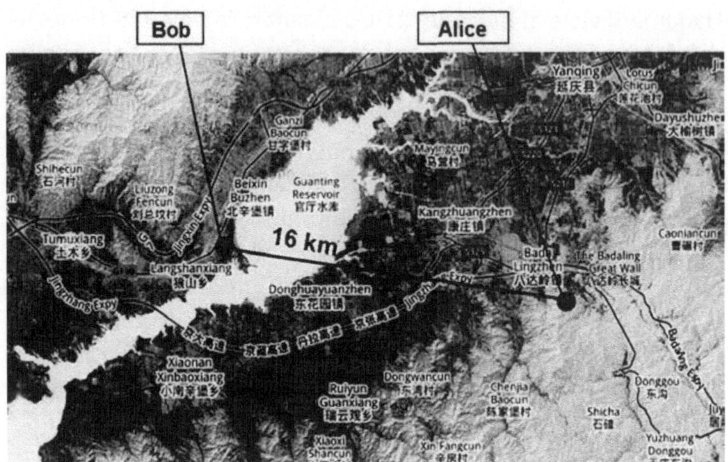

Distanza coperta dal teletrasporto quantistico eseguito in Cina nel 2010

sità di Tsinghua a Pechino infatti, nei primi mesi del 2010, è riuscito a teletrasportare stati di fotoni tra Badaling e Huailai nella provincia di Hebei in Cina.

I fotoni intrecciati sono stati prodotti tramite fluorescenza parametrica a Badaling e il fotone di Bob, intrecciato con quello di Alice, è stato propagato in aria verso Bob a Huailai. In esperimenti precedenti invece il fotone di Bob viaggiava in fibra ottica. La realizzazione del teletrasporto con canale quantistico in aria aperta lungo una distanza di 16 chilometri, significativamente maggiore dello spessore dell'atmosfera terrestre (5-10 chilometri), apre la strada a comunicazioni quantistiche tra stazioni di terra e satelliti orbitanti nello spazio. Si tratta di un notevole passo avanti verso le applicazioni della comunicazione quantistica a scala globale.

Quale utilità per il teletrasporto quantistico?

In un contesto in cui si eseguono calcoli sfruttando le leggi della meccanica quantistica, il teletrasporto potrebbe giocare un ruolo tutt'altro che marginale. Come abbiamo visto, in un computer quantistico i dati registrati in stati fisici di atomi e particelle rischiano in continuazione di essere persi a causa delle interazioni con l'ambiente; per le stesse ragioni il trasporto delle informazioni con trasporto di particelle risulta problematico (a meno di usare fotoni, molto meno sensibili a perturbazioni dell'ambiente).

In un computer tradizionale l'informazione è codificata in una serie di bit manipolati da porte logiche in una determinata successione. Un problema fondamentale da risolvere nella realizzazione di una computazione quantistica è riuscire a trasferire qubit tra porte logiche e processori sia in un singolo computer quantistico, sia in una rete quantistica, senza che avvengano interazioni che disintegrino i dati da inviare. Gli attuali progetti di computer quantistici in fase di prototipo sono realizzabili finché sono di piccole dimensioni: tutto diventa più difficile quando il numero di qubit cresce come abbiamo visto per il caso delle trappole a ioni. Per questo si pensa che una computazione quantistica a molti qubit dovrà prevedere il collegamento in rete di piccoli computer quantistici.

La soluzione di muovere fisicamente i qubit non è la migliore in quanto, oltre a farli andare incontro a decoerenza a causa delle interazioni con le componenti del computer stesso, rallenteremmo notevolmente la velocità del calcolo. Una soluzione potrebbe essere proprio il teletrasporto, che permette di trasportare stati quantistici in modo rapido e con elevata fedeltà.

Per capire meglio questi meccanismi, è utile vedere un esempio di trasferimento di un qubit tramite teletrasporto nel caso di un computer realizzato con trappole ioniche. Supponiamo di immagazzinare informazione sotto forma di qubit memorizzati nello stato di energia minima o in quello eccitato di un atomo con un solo elettrone. Si tratta quindi di teletrasportare questo atomo. Usando un impulso laser si scinde una molecola in due atomi A e B, i quali vengono trattati in modo da diventare correlati; in seguito questi vengono posti in due zone del nostro computer quantistico tra le quali vogliamo trasferire informazione. Quindi si fa collidere uno degli atomi correlati, per esempio A, con l'atomo C di cui dobbiamo teletrasportare lo stato sconosciuto. Dopo l'impatto si misurano i valori delle velocità di entrambi gli atomi coinvolti nella collisione. Usando poi l'informazione ottenuta, si colpisce l'atomo B in modo che questo emuli precisamente il moto di C. Così lo stato di B diventa esattamente quello di C.

Un procedimento simile a questo è stato realmente attuato dal gruppo di David Wineland al NIST (National Institute of Standards and Technology). Nell'esperimento sono stati utilizzati ioni di berillio disposti in una trappola ionica del tutto simile a quella descritta in precedenza. Come abbiamo visto, bombardando uno ione con un fascio laser è possibile controllare e manipolare lo stato di spin e il moto di ogni singolo ione. Tale stato può essere quindi teletrasportato a un altro ione tramite l'intervento di uno ione ausiliario.

Negli anni a venire si concentreranno gli sforzi per migliorare queste tecniche, aprendo la strada a una computazione superveloce. Questa diventerà poi un'arma formidabile nello studio dei sistemi microscopici: infatti grazie a essa diventa possibile la simulazione di sistemi quantistici complessi.

NOTA:
La matematica del teletrasporto

Lo stato dei tre qubit in ingresso (i due fotoni di Alice e il fotone di Bob) è dato da

$$1/\sqrt{2}\,(a\,|0\rangle + b\,|1\rangle)\,(|0\rangle\,|0\rangle + |1\rangle\,|1\rangle)$$

o, usando la legge distributiva dell'addizione rispetto alla moltiplicazione:

$$1/\sqrt{2}\,[\,a\,|0\rangle\,(|0\rangle\,|0\rangle + |1\rangle\,|1\rangle) + b\,|1\rangle\,(|0\rangle\,|0\rangle + |1\rangle\,|1\rangle)]\,.$$

I primi due qubit sono di Alice e il terzo di Bob. Dopo la porta CNOT lo stato diventa

$$1/\sqrt{2}\,[\,a\,|0\rangle\,(|0\rangle\,|0\rangle + |1\rangle\,|1\rangle) + b\,|1\rangle\,(|1\rangle\,|0\rangle + |0\rangle\,|1\rangle)].$$

Finalmente dopo l'azione della porta H sul primo qubit si ottiene lo stato

$$1/2\,[a(|0\rangle + |1\rangle)\,(|0\rangle\,|0\rangle + |1\rangle\,|1\rangle) + b\,(|0\rangle - |1\rangle)\,(|1\rangle\,|0\rangle + |0\rangle\,|1\rangle)]$$

cioè, con semplice aritmetica:

$$1/2 \left[\, |0\rangle|0\rangle \, (a\,|0\rangle + b\,|1\rangle) + |0\rangle|1\rangle \, (a\,|1\rangle + b\,|0\rangle) + |1\rangle|0\rangle \, (a\,|0\rangle - b\,|1\rangle) \right. $$
$$\left. + \, |1\rangle|1\rangle \, (a\,|1\rangle - b\,|0\rangle) \right] \,.$$

Da qui il lettore può immediatamente verificare, usando la Regola 3, che se Alice trova la coppia di risultati (0,0) nella misura dei suoi due qubit, lo stato precipita in $|0\rangle|0\rangle \, (a\,|0\rangle + b\,|1\rangle)$ e il qubit di Bob è diventato proprio quello che Alice voleva trasmettere! Se la coppia di risultati è (0,1) oppure (1,0) oppure (1,1), il qubit di Bob diventa quello originale di Alice dopo l'azione rispettivamente della porta X, della porta Z e delle porte in successione X e Z.

Capitolo 8

... e non solo il teletrasporto

Ogni tecnologia sufficientemente avanzata è indistinguibile dalla magia.

Arthur Charles Clarke

Prima di arrivare a un vero e proprio computer quantistico ci sono altre sorprendenti applicazioni dell'*entanglement* e dei principi della meccanica quantistica che potrebbero, in tempi brevi, portare migliorie anche ai computer classici e produrre tecnologie completamente nuove. Si tratta per esempio di memorie ad accesso casuale quantistiche (qRAM) o di tecnologie che utilizzano l'*entanglement* per:

- produrre immagini "fantasma";
- produrre immagini ad alta risoluzione;
- disegnare microcircuiti tramite la litografia;
- migliorare l'accuratezza dei già precisissimi orologi atomici.

E dopo i computer? Internet!

Se prima o poi i computer quantistici entreranno a far parte della nostra quotidianità ci si potrebbe chiedere:"e internet? Funzionerà allo stesso modo?" La risposta è:"anche meglio!" In effetti, una volta sviluppate le tecnologie necessarie, tra cui una rete quantistica che connetta diversi computer quantistici e una RAM apposita, l'internet quantistico potrebbe assumere una caratteristica che non sempre l'attuale internet garantisce, vale a dire la *privatezza*. Ogni volta che un utente esegue una ricerca digitando alcune parole chiave in un qualsiasi motore di ricerca i suoi dati vengono registrati per vari possibili usi: per esempio per future inserzioni pubblicitarie "personalizzate". Se possiamo consultare gratis le previsioni del tempo è grazie al sistema di sponsorizzazioni da parte degli enti (alberghi, società di traghetti, linee aeree, ecc.) che vogliono farsi conoscere attraverso la pubblicità. Sistema che per funzionare e offrirci determinati prodotti deve memorizzare il nostro indirizzo informatico e collegarlo ai tipi di ricerca che abbiamo effettuato in precedenza. Ogni volta che effettuiamo una ricerca quindi ci esponiamo all'occhio di un "grande fratello" che controlla e memorizza i nostri movimenti e quindi in qualche modo "spia" la nostra vita privata. Per ovviare ai problemi di violazione della privatezza esistono dei modi per criptare le informazioni e garantire l'anonimato e la protezione dei dati di ciascun utente. Tuttavia i gestori di un motore di ricerca possono risalire in qualsiasi momento e in modo abbastanza semplice all'utente che ha effettuato una determinata ricerca.

Le leggi del mondo dei quanti possono fornire una soluzione. Grazie infatti all'inviolabilità delle comunicazioni basata sull'effetto distruttivo della misura e sul teorema della non-clonazione, è possibile concepire una rete informatica quantistica che garantisca il massimo di riservatezza. Seth Lloyd, professore di ingegneria meccanica al MIT, Vittorio Giovannetti, della Scuola Normale Superiore di Pisa, e Lorenzo Maccone, dell'università di Pavia, hanno escogitato un protocollo di ricerca quantistico in cui l'utente invia al motore di ricerca la sua domanda codificata in una stringa di qubit da un computer quantistico. Il motore di ricerca esplora il *database*, trova la risposta e combina la domanda e la risposta in un unico pacchetto quantistico. A causa dell'impossibilità di clonare lo stato della stringa di qubit, il motore di ricerca non potrà fare una copia della domanda dell'utente in modo da conservarla in archivio. Un tentativo di clonaggio sarebbe subito smascherato dall'utente che si accorgerebbe dello stato deteriorato della stringa di qubit che costituiva la sua domanda. In questo protocollo il motore di ricerca sarebbe quindi in grado di trovare la risposta alla domanda senza dover conoscere la domanda stessa.

Per realizzare questo protocollo bisognerebbe avere a disposizione un *router* quantistico in grado di indirizzare pacchetti di dati, così che ogni utente possa raggiungere un server web. Fare questo senza copiare i dati codificati tramite qubit non è facile ma è già allo stadio sperimentale e secondo Seth Lloyd potrebbe essere disponibile nei prossimi 5-10 anni. Oltre a questo sono ovviamente necessari computer quantistici in grado di manipolare i bit quantistici.

Sempre il gruppo di Seth Lloyd sta focalizzando ricerche sulla realizzazione di un'altra componente importante dell'internet quantistico: una memoria a indirizzamento casuale, meglio conosciuta come RAM, che si adatti a una rete quantistica. Questo perché le ricerche fatte su internet sono in genere costituite da più parole, per cui il *database* di un motore di ricerca deve essere in grado di rispondere a ciascuna delle componenti della domanda nello stesso tempo. A questo serve uno stoccaggio di memoria come la RAM, in cui i byte che costituiscono i dati sono disposti in una struttura ad albero: per raggiungere un determinato dato occorre partire dal tronco principale e, a ogni biforcazione tra rami, scegliere quello che ci permette di arrivare al dato che cerchiamo. Ogni dato è accompagnato da un indirizzo costituito da una stringa di bit; ogni bit è associato a un livello di biforcazione; per esempio se il primo bit è 0 (1) l'istruzione è: "a livello della prima biforcazione vai a sinistra (destra)", per cui scatteranno tutti gli interruttori di quel livello assumendo la configurazione 0 (1). A ogni livello i rami raddoppiano e in una RAM tradizionale in cui i dati sono associati a un indirizzo di 30 bit bisogna far scattare più di un miliardo di interruttori, precisamente 2^{30}.

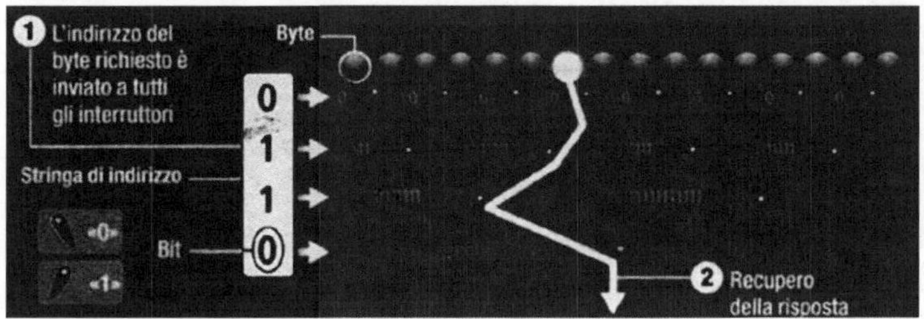

Nella RAM classica la risposta a una domanda viene recuperata dopo aver agito su tutti gli interruttori

Questo sistema funziona bene nel caso di circuiti e reti classiche, che sono molto meno sensibili agli errori rispetto ai circuiti quantistici. Basta che un solo interruttore venga disturbato perché l'informazione corrispondente a quel bit venga persa. Sarebbe quindi necessaria una RAM che si adatti a un web quantistico. Seth Lloyd e collaboratori hanno progettato un'architettura di recupero dei dati in memoria che aziona un solo interruttore per ogni livello riducendo così notevolmente il tasso di errore e anche il consumo energetico. In una RAM con indirizzamento a 30 bit con un miliardo di interruttori vengono azionati solo 30 interruttori per ogni chiamata alla memoria. Tale architettura viene chiamata *bucket brigade RAM*, letteralmente "RAM a brigata di secchi", in

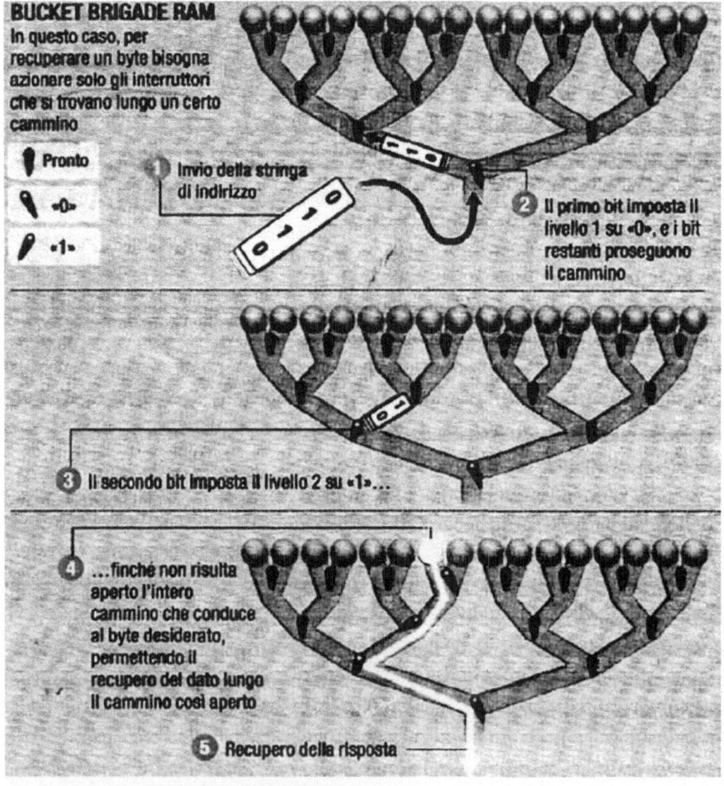

Funzionamento della bucket brigate RAM

quanto i bit di indirizzamento sono trasmessi sequenzialmente attraverso la struttura ad albero come i secchi d'acqua passano tra le mani di una catena umana per spegnere un incendio. In ambito di ricerche quantistiche, quest'architettura risolve il rischio di un eccessivo accumulo di errori, essendo in grado di tollerare un tasso di errori di uno su trenta anziché di uno su un miliardo come le RAM classiche.

La RAM quantistica sarebbe poi in grado di svolgere più ricerche contemporaneamente. Nella pratica questo è possibile grazie a interruttori quantistici che sono già stati realizzati e sono capaci di inviare i qubit contemporaneamente su due rami diversi.

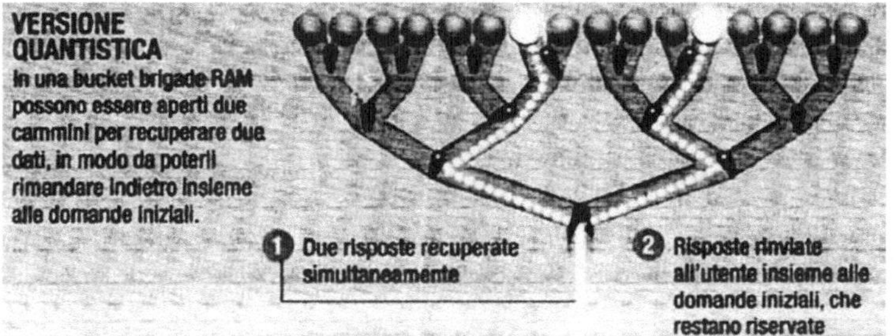

In una RAM quantistica più dati possono viaggiare contemporaneamente su diversi percorsi

Come si è già visto per i computer quantistici, anche in questo caso un parziale ostacolo è costituito dal problema della scalabilità: sorgono delle complicazioni nel momento in cui si vogliono costruire ampie reti che utilizzano molti interruttori quantistici. Le ricerche tuttavia dimostrano che gli ostacoli non sono insormontabili e che forse in un futuro non troppo lontano sarà possibile navigare su internet nella più totale privatezza.

Sarà davvero possibile la diffusione di questo protocollo di navigazione in rete? Bisogna infatti notare che Google, il motore di ricerca in assoluto più diffuso e utilizzato, ha un modello di business basato sulla conservazione delle informazioni relative a tutte le richieste, informazioni indispensabili per stabilire la priorità tra le inserzioni pubblicitarie e tra i risultati delle ricerche successive.

Le immagini quantistiche

L'ottica quantistica, che studia la luce come un flusso di fotoni piuttosto che come onde elettromagnetiche, nasce quando la teoria quantistica muove i primi passi, e precisamente con la spiegazione dell'effetto fotoelettrico da parte di Einstein nel 1905. Anche se questa disciplina ha più di un secolo, il suo sviluppo organico è da attribuire a tempi molto più recenti: è solo negli anni '80 che fotoni iniziano a essere manipolati con relativa facilità per testare e indagare più a fondo i fondamenti della meccanica quantistica. L'*imaging* quantistico, un ramo promettente dell'ottica quantistica, è uno dei frutti delle ricerche di questi ultimi anni. Il termine *imaging* indica quelle tecniche utili a ottenere immagini diagnostiche (tramite metodi radiologici e ultrasonici) e ad aumentarne la chiarezza. In ambito scientifico il termine invece indica più in generale tutti i processi di riproduzione di immagini.

Le radiografie insieme a tutte quelle tecniche che permettono di osservare una parte interna del nostro organismo prendono il nome di *imaging* biomedico o diagnostica per immagini, ed è la forma di *imaging* con la quale ognuno di noi ha a che fare più o meno frequentemente. Forme simili di *imaging* vengono utilizzate nel campo dei beni culturali dove può essere utile "vedere" l'interno di un vaso, di una statua o di un qualsiasi altro oggetto di valore storico e artistico senza doverlo fisicamente aprire o intaccare. Se fino a oggi nelle applicazioni sono state sfruttate essenzialmente le proprietà di interazione dei fotoni e di altre particelle con la materia per ottenere immagini di oggetti non direttamente visibili, uno dei più moderni campi di ricerca in ottica quantistica è incentrato sull'uso dell'*entanglement*. Si tratta appunto del *quantum imaging*, che si è dimostrato in grado di migliorare notevolmente tutti i processi di rappresentazione o riproduzione della forma esterna di oggetti, con ricadute sia in campo fotografico che diagnostico.

Fotografi... di fantasmi!

Nel maggio 1995 appare sul *Physical Review Letters* un articolo di un gruppo di ricercatori dell'università del Maryland (D.V. Strekalov, A.V. Sergienko, D.N. Klyshko, Y.H. Shih) dal titolo: *Observation of Two-Photon "Ghost" Interference and Diffraction*. Nell'arti-

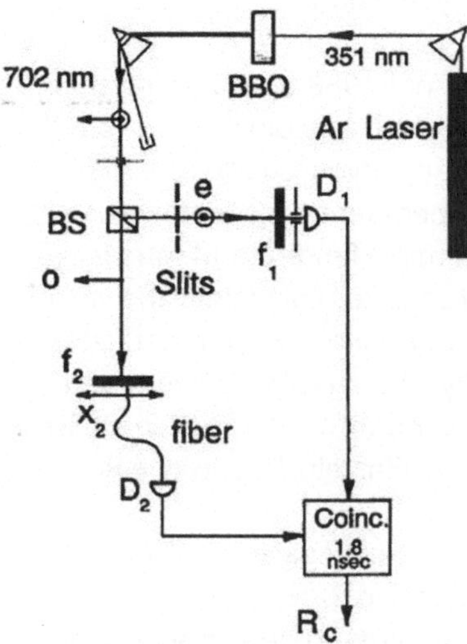

Schema dell'apparato sperimentale che per primo dimostrò il Ghost Imaging

colo viene illustrato come, ponendo una doppia fenditura in corrispondenza di uno dei due fasci prodotti dalla PDC, si osservava una figura di interferenza in corrispondenza dell'altro fascio. Più precisamente la figura di interferenza veniva ricostruita dai conteggi in coincidenza dei fotoni provenienti dai due fasci della PDC mentre il rivelatore del fascio senza fenditura veniva spostato trasversalmente rispetto al fascio.

Denotando con D1 e D2 i rivelatori rispettivamente del fascio con la fenditura e del fascio senza fenditura, l'andamento del numero delle coppie di fotoni rivelate in contemporanea al variare della posizione di D2 coincideva con la curva di interferenza.

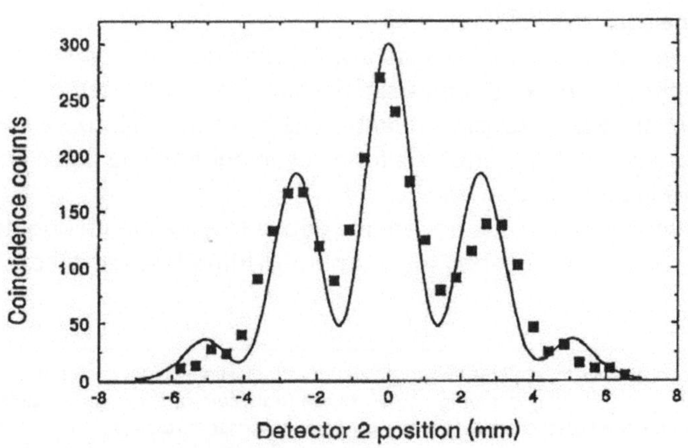

Figura di interferenza costituita dall'andamento delle coincidenze dei rivelatori D1 e D2 in funzione della posizione del rivelatore D2

Questo fenomeno trovava in realtà spiegazione nel processo della fluorescenza parametrica descritto nel Capitolo 4 ed era già stato descritto dal punto di vista teorico nel 1988 da David Klyshko, fisico della Moscow State University. Nell'articolo *Combined EPR and two-slit experiments: interference of advanced waves*, egli propone, come dice il titolo stesso, un esperimento che mette insieme l'esperimento EPR con quello della doppia fenditura. Mentre le verifiche precedenti delle disuguaglianze di Bell coinvolgevano variabili che potevano assumere solo due valori (la polarizzazione rispetto a una base), la proposta di Klyshko avrebbe coinvolto variabili continue come la posizione e la quantità di moto, le stesse quantità fisiche prese per esempio da Einstein, Podolsky e Rosen nel loro articolo.

Può questo fenomeno direttamente collegato con l'*entanglement* avere un qualche risvolto applicativo[1]?

La risposta è affermativa: esistono almeno due applicazioni a oggi ancora oggetto di ricerca ma che, nel giro di qualche anno, potrebbero uscire dai laboratori e diventare la base di nuove tecnologie. Una di queste consiste nel riprodurre immagini "fantasma" in maniera non locale e ciò porterebbe a poter fotografare oggetti non direttamente visibili a causa di fumo o nebbia. L'altra applicazione porta a migliorare la risoluzione spaziale nei sistemi di litografia elettronica superando un limite di miniaturizzazione intrinseco al comportamento ondulatorio della luce e conosciuto come *criterio di Rayleigh*.

Vediamo più nel dettaglio in cosa consiste il *ghost imaging*. Il gruppo di ricerca dell'università del Maryland ha dimostrato che, utilizzando le correlazioni quantistiche tra coppie di fotoni *entangled*, è possibile ricostruire la forma di un oggetto che non è possibile vedere direttamente.

Immaginiamo che un satellite debba fotografare un oggetto nascosto da una nuvola o da una nube di fumo. Una semplice foto

---

[1] Dopo alcuni anni dalla prima realizzazione di questa tecnica, e diversi dibattiti, si è visto che il *ghost imaging* può essere realizzato anche con due fasci di luce *non entangled* prodotti facendo passare luce laser attraverso un separatore di fascio. Tra il *ghost imaging* quantistico e quello classico rimane tuttavia la differenza che, a parità di condizioni sperimentali, il primo permette di ottenere immagini di maggiore nitidezza.

fatta nella direzione dell'oggetto deriverà dalla rivelazione dei fotoni che, colpendo la nube, tornano indietro per restituirci l'immagine di ciò che copre l'oggetto. Se invece producessimo due fasci di luce *entangled* di un'opportuna lunghezza d'onda (in grado di attraversare la nube) e ne inviassimo uno verso l'oggetto e l'altro verso una fotocamera digitale, allora riusciremmo ad avere informazioni sull'oggetto analizzando il fascio di luce che non ha colpito l'oggetto! Usando le parole di Yanhua Shih si può dire che nel *ghost imaging* la fotocamera è in grado di scattare immagini di un oggetto puntandola verso la sorgente di luce che lo illumina anziché verso l'oggetto!

Abbiamo visto nel Capitolo 4 che le coppie di fotoni prodotte tramite PDC sono correlate spazialmente ed è proprio questa la caratteristica sfruttata per produrre immagini *ghost*, come nell'esperimento portato a termine dal gruppo di Shih nel 1994 all'università del Maryland, a Baltimore. L'apparato sperimentale

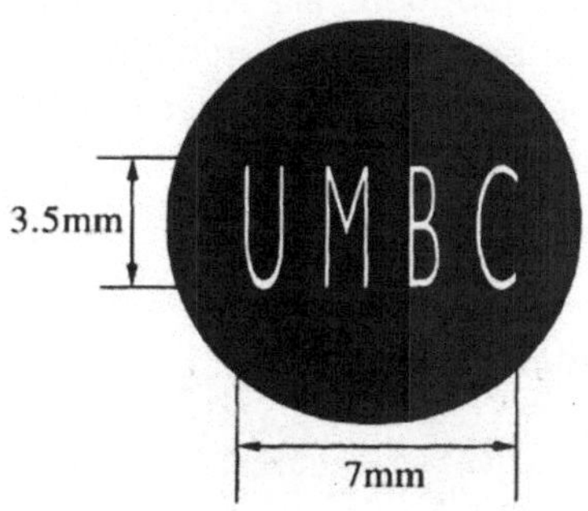

Immagine della maschera utilizzata dal gruppo di Shih nel 1994

è simile a quello precedente: al posto della doppia fenditura c'è ora una maschera le cui aperture formano le lettere iniziali del loro istituto di ricerca (University of Maryland Baltimore County).

Il rivelatore D1, che prima veniva posto dietro la doppia fenditura, ora sta dietro la maschera e viene chiamato rivelatore *bucket*, vale a dire "a secchiello"; esso è infatti in grado di fornire il conteggio totale dei fotoni che hanno attraversato le aperture della maschera, ma non risolve spazialmente il fascio in arrivo. Questo tipo di rivelatore simula la presenza di un ostacolo davanti all'oggetto, che non permette quindi di individuarne la posizione e la forma. I fotoni dell'altro fascio invece, quello libero dall'oggetto, vengono raccolti da un rivelatore D2 che si muove trasversalmente rispetto al fascio permettendone la risoluzione spaziale.

Ora, tutte le volte che un fotone del fascio 1 (con l'oggetto) attraversa la maschera e arriva al *bucket detector* verrà rivelato dall'apparato di coincidenza insieme al suo gemello che, nello stesso momento, arriva sull'altro rivelatore. I fotoni del fascio 2 correlati a quelli che non hanno attraversato la maschera, e che quindi non arrivano al *bucket detector*, non faranno scattare l'apparato di rivelazione in coincidenza e di conseguenza non verranno tenuti in considerazione nell'analisi successiva.

Registrando i fotoni del fascio 2 nel primo caso, in funzione dello spostamento del rivelatore D2, e rielaborando i dati tramite computer, le iniziali UMBC appaiono come punti di massimo in una funzione tridimensionale. Tale funzione è detta funzione di correlazione: i suoi punti di massimo corrispondono alla registrazione di coincidenze dei fotoni dei due fasci; quelli di minimo corrispondono alle posizioni del rivelatore D2 in corrispondenza delle quali non si è verificata la rivelazione in coincidenza.

Funzione di correlazione: i punti di massimo corrispondono alla massima correlazione tra i fotoni dei due fasci

Se al posto della maschera viene posto un oggetto vero e proprio come per esempio un soldatino di piombo, la funzione di correlazione risulterà invertita: la sagoma bidimensionale dell'oggetto apparirà come un insieme di punti di minimo circondati da punti di massimo.

Questa procedura può essere descritta dalla seguente metafora[2]. Supponiamo di avere uno strumento che spara due sassolini casualmente ma sempre in direzioni opposte. I sassolini che vengono sparati in una determinata direzione colpiscono un muro di gomma nel quale rimangono incastrati. I sassolini "gemelli" invece sparati nella direzione opposta, possono colpire un oggetto che si trova sulla loro traiettoria e tutte le volte che lo fanno suona un campanello (il suono del campanello corrisponde alla rive-

[2] V. Giovannetti, S. Loyd, L. Maccone, Quantum-Enhanced Measurements: Beating the Standard Quantum Limit, *Science* 306: 1330-1336 (2004).

lazione in coincidenza dei fotoni). Sparando molti sassolini e segnando sul muro di gomma la posizione dei sassolini ogni volta che suona il campanello avremo segnato il contorno dell'oggetto.

Per usare un ragionamento di Shih, mentre in una macchina fotografica dotata di flash le immagini vengono formate dai fotoni prodotti dalla lampada del flash che colpiscono l'oggetto e tornano verso l'obbiettivo, nel caso del *ghost imaging* l'immagine è costruita tramite i fotoni che non colpiscono l'oggetto!

Immagini sempre più nitide

Un'importante componente di molti congegni elettronici, come fotocamere digitali e telefoni cellulari, sono i sensori di immagini basati su matrici CCD, acronimo per *Charge-Coupled Device,* un circuito integrato formato da una griglia di elementi semiconduttori capaci di accumulare una carica elettrica proporzionale all'intensità della luce che li colpisce. Il segnale elettrico serve poi a ricostruire la matrice di pixel che compone l'immagine proiettata sulla superficie del CCD stesso, matrice che può essere utilizzata per riprodurre l'immagine su un monitor, per registrarla su supporti magnetici o per convertirla in un formato digitale. Come per le componenti informatiche, anche in questo campo vi è una continua tendenza a ridurre le dimensioni dei pixel del CCD in modo da comprimere sempre più pixel in un sensore e quindi migliorare la risoluzione delle immagini. Ne segue che ogni pixel riceve un quantitativo sempre minore di luce. Al di sotto di una certa quantità di luce, la natura corpuscolare di questa si fa sentire a causa delle fluttuazioni non più trascurabili del numero di fotoni in arrivo sul singolo pixel. Qualsiasi fonte di luce, infatti, non produce sempre lo stesso numero di fotoni per unità di tempo, anche se ai nostri occhi l'intensità appare costante per unità di tempo. Anche la distribuzione spaziale dei fotoni non è omogenea ma varia da un punto all'altro dello spazio a seconda delle fluttuazioni che subisce il numero di fotoni.

Poniamo per esempio che le fluttuazioni siano di 50 fotoni tra un pixel e l'altro; allora su un insieme di pixel che ricevono mediamente N fotoni, accadrà che un pixel ne riceverà N+50 e il suo vicino ne riceverà N-50. Se N è circa un miliardo è chiaro che 50 fotoni in più o in meno non rappresentano una differenza apprezzabile: un'immagine fotografata apparirà nitida in modo omogeneo su tutta la sua superficie. Se invece il numero di fotoni ricevuti da ogni pixel scende, poniamo, fino a 100, allora le stesse fluttuazioni diventano importanti: un pixel potrebbe ricevere 50 fotoni e il suo vicino 150. In questo secondo caso la buona risoluzione dell'immagine viene compromessa. Questo problema prende il nome di rumore *shot* o *shot noise*[3] ed è intrinsecamente connesso con la natura corpuscolare della luce che diventa importante quando il fascio è debole o l'oggetto è parzialmente trasparente.

Alcuni fisici italiani del centro di ricerca metrologica (INRIM) di Torino, con un apparato sperimentale simile a quello necessario per realizzare il *ghost imaging*, sono arrivati all'importante risultato di ottenere immagini in cui lo *shot noise* risulta notevolmente ridotto aprendo così la strada alla costruzione di fotocamere in grado di "battere" in risoluzione e nitidezza le fotocamere attuali. Questo risultato ha meritato nell'aprile 2004 la copertina della rivista *Nature Photonics*[4].

Anziché usare due rivelatori diversi come per il *ghost imaging*, i ricercatori italiani hanno utilizzato una fotocamera con dispositivo CCD che ricevesse entrambi i fasci e che mantenesse intatte le risoluzioni spaziali di entrambi. Come si è visto nel Capitolo 4, i fasci prodotti durante il processo della PDC sono perfettamente correlati spazialmente. Come conseguenza sono correlate anche le fluttuazioni di intensità spaziali dei due fasci. Se un pixel di un fascio riceve N_1+50 fotoni, il pixel simmetrico appartenente all'altro fascio ne riceve N_2+50. Se inseriamo un oggetto nel fascio A, come mostrato in figura, e facciamo la differenza delle intensità tra i fasci A e B, per la coppia di pixel si ha:

$$(N_1+50)_A - (N_2+50)_B = N_1 - N_2.$$

In questa differenza spariscono le fluttuazioni!

L'oggetto di prova utilizzato nell'esperimento è una deposizione molto tenue su un vetrino che forma la lettera greca π. Mentre l'immagine della π non è visibile con una fotografia diretta in quanto persa nelle inevitabili fluttuazioni della luce, essa riappare quando viene sottratto il rumore del fascio di riferimento correlato.

I risultati ottenuti nell'esperimento mostrano un miglioramento nel rapporto tra segnale e rumore del 30% rispetto a una presa di immagine diretta con un unico fascio. Rimangono fonti di rumore non eliminabile come quello originato dalla luce diffusa o dalle componenti elettroniche della fotocamera che converte i fotoni in corrente elettrica. Affinché sia possibile l'applicazione sul campo è necessario diminuire le perdite ottiche per migliorare ulteriormente il rapporto segnale-rumore.

Questa tecnica offre interessanti possibilità quando si debba lavorare in condizioni di bassissima illuminazione (per esempio con campioni biologici o in generale con campioni sensibili alla luce), oppure quando si debba determinare l'efficienza quantica dei rivelatori di luce, determinazione indispensabile nella scienza delle misure (metrologia).

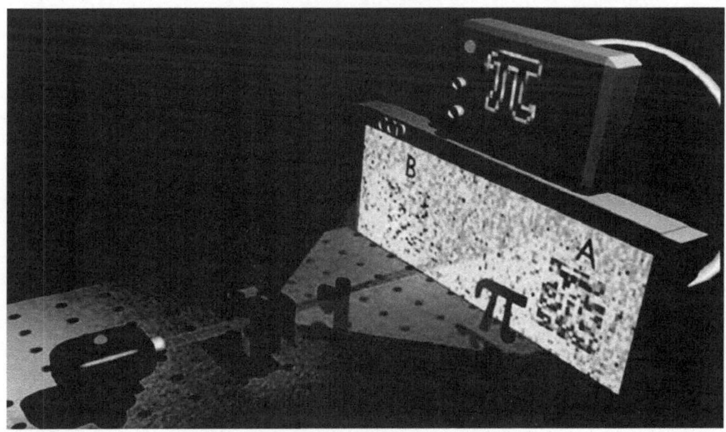

Sub-shot noise imaging (*immagine gentilmente fornita da Ivano Ruo Berchera del dipartimento di ottica quantistica dell'INRiM*)

C'è moltissimo spazio là in basso[5]

In condizioni di luminosità normale diurna, la pupilla di un occhio umano ha un diametro di circa 3 millimetri. Se si prende in esame la luce di colore giallo-verde, la più visibile per l'occhio umano, risulta che la minima separazione angolare visibile dall'uomo è di $2{,}24 \times 10^{-4}$ radianti. Ne segue che siamo in grado di distinguere due capelli vicini solo fino a una distanza di 30 centimetri circa, allontanandoci oltre questa distanza vedremmo un unico capello. Questo succede perché la luce che passa attraverso un foro come può essere la pupilla, ha effetti diffrattivi ai bordi del foro stesso. Se il foro è circolare la diffrazione ai bordi fa apparire una serie di cerchi concentrici come quelli mostrati in figura.

Tale effetto pone una limitazione alle capacità risolutive degli strumenti ottici, per esempio limita la possibilità di distinguere due sorgenti luminose puntiformi che abbiano una piccola separazione angolare e intensità all'incirca uguali. La risoluzione spaziale

Immagine di diffrazione prodotta da una fenditura circolare

diminuisce quando aumentano gli effetti diffrattivi e questo accade al diminuire del diametro del foro e all'aumentare della lunghezza d'onda della luce utilizzata. Questo è all'incirca quello che afferma il criterio di Rayleigh che ci permette di calcolare, data la lunghezza d'onda della luce e il diametro del foro dello strumento ottico utilizzato, la minima distanza oltre la quale non è possibile risolvere due oggetti vicini. Per migliorare la risoluzione si cerca quindi di costruire telescopi con diametri sempre maggiori e di usare lunghezze d'onda sempre minori nei microscopi, per esempio luce ultravioletta anziché

---

[5] Famosa citazione di Richard Feynman durante il discorso in cui per la prima volta si considerava la possibilità di manipolazione diretta degli atomi nella sintesi chimica. "Là in basso" sta per il mondo a scala nanometrica, cioè a livello di atomi e piccole molecole.

luce visibile. Diminuire ulteriormente la lunghezza d'onda dei fasci utilizzati porterebbe però a un aumento di energia degli stessi rendendoli più difficili da manipolare e controllare. Fotoni ad alta energia, come i raggi X o i raggi gamma, possono infatti danneggiare i materiali con i quali devono interagire; diventa inoltre più difficile e costoso costruire ottiche che possano focalizzare e dirigere tali fasci.

Anche la *litografia elettronica*, una tecnica che serve a costruire le più piccole componenti informatiche, come i dispositivi a semiconduttore, subisce i limiti imposti dal criterio di Rayleigh e i problemi legati a fasci ad alta energia. Tale tecnica consiste nel dirigere un fascio di luce sul *fotoresist*, materiale simile a quello di una lastra fotografica ma sensibile alla luce ultravioletta, al fine di creare una maschera ciclostilata usata poi per modellare il silicio nelle componenti del transistor. I chip attuali hanno transistor di circa 0,19 micrometri, 400 volte più piccoli del diametro di un capello umano. Si tratta di un limite di miniaturizzazione oltre il quale non si può andare a causa del criterio di Rayleigh ma che potrebbe essere superato se si impiegassero fasci quantisticamente correlati. Questo darebbe un ulteriore impulso alla miniaturizzazione e quindi alla velocità degli attuali computer, ma sarebbe anche uno strumento in più per la costruzione di prototipi di calcolatori quantistici.

Una delle attuali tecniche di litografia per ottenere classicamente alte risoluzioni è l'interferometria. Si tratta di un sistema in cui la luce di un laser viene fatta passare attraverso un separatore di fasci; quindi, tramite un sistema di specchi, i due fasci vengono sovrapposti in modo da interferire tra loro su un cristallo ricoperto di fotoresist. In questo caso il criterio di Rayleigh ci dice che la minima dimensione risolubile corrisponde allo spazio esistente tra un minimo e un massimo di intensità della figura di interferenza. Tale distanza è pari alla metà della lunghezza d'onda della luce utilizzata.

Se ora sostituiamo il separatore di fascio con un cristallo che produce, tramite fluorescenza parametrica, due fasci quantisticamente correlati e manteniamo come sorgente di luce il laser con la stessa lunghezza d'onda di prima, si osservano frange di interferenza ancora più fitte. Gli studi teorici del gruppo del Jet Propulsion Laboratory in California guidato da Agedi Boto mostrarono nel 2000, in un articolo del *Physical Review Letters*, che è possibile abbattere il limite classico di diffrazione di un fattore 2. La distanza tra un massimo e un minimo di intensità risulta così dimezzata.

Come può accadere questo? Consideriamo dapprima l'interferenza in termini di singolo fotone che viaggia lungo tutti i percorsi possibili in una sovrapposizione di stati. Se anteponiamo al fotone due fenditure, la sua funzione d'onda passerà da entrambe le fenditure interferendo poi con se stessa sullo schermo. Il risultato è una figura di interferenza le cui frange sono tra loro separate da uno spazio che è proporzionale alla lunghezza d'onda del fotone.

Cosa succede se abbiamo due fotoni non correlati che arrivano insieme alla doppia fenditura? Entrambi percorreranno entrambi i cammini e produrranno la stessa figura di interferenza del caso precedente ma con un'intensità doppia. Se i fotoni sono un milione, come nel caso in cui si usa un fascio laser di media intensità, la figura di interferenza sarà più intensa ma non cambierà nella forma. Questo perché ciascun fotone viaggia indipendentemente dagli altri attraverso entrambe le fenditure e la figura di interferenza risultante è la somma di tutte le figure formate indipendentemente da ciascun fotone.

Lo scenario cambia quando i fotoni non sono più tra loro indipendenti ma intrecciati nel cammino. È possibile produrre fotoni intrecciati in posizione e quantità di moto in modo tale che viaggino insieme. In questo caso non sarà possibile che una misura di posizione dei due fotoni riveli che uno è passato dalla fenditura di destra e l'altro è passato in quella di sinistra. Ma la coppia intrecciata, che forma un'unica entità, se misurata, risulterà passata o da una parte o dall'altra. Il comportamento della coppia di fotoni di fronte alla doppia fenditura allora sarà lo stesso di quello di un fotone, la cui funzione d'onda, passando attraverso entrambe le fenditure, interferisce con se stessa creando le tipiche frange di interferenza. La coppia di fotoni però possiede il doppio di energia rispetto al singolo fotone. Dato che l'aumento di energia porta a una diminuzione della lunghezza d'onda, il risultato è che, a parità di energia della sorgente, i due fotoni agiscono come un unico fotone avente la metà della lunghezza d'onda! Utilizzando a questo punto un particolare tipo di fotoresist sensibile all'eccitazione di due fotoni che lo colpiscono contemporaneamente, è possibile realizzare una litografia che oltrepassa il limite di Rayleigh.

Nel 2001, sempre sul *Physical Review Letters*, fu pubblicata la dimostrazione sperimentale di questa predizione teorica. Qui

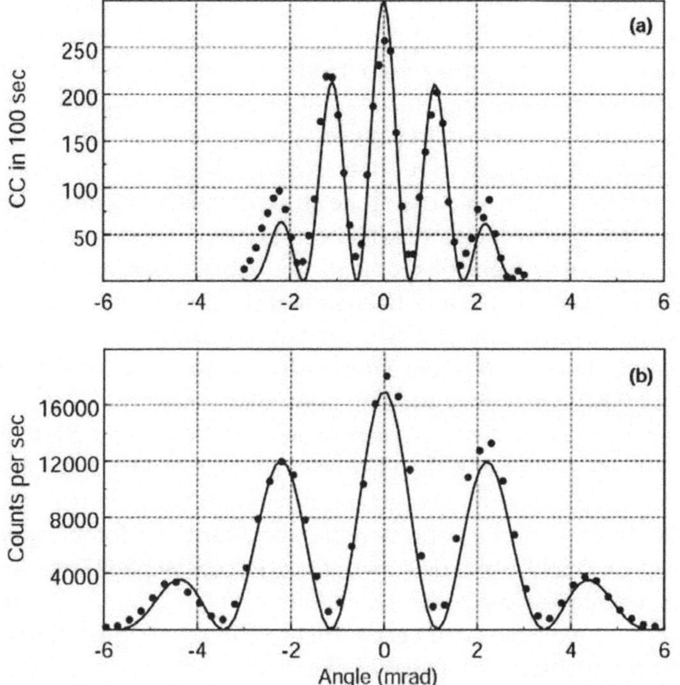

L'uso di fotoni intrecciati permette di ottenere frange di interferenza dimezzate rispetto a quelle ottenute con fotoni indipendenti

sopra riportiamo i grafici che mostrano le curve di interferenza tracciate a partire dai dati sperimentali.

La figura di interferenza in alto, ottenuta con due fasci intrecciati, presenta distanze tra i picchi di interferenza dimezzate rispetto alla figura in basso ottenuta con fasci classici.

Le cose potrebbero migliorare ulteriormente se usassimo più fasci correlati. Con tre fasci la distanza tra le frange di interferenza si riduce di un terzo rispetto al caso classico. In generale le distanze che saremmo in grado di risolvere con questa tecnica sarebbero pari a λ/N dove λ è la lunghezza d'onda della sorgente di luce utilizzata e N è il numero di fasci intrecciati che riusciamo a produrre e utilizzare. In altre parole si riesce ad abbattere il limite di risoluzione imposto dal criterio di Raylegh di un fattore di $1/N$.

Sebbene gli studi di queste tecniche siano abbastanza completi a livello teorico, ci sono ancora diverse sfide sperimentali da superare. Innanzi tutto a oggi il tempo necessario per ottenere una determinata figura con la litografia quantistica è più lungo che con la litografia classica. La causa di questo è la bassa efficienza di produzione di fotoni intrecciati: in generale, nella fluorescenza parametrica (PDC) solo un fotone su cento milioni viene convertito in una coppia intrecciata: il processo della PDC ha un'efficienza pari a 10^{-8}. Per superare il problema si possono usare fasci laser ad alta intensità e quindi ad alta energia, il che però comporta problemi per la loro manipolazione come accennato sopra.

Altra sfida da affrontare è riuscire a creare e mantenere stabile l'*entanglement* di un grande numero di fotoni. Finora infatti si è arrivati a produrre l'*entanglement* di un massimo di quattro fotoni[6].

Finalmente è necessario trovare materiali adatti ad assorbire insiemi di più fotoni *entangled* che arrivino contemporaneamente sulla superficie e che siano sensibili solo all'arrivo di fotoni *entangled*. Il gruppo di ottica dell'università di Rochester negli Stati Uniti ha utilizzato con successo il polimetilmetacrilato (PMMA, conosciuto come plexiglas) in un esperimento che coinvolgeva l'*entanglement* di quattro fotoni. Il plexiglas risulta meno denso del vetro e più trasparente alla luce visibile e alla luce ultravioletta fino a una lunghezza d'onda di 250 nanometri. Tuttavia con un numero di fotoni intrecciati superiore a quattro questo materiale è meno efficiente e deve quindi essere modificato o rimpiazzato.

Un Tic Tac atomico sempre più preciso grazie all'*entanglement*

Scusi, mi dice l'ora?
Certo! Sono le 10 e 7 minuti e 3,764353729347646 secondi!

Chi mai vi direbbe l'ora con una tale precisione? Cioè fino al miliardesimo di milionesimo di secondo? E cosa ve ne fareste voi di una tale precisione? Per arrivare puntuale a un qualsiasi appunta-

---

[6] J.-W. Pan, A. Zeilinger, Multi-Photon Entanglement and Quantum Non-Locality, in: Quantum (Un)speakables From Bell to Quantum Information, Springer, Berlino, New York (2002).

mento ci basta avere la precisione del minuto. In quelle competizioni sportive in cui il parametro per raggiungere la vittoria è la velocità, si arriva al centesimo e talvolta al millesimo di secondo per discriminare tra due posti sul podio. Nel nostro quotidiano non si sente parlare di precisioni maggiori. Eppure chiunque di noi viaggi in automobile con l'ausilio di un navigatore satellitare fa uso, senza saperlo, di precisioni che arrivano fino alla quindicesima cifra decimale. Un navigatore satellitare è in grado di ricevere segnali di tempo dai ventiquattro satelliti orbitanti attorno alla terra e di triangolare questi segnali per individuare la propria posizione (e quindi quella della vostra automobile). Ciascuno di questi ventiquattro satelliti ha a bordo quattro orologi atomici, orologi cioè che tengono il tempo basandosi sulla frequenza di oscillazione degli atomi, un po' come gli orologi dei nostri bisnonni definivano il secondo basandosi sull'oscillazione completa di un pendolo. Quando un atomo di cesio, uno degli elementi più usati nella costruzione di orologi atomici, passa da un determinato stato di energia, che possiamo chiamare 1, a uno inferiore, 0, emette un fotone nella frequenza delle microonde ovvero dell'ordine del GigaHertz. Quando l'onda associata a questo fotone ha oscillato 9192631770 volte ha definito *un secondo* per l'orologio atomico. È questa la definizione che viene data, a partire dal 1967, all'unità di misura fondamentale dell'intervallo di tempo nel Sistema Internazionale di Unità di Misura (SI). Sul sito del *Bureau international des poids et mesures* (BIPM, Ufficio internazionale dei pesi e delle misure), si trova:

> La seconde est la durée de 9 192 631 770 périodes de la radiation correspondant à la transition entre les deux niveaux hyperfins de l'état fondamental de l'atome de césium 133.

Ovvero:

> Il secondo è la durata di 9 192 631 770 oscillazioni della radiazione corrispondente alla transizione tra due livelli iperfini dello stato fondamentale dell'atomo di cesio-133.

Un orologio atomico in realtà non lavora con un solo atomo ma con una nube atomica, cioè con un insieme di atomi in grado di emettere un fascio di fotoni. Per misurare il tempo si parte da un insieme di atomi che sono nello stato 0; si applica quindi un impulso elettromagnetico della frequenza delle microonde "accordandolo" alla frequenza della transizione del cesio, massimizzando il numero degli atomi nello stato eccitato (stato 1). Più si riesce a essere precisi nel conteggio di questi atomi, maggiore sarà l'accuratezza dell'orologio atomico.

Il numero di atomi in un determinato stato è tuttavia soggetto a fluttuazioni che diventano tanto più importanti quanto minore è il numero di atomi totali che costituiscono l'orologio. Questo fenomeno è dovuto alla natura intrinsecamente probabilistica degli oggetti descritti dalla meccanica quantistica ed è del tutto analogo a quello che succede ai fotoni impressi sui pixel di una fotocamera con dispositivo CCD. Si tratta cioè di nuovo del rumore *shot* e, come nel caso descritto in precedenza, l'uso dell'*entanglement* può rendere trascurabile questa fonte di rumore.

Effettuando misure su un insieme di atomi indipendenti, l'incertezza associata risulta essere inversamente proporzionale alla radice quadrata del numero di atomi ($1/\sqrt{N}$). In altre parole la precisione di un orologio che fa uso di una nube atomica dipende dal numero di atomi presenti nella nube, in particolare è proporzionale alla radice quadrata di questo numero: se per esempio si quadruplica il numero di atomi si ottiene una precisione doppia.

Rendendo invece *entangled* gli atomi costituenti la nube, in modo che essi agiscano come un'unica entità, la precisione della misura diventa *direttamente proporzionale* al numero di atomi, vale a dire che se si raddoppia questo numero si raddoppia la precisione. In questo caso infatti l'errore associato alla misura è inversamente proporzionale al numero di atomi ($1/\sqrt{N}$) e decresce quindi più rapidamente al crescere di N.

Gli attuali orologi atomici hanno una stabilità di circa una parte su 10^{15}, il che significa che un osservatore dovrebbe attendere per 10^{15} secondi, equivalenti a circa trenta milioni di anni, per vedere acquisire o perdere un secondo all'orologio atomico. Con gli orologi atomici che sfruttano l'*entanglement* invece, mantenendo lo stesso numero di atomi, si può arrivare a una precisione di circa una parte su 10^{18}: per notare un suo errore si dovrebbe osservarlo per trenta miliardi di anni! Si tratta di una stabilità 1000 volte maggiore di quella degli orologi attuali.

Anche se sembrano precisioni che vanno al di là dell'utilità nel nostro quotidiano, "l'abilità di misurare il tempo con la massima precisione è uno strumento di inestimabile valore per la ricerca scientifica e la tecnologia" afferma Alex Kuzmich, fisico dell'Istituto di Tecnologia della Georgia impegnato in questo tipo di ricerca. Per esempio i fisici che svolgono studi sulla teoria della relatività di Einstein utilizzano gli orologi atomici per verificarne alcune conseguenze. Secondo la teoria della relatività ristretta, l'approssimarsi di un sistema fisico alla velocità della luce fa rallentare gli orologi che insieme con esso viaggiano; in altre parole si ha una dilatazione del tempo, che abbiamo dedotto nel Capitolo 4. Questo può essere verificato dotando un aereo superveloce di un orologio atomico del tutto identico a un altro che teniamo invece sulla Terra. Facendo quindi viaggiare l'aereo per un determinato periodo di tempo e confrontando i due orologi una volta atterrato l'aereo, si misura un ritardo dell'orologio che ha viaggiato. Notiamo che solo un orologio atomico può essere sensibile a questo effetto. Anche il più veloce aereo si limita comunque a velocità di qualche chilometro al secondo, vale a dire sei ordini di grandezza inferiori alla velocità della luce. Questo vuol dire che la differenza di orario tra i due orologi suddetti cade sulla dodicesima[7] cifra decimale, ovvero a livello del milionesimo di milionesimo dell'intervallo di tempo trascorso, apprezzato solo da un orologio atomico.

Anche la teoria della relatività generale può essere verificata se si è in possesso di orologi atomici. Secondo questa teoria, orologi sottoposti a un campo gravitazionale, come potrebbe essere quello presente sulla superficie della Terra, tendono a rallentare rispetto a orologi sottoposti a campi gravitazionali più deboli come quelli che "sentono" satelliti orbitanti attorno alla Terra. Ponendo allora un orologio atomico su un satellite in orbita, esso è in grado di rivelare l'effetto predetto dalla relatività generale in meno di un anno grazie alla sua stabilità. Questo è notevole se si considera che l'accumulo di un intero secondo da parte di quest'orologio rispetto a uno sulla Terra si avrebbe in 10.000 anni.

Al di là dell'utilità che hanno tali verifiche sperimentali nell'ambito della ricerca di base, esse offrono anche i dati necessari a

---

[7] Infatti la correzione relativistica è proporzionale a v^2/c^2.

correggere gli effetti relativistici cui sono soggetti i sistemi GPS. Ed è proprio in queste applicazioni che diventano utili le migliorie che possono essere apportate alla precisione degli orologi atomici. Infatti, leggere instabilità negli orologi sui satelliti orbitanti contribuiscono a errori di qualche metro nella localizzazione di oggetti sulla Terra; l'aumento di stabilità offerto dall'uso di stati *entangled* può invece ridurre gli errori fino alla frazione di metro. Se pensiamo che per raggiungere un determinato luogo in automobile sia eccessivo avere un navigatore satellitare la cui precisione di localizzazione va al di sotto del metro, non la penserebbero allo stesso modo i piloti che si trovano talvolta ad atterrare di notte su piste strette. Inoltre potrebbero indubbiamente apprezzare il miglioramento topografi, squadre di soccorso e… agricoltori! Nel campo dell'agricoltura di precisione esistono strategie gestionali che si avvalgono di strumentazioni moderne tra cui trattori o mietitrebbiatrici dotate di sistemi GPS. Questi permettono l'identificazione in tempo reale della posizione e contemporaneamente agiscono sul sistema di guida automatica mantenendo esattamente paralleli i solchi del trattore con una sovrapposizione minima, garantendo così una minore fatica per l'operatore, risparmio di tempo e di risorse. Miglioramenti dei sistemi GPS possono portare i trattori verso singole file di coltura o addirittura verso singole piante per trattamenti speciali.

In definitiva tutti noi, direttamente o indirettamente, essendone più o meno consapevoli, avremmo un beneficio dall'aumento dell'accuratezza degli orologi atomici.

Bibliografia

A. Aczel, *Entanglement: il più grande mistero della fisica*, Cortina, Milano, 2004

U. Amaldi, *La fisica per i licei scientifici*, Zanichelli, Bologna, 1997

S. Arroyo Camejo, *Il bizzarro mondo dei quanti*, Springer, Milano, 2008

I. Asimov, *It's such a beautiful day*, Ballantine Books, New York, 1962

G. Balbi, *Basi Fisiche e Applicazioni della Computazione Quantistica*, Università del Piemonte Orientale "Amedeo Avogadro", 2004

G. Bellini, G. Mazzoni, *Calvino e la letteratura tra scienza e fantascienza*, Laterza, Roma, 1996

P. Bianucci, *Te lo dico con parole tue*, Zanichelli, Bologna, 2008

A.J. Buffa, J.D. Wilson, *Fisica percorsi e metodo 2*, Principato, Milano, 2004

I.L. Chuang, M.A. Nielsen, *Quantum Computation and Quantum Information*, Cambridge University Press, Cambridge, 2000

D. Darlig, *Teletrasporto. Il salto impossibile*, Bollati Boringhieri, Torino, 2008

D.C. Dennett, D.R. Hofstadter, *The mind's I: fantasies and reflections on Self and Soul*, Bantam Books, New York, 1988

M. Du Sautoy, *L'enigma dei numeri primi*, Bur, Milano, 2005

Enciclopedia filosofica, vol. 9, Bompiani, Milano, 2006

R.P. Feynman, *Sei pezzi meno facili*, Adelphi, Milano, 2005

M. Fox, *Quantum optics: an introduction*, Oxford University Press, New York, 2006

G. Ghirardi, *Un'occhiata alle carte di Dio*, Il Saggiatore, Milano, 2001

R. Gilmore, *Alice nel mondo dei quanti*, Cortina, Milano, 1996

D. Halliday, K. Krane, R. Resnick, *Fisica 2*, Casa Editrice Ambrosiana, Milano 2004

H. Harrison, *One step from earth*, Arrow Books, Londra, 1975

W. Heisenberg, *Fisica e Oltre, incontri con i protagonisti 1920-1965*, Bollati Boringhieri, Torino, 2008

M. Kaku, *Fisica dell'impossibile*, Codice, Torino, 2008

L.M. Krauss, *La fisica di Star Trek*, TEA, Milano, 2006

L'enciclopedia della filosofia e delle scienze umane, De Agostini, Novara, 1996

S. Lloyd, *Il programma dell'universo*, Einaudi, Torino, 2006

E.P. Mitchell, *The man without a body*, 1877 (reperibile in rete)

W. Moore, *Schrödinger: Life and Thought*, Cambridge University Press, New York, 1993

D. Parfit, *Ragioni e persone*, Il Saggiatore, Milano, 1989

A. Peres, *Quantum Theory: Concepts and Methods*, Kluwer Academic Publishers, Dordrecht, Boston, 1995

R. Resnick, *Introduzione alla relatività ristretta*, Casa Editrice Ambrosiana, Milano, 2006

R. Shankar, *Principles of Quantum Mechanics*, Plenum Press, New York, 1994

S. Singh, *The code book*, Fourth Estate, Londra, 2000

M. Teodorani, *Teletrasporto. Viaggio nei regni quantistici, relativistici e oltre*, Macro, Diegaro di Cesena, 2007

A. Zeilinger, *Il velo di Einstein*, Einaudi, Torino, 2006

Articoli

S. Aaronson, I limiti del computer quantistico, *Le Scienze* (maggio 2008)

D.S. Abrams, A.N. Boto, S.L. Braunstein, J.P. Dowling, P. Kok, C.P. Williams, Quantum Interferometric Optical Lithography: Exploiting Entanglement to Beat the Diffraction Limit, *Phys. Rev. Lett.* 85: 2733 (2000)

A. Aspect, Experimental Tests of Realistic Local Theories via Bell's Theorem, *Phys. Rev. Lett.* 47: 460-463 (1981)

A. Aspect, Bell's inequality test: more ideal than ever, *Nature* 398: 189-190 (1999)

A. Aspect, To be or not to be local, *Nature* 446 (2007)

A. Aspect et al., Experimental Realization of Einstein-Podolsky-Rosen-Bohm Gedankenexperiment: A New Violation of Bell's Inequalities, *Phys. Rev. Lett.* 49: 91-94 (1982)

A. Aspect et al., Experimental Test of Bell's Inequalities Using Time-Varying Analyzers, *Phys. Rev. Lett.* 49: 1804-1807 (1982)

D.D. Awschalom, R. Epstein, R. Hanson, Un computer di diamante, *Le Scienze* (dicembre 2007)

S. Barz, P. Walther, Quantum imaging: Beating the classical camera, *Nature Photonics* 4: 199-200 (2010)

J.S. Bell, On the Einstein-Poldolsky-Rosen paradox, *Physics* 1 (3): 195-200 (1964)

N. Bigelow, Quantum engineering: Squeezing entanglement, *Nature* 409: 27-28 (2001)

R. Blatt, D. Wineland, Entangled states of trapped atomic ions, *Nature* 453 (2008)

D. Bouwmeester, Experimental quantum Teleportation, *Nature* 390 (1997)

G. Brida et al., Experimental realization of sub-shot-noise quantum imaging, *Nature Photonics* 4: 227-230 (2010)

M. D'Angelo et al., Two-Photon Diffraction and Quantum Lithography, *Phys Rev. Lett.* 87 (1) 013602 (2001)

F. De Petris, Se è invisibile, io lo fotografo, *Tuttoscienze*, La Stampa (21 maggio 2008)

S. Doplicher, Scienza e conoscenza, etica e cultura: la prospettiva della fisica, *Rivista della Unione Matematica Italiana* (I) III: 271-309 (agosto 2010)

A. Einstein, B. Podolsky, N. Rosen, Can Quantum-Mechanical Description of Physical Reality Be Considered Complete?, *Phys. Rev.* 47 (10): 777-780 (1935)

M. Genovese, Research on hidden variable theories: a review of recent progresses, *Physics Reports* 6: 319-396 (2005)

N. Gershenfeld, I.L. Chuang, Quantum Computing with Molecules, *Scientific American* (giugno 1998)

V. Giovannetti, S. Loyd, L. Maccone, Quantum-Enhanced Measurements: Beating the Standard Quantum Limit, *Science* 306: 1330-1336 (2004)

X.-M. Jin, Experimental free-space quantum teleportation, *Nature Photonics* 4: 376 (2010)

D.N. Klyshko, Combine EPR and two-slit experiments: Interference of advanced waves, *Physics Letters A* 132, 6-7, 17: 299-304 (1988)

D.N. Klyshko, A.V. Sergienko, Y.H. Shih, D.V. Strekalov, Observation of Two-Photon "Ghost" Interference and Diffraction, *Phys. Rev. Lett.* 74: 3600-3603 (1995)

E. Knill, R. Laflamme, G.J. Milburn, A scheme for efficient computation with Linear Optics, *Nature* 409: 46-52 (2001)

S. Lloyd, Calcolatori quantistici, *Le Scienze* (dicembre 1995)

S. Lloyd, Internet nel mondo dei quanti, *Le Scienze* (dicembre 2009)

S. Lloyd, Y.J. Ng, Computer a buchi neri, *Le Scienze* (gennaio 2000)

A. Louchet-Chauvet et al., Entanglement-assisted atomic clock beyond the projection noise limit, *New J. Phys.* 12 065032 (2010)

C.R. Monroe, D.J. Wineland, Il calcolo quantistico con gli ioni, *Le Scienze* (ottobre 2008)

J.-W. Pan, A. Zeilinger, Multi-Photon Entanglement and Quantum Non-Locality, in: *Quantum (Un)speakables. From Bell to Quantum Information*, Springer, Berlino, New York (2002)

A. Peres, What is actually teleported? *IBM* 48 (1): 63-69 (2004)

T.B. Pittman et al., Optical imaging by means of two-photon quantum entanglement, *Phys. Rev. A* 52: R3429-R3432 (1995)

M. Rasetti, Dal bit al qu-bit, per sfidare la complessità, *Le Scienze* (settembre 2000)

Y. Shih, Quantum imaging, *IEEE Photonics Journal* 13 (4): 1016-1030 (2007)

G. Stix, I Segreti meglio custoditi, *Le Scienze* (febbraio 2005)

A. Zeilinger, Il teletrasporto quantistico, *Le Scienze* (giugno 2000)

Siti

http://www.youtube.com/watch?v=0Eeuqh9QfNI, lezione di L. Susskind

http://science.nasa.gov/headlines/y2004/23jan_entangled.htm, orologi atomici (Nasa, 2004)

http://www.sacred-texts.com/fort/lo/index.htm, *Lo!*

http://www.fantascienza.com/magazine/home/, recensione de *I ribelli dei 50 soli*

http://wapedia.mobi/en/Teleportation, teletrasporto in *Harry Potter*

http://en.wikipedia.org/wiki/Teleportation_in_fiction, il teletrasporto nelle opere della finzione

http://stairs.umd.edu/308x/parfit.html, commento su Parfit

http://www.wikipedia.org/

http://www.colorado.edu/physics/2000/index.pl, Università del Colorado (sito particolarmente interessante, ricco di animazioni anche interattive, che illustra in modo divulgativo alcuni concetti della meccanica quantistica). A questo proposito citiamo anche il sito http://www.quantum-physics.polytechnique.fr/ ancora più interattivo e particolareggiato

http://matematica.unibocconi.it/interventi/ciliberto/crittoquanti3.htm, Università Bocconi

http://www.geocities.com/capecanaveral/hangar/6929/index.html, sito di Yahoo dedicato alla meccanica quantistica

http://www.technologyreview.com/Infotech/17091/page2/, intervista a S. Lloyd dal sito della Technology Review

http://www.fisica.uniud.it/URDF/ffc/quanto/index.htm, Università di Udine http://www.scientificamerican.com/article.cfm?id=easy-go-easy-come, G. Musser, How Noise Can Help Quantum Entanglement, *Scientific American Magazine* (novembre 2009)

http://www.pieterkok.staff.shef.ac.uk/index.php?nav=research&sub=litho, introduzione alla litografia quantistica

http://www.matematicamente.it/tesine/Alice_Della_penna-La_crittografia_quantistica.pdf

http://www.quantiki.org/

http://science.nasa.gov/science-news/science-at-nasa/2002/08apr_atomicclock/, orologi atomici

Film

Il duplicato (episodio di *Star Trek*), diretto da Leo Penn, 8 ottobre 1981 (prima TV Italia)

La mosca, diretto da David Cronenberg, 1986

The prestige, diretto da Christopher Nolan, 2006

Timeline - Ai confini del tempo, diretto da Richard Donner, 2003

i blu - pagine di scienza

Passione per Trilli
Alcune idee dalla matematica
R. Lucchetti

Tigri e Teoremi
Scrivere teatro e scienza
M.R. Menzio

Vite matematiche
Protagonisti del '900 da Hilbert a Wiles
C. Bartocci, R. Betti, A. Guerraggio, R. Lucchetti (a cura di)

Tutti i numeri sono uguali a cinque
S. Sandrelli, D. Gouthier, R. Ghattas (a cura di)

Il cielo sopra Roma
I luoghi dell'astronomia
R. Buonanno

Buchi neri nel mio bagno di schiuma
ovvero L'enigma di Einstein
C.V. Vishveshwara

Il senso e la narrazione
G.O. Longo

Il bizzarro mondo dei quanti
S. Arroyo

Il solito Albert e la piccola Dolly
La scienza dei bambini e dei ragazzi
D. Gouthier, F. Manzoli

Storie di cose semplici
V. Marchis

noveper**nove**
Segreti e strategie di gioco
D. Munari

Attraverso il microscopico
Neuroscienze e basi del ragionamento clinico
D. Schiffer

Teletrasporto
Dalla fantascienza alla realtà
L. Castellani, G.A. Fornaro

Di prossima pubblicazione

GAME START!
Strumenti per comprendere i videogiochi
F. Alinovi

Pensare l'impossibile
Dialogo infinito tra arte e scienza
L. Boi

Sanità e Web
*Come Internet ha cambiato il modo di essere medico e malato
in Italia*
W. Gatti

L'enigma dei raggi cosmici
A. De Angelis